中国低碳城市建设水平诊断
（2022）

申立银　鲍海君 等 著

科 学 出 版 社

北 京

内 容 简 介

低碳建设是城市适应全球气候变化、实现可持续发展的关键路径。科学诊断低碳城市建设水平的理论方法是认识低碳城市建设现状、推动低碳城市建设进程的重要抓手。本书创新性地基于"碳循环系统-过程管理"双视角，构建了低碳城市建设水平诊断指标矩阵结构，解析了两个视角下的内涵，识别出体现低碳城市建设水平的8个维度（能源结构、经济发展、生产效率、城市居民、水域碳汇、森林碳汇、绿地碳汇及低碳技术）与形成低碳城市建设水平的5个环节（规划、实施、检查、结果与反馈），进而研制了双视角下的诊断指标体系，以引导对低碳城市建设水平的科学系统性诊断。

本书将低碳城市建设水平的双视角诊断指标体系应用于我国36个典型城市，剖析了样本城市的低碳建设水平，挖掘了它们在低碳建设过程中的经验、短板与提升方向，为我国城市科学地发展低碳建设模式提供了理论支撑与实践经验。

本书可服务于政府相关部门的决策支撑，指导相关行业部门与科研机构诊断与研究低碳城市建设的水平，向社会公众动态展示低碳城市建设的关键领域和现状。

审图号：GS 川（2023）185 号

图书在版编目（CIP）数据

中国低碳城市建设水平诊断. 2022 / 申立银等著. —北京：科学出版社，
2023.10

ISBN 978-7-03-076413-3

Ⅰ. ①中… Ⅱ. ①申… Ⅲ. ①节能－生态城市－城市建设－研究报告－中国－2022 Ⅳ. ①X321.2

中国国家版本馆 CIP 数据核字（2023）第 181660 号

责任编辑：刘 琳 / 责任校对：彭 映
责任印制：罗 科 / 封面设计：墨创文化

斜 学 出 版 社 出版
北京东黄城根北街 16 号
邮政编码：100717
http://www.sciencep.com

成都锦瑞印刷有限责任公司印刷
科学出版社发行 各地新华书店经销

*

2023 年 10 月第 一 版 开本：787×1092 1/16
2023 年 10 月第一次印刷 印张：16
字数：390 000

定价：168.00 元
（如有印装质量问题，我社负责调换）

《中国低碳城市建设水平诊断（2022）》课题组

顾问　洪庆华　罗卫东

组长　申立银　鲍海君

执笔　申立银　鲍海君　徐向瑞　王清清

　　　　杨　艺　廖世菊　张玲瑜　朱建华

　　　　陈紫微　詹　鹏　蔡鑫羽　杨镇川

　　　　任一田　刘　燕　李佳宇

成员　（按姓氏笔画）

　　　　王清清　朱建华　任一田　刘　燕

　　　　许伶羚　李佳宇　杨　艺　杨镇川

　　　　张玲瑜　陈　希　陈紫微　徐向瑞

　　　　郭　洋　桑美月　黄振华　詹　鹏

　　　　蔡鑫羽　廖世菊

前　　言

低碳城市建设是实现我国"双碳"目标、应对全球气候变化、实践人类可持续发展的重要战略，诊断低碳城市建设水平正是推动低碳城市建设的重要组成部分。本书构建了低碳城市建设水平诊断系统，阐释了低碳城市建设水平的形成机理以及低碳城市建设水平诊断的评价方法。本书展示了对我国 36 个样本城市的低碳建设水平诊断结果，得出了样本城市间的低碳城市建设水平指数和排名，是我国低碳城市建设水平诊断领域的第一本蓝皮书。

本书中阐述的低碳城市建设水平诊断系统是在集成维度和过程"双视角"基础上构建的。在维度视角上，应用了城市系统中的碳循环原理，构建了体现城市低碳建设水平的能源结构、经济发展、生产效率、城市居民、水域碳汇、森林碳汇、绿地碳汇、低碳技术等八个维度的低碳建设内容；在过程视角上，借鉴管理学的 PDCA 过程循环原理，建立了规划、实施、检查、结果、反馈的 PDCOA 五环节低碳城市建设过程。

研究团队根据收集到的 36 个样本城市的最新数据，从八个内容维度和五个过程环节，对这些样本城市的低碳建设水平进行了系统诊断和分析。本书中采用低碳城市建设水平指数比较了样本城市间的低碳建设水平，诊断了我国城市低碳建设的现状和问题，提出了提升我国低碳城市建设水平的政策建议，为实现我国低碳城市建设总目标提供了重要理论保障。

本书为定期开展我国低碳城市建设水平诊断研究奠定了基础，为研究低碳城市建设水平评价提供了理论体系，为比较城市间低碳建设水平提供了科学工具，为找出低碳城市建设过程中的成功经验和不足提供了科学方法。

本书可服务于政府相关部门的决策支撑，指导相关行业部门诊断低碳城市建设的水平，也为科研院所提供了研究低碳城市建设水平的重要参考。

申立银，浙大城市学院国土空间规划研究院　首席科学家

鲍海君，浙大城市学院国土空间规划研究院　院长

2022 年 12 月

目　　录

第一部分　低碳城市建设水平诊断原理与方法

第二部分　我国低碳城市建设水平诊断报告

第一部分

低碳城市建设水平诊断原理与方法

第一章 低碳城市建设水平的诊断机理

第一节 低碳城市的内涵

明晰低碳城市概念和内涵是研究如何诊断低碳城市建设水平的基础。"低碳城市"这一概念最早是由英国在能源白皮书《我们未来的能源：创造低碳经济》（*Our Energy Future: Creating a Low Carbon Economy*）中提到的"低碳经济"理念延伸而来的，由此引起世界的广泛关注，国内外专家学者在相关研究中对低碳城市的概念和内涵给出了各种阐述。由于所涉及的范围广泛、内涵复杂，学术界尚未从理论上对低碳城市形成统一的定义。2008 年，世界自然基金会把低碳城市的内涵阐释为"在经济快速发展的同时，使城市发展进程中的二氧化碳排放和能源消耗量保持在比较低的水平"。2009 年，中国科学院可持续发展战略研究组将低碳城市解释为"在以低碳产业和生产为主导的低碳经济中，通过改变居民的生活方式、消费态度和模式，将温室气体排放降至最低的城市"。

虽然对低碳城市概念有各种不同的界定和表述，但实质性内涵基本相同，普遍认为低碳城市在促进低碳经济发展的同时，更加注重人类与城市之间的和谐关系，最大限度地实现节能减排。低碳城市是一种新型的城市形态，是将低碳理念渗透进城市经济、社会的方方面面，通过发展低碳经济、转变生活方式、保护生态环境等手段，在确保社会经济良好发展的基础上减少碳排放，是一种包括经济发展、社会进步、生活环境质量优化等丰富内涵的城市发展模式。

可以看出，关于低碳城市的内涵和概念以往主要是强调一种新形态并具有新内涵的城市模式，展示了人类追求的新型城市的结果和形态，但这些概念描述都没有强调低碳城市的建设过程。事实上，低碳城市形态是经过一个长期建设过程的结果，不是一蹴而就的。若仅关注低碳城市建设的结果和形态，而忽视对建设过程的管控，可能导致低碳城市建设过程中的表现与最终目标的偏移。

结果是来自过程的，只有把低碳城市建设的过程规划和实施执行好，才能实现低碳城市目标。低碳城市建设是一个综合多方面、多领域、多目标的动态过程，这个动态过程的内涵体现在城市的社会、经济、环境、科技、文化等各个领域，体现在生产、消费各个环节的集成效应，这个动态过程中的参与主体包括政府、企业组织和居民等社会所有层面。因此在对低碳城市的概念和内涵进行解析时，不能仅以结果为导向，还需要结合低碳城市建设的动态过程和系统性。

第二节 低碳城市建设水平形成的机理

诊断低碳城市建设水平的目的是找出建设过程中的经验和不足，扬长避短，纠正问题，从而实现更好的建设水平。为了诊断低碳城市建设的绩效和水平，必须正确认识这种绩效和水平的形成机理。低碳城市建设的水平产生于一个过程，存在于减排的各个维度，因此低碳城市建设水平的机理应该从管理过程和减排维度两个视角去认识。

一、管理过程决定的低碳城市建设水平

（一）管理过程视角的低碳城市建设水平概念

任何事物的形成需要一个过程。低碳城市是气候变化背景下人类迫切需要的新生事物，是一个肩负着多目标、受制于多约束、结合了多主体的复杂社会系统，其形成不是一个自发的自然过程，而是要通过一个科学的管理过程来实现，包括低碳城市的方案规划、制定、实施，再到结果评估以及反馈修正等环节。只有对每一环节进行动态跟踪管理，才能确保低碳城市建设总体目标的最终实现。

城市发展从"高碳"到"低碳"的转型是循序渐进的演变过程。低碳目标的实现依赖于能源、产业、交通、建筑和农业等行业部门的协同努力，低碳城市建设的成功取决于包括城市居民、企业组织和政府部门等城市利益相关主体者的低碳发展理念和行为的转化。企事业组织需要不断研发绿色高新技术，促使产业低碳转型升级；居民公众应该培养低碳绿色消费习惯、绿色出行习惯等，从传统的粗放式、高碳生产生活方式转变到绿色、低碳方式；政府应该制定相关法律政策，调整能耗和产业结构，引导企业和居民协同建设低碳城市。

另外，在建设低碳城市的过程中，不同城市由于其经济水平、社会背景、产业结构和资源环境的差异性，在建设低碳城市的过程中所面临的制约因素是不同的，所展示出的低碳建设水平是有差异性的，因而需要采取不同的低碳发展策略。

因此，正确认识低碳城市建设的过程性和不同城市的自身特征性，是科学诊断低碳城市建设水平的前提。如果忽略低碳城市建设的过程性，以及忽略把握不同城市的社会、经济、环境特征，就不能正确认识城市的低碳建设水平，从而导致"措施错配""政策失灵"，造成人力、财力、物力的浪费。所以，从低碳城市建设过程性的视角出发，结合过程管理的原理，开展低碳城市建设水平的诊断尤为重要。

（二）低碳城市建设水平在规划—实施—检查—结果—反馈（PDCOA）环节中的形成

1. 质量管理的 PDCA 循环理论

质量管理学中的 PDCA（Plan-Do-Check-Act）循环理论来源于对实物产品开发生产过程中全面质量管理的思想和方法。根据这一全面质量管理思想，实物产品的质量管理分为四个阶段，即规划（Plan）、实施（Do）、检查（Check）、反馈（Act）。

规划或称计划阶段是管理活动的首要环节，是对所开发的实物产品或项目的质量、

过程以及需要的资源制定一个计划，并明确地设定产品目标和标准。质量管理体系的计划尤其强调以服务对象为关注焦点，了解实际要求、制定质量方针和质量目标。

在实施或执行阶段，根据制定的计划内容和服务对象的要求，开展一系列产品开发或项目实施的活动。在实施阶段，产品的质量将被铸造在产品的内在结构里面。

在检查阶段，通过评审和测试产品，确定计划的产品目标是否被实现，质量是否满足被服务对象的要求。除了检查和测量产品或服务是否符合要求，还需要检查质量管理体系的过程，以确保它们按照计划正常工作。如果产品特征与计划特征有偏差，则要对偏差进行分析，找出原因。

在反馈阶段，根据检查的结果进行总结并采取处理措施，纠正已经发生的问题，寻找可以进一步改善的地方。对成功的经验加以肯定，为今后产品开发和优化提供借鉴，或形成标准化的基础；对失败的教训给予总结，引起重视，提出改进措施，提交给下一个 PDCA 循环中去解决，成为下一个 PDCA 循环的基础。

PDCA 是一个循环、迭代、螺旋上升过程，如图 1.1 所示。产品的生产过程按照 PDCA 循环，下一个循环是基于上一个循环结果的。因此，产品的开发和生产开发过程中形成的质量会得到不断改善，目标的制定和实现得到不断优化提升，从而使产品质量得到逐步提升。

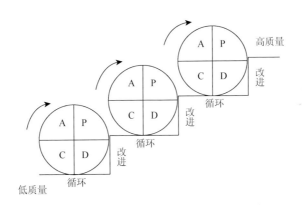

图 1.1　基于 PDCA 的全面质量管理循环上升过程（Edwards, 1986）

PDCA 循环理论揭示了"实践—认识—再实践—再认识"的管理规律和人类行为进步的模式，被广泛应用于社会经济活动的管理过程，其核心理念是产品的质量产生于 PDCA 循环过程，这四个环节的循环对生产结果不断进行评价和改进，就能帮助提升产品的质量。

低碳城市可以被视为一个巨大复杂的目标产品，当运用 PDCA 管理过程循环原理时，低碳城市建设就是一个将"低碳城市"作为一个巨大产品的生产过程，低碳城市建设中的 PDCA 环节就是保证城市的低碳建设质量和目标的实现。因此，全面质量管理的 PDCA 循环理论为管理低碳城市建设过程和提升其建设水平提供了科学的管理工具，规划（P）、实施（D）、检查（C）、反馈（A）等环节是低碳城市建设过程中环环相扣、不可或缺的关键环节。

只有保证每个过程环节的低碳质量和水平，才能实现最终满足质量要求的低碳城市。因此对低碳城市建设水平的诊断评价应该对各个关键环节进行科学认识和评价，才能真实反映城市低碳建设过程的整体质量和建设水平，诊断结果才能为发现薄弱环节、总结经验教训提供依据，才能为推动低碳城市建设的全面提升作出贡献。所以，运用 PDCA 循环理论探析城市低碳建设的过程、诊断城市低碳建设水平是科学和可行的。

2. 基于 PDCOA 管理环节的低碳城市建设循环过程

低碳城市建设是朝着结果目标迈进的一个动态过程，希望通过科学的管理过程实现城市降低碳排放量的结果。因此低碳城市建设水平诊断应秉持过程诊断与结果诊断相结合的原则，既要反映过程，又要反映结果，将审视过程与诊断结果相统一。对过程的诊断用来指导低碳城市建设的各个环节，指导城市对各个环节进行管理，以达到促进城市低碳建设的作用。结果评价是用来检查城市的低碳建设结果与低碳化水平，从而诊断其与计划的结果目标之间的差距，是评价低碳城市最终建设成果的标杆。故而在 PDCA 循环原有的规划（Plan）、实施（Do）、检查（Check）、反馈（Act）四个环节的基础上，将结果（Outcome）作为低碳城市建设管理过程的结果环节引入诊断环节中，以此来表征规划（Plan）、实施（Do）和检查（Check）环节工作的阶段性成果，便于核对与计划结果之间的差距，为下一环节的反馈（Act）和下一管理循环的计划制定提供基础依据。

综上，管理过程视角下，以 PDCA 循环管理理论为基础的低碳城市建设管理环节，包括规划（Plan）—实施（Do）—检查（Check）—结果（Outcome）—反馈（Act），如图 1.2 所示。

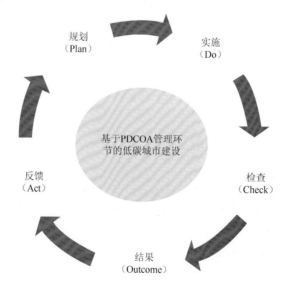

图 1.2　基于 PDCOA 管理环节的低碳城市建设管理循环过程

规划（Plan）是低碳城市建设过程的首要环节和方向指引。低碳城市建设的规划环节（P）是编制规划确立低碳城市建设应当完成什么工作、达到什么样的水平的过程，从规划内容、规划属性、编制依据等方面出发。对规划的科学性、完备性、可操作性进行审查是诊断评价低碳城市建设计划水平的重要内容。

低碳城市建设的实施环节（D）是低碳城市建设规划的具体执行。对规划的实施或执行需要有完备的配套措施、投入各种资源、机制保障（如出台法律法规、行政公文、实施办法）。因此对各类低碳措施的实施渠道及配备各种人力、资金、技术资源的审查，是评价低碳城市建设实施水平的主要内容，以保障低碳城市建设各个维度的工作、措施顺利实施，落到实处。

低碳城市建设的检查环节（C）是保证低碳城市建设过程不偏离目标，检查低碳城市建设是否按照规划落到实处，发现建设过程中的不足并剖析原因。因此，在检查环节需要审查城市低碳建设过程中是否有相应的监督机制和监督资源保障，诊断城市低碳建设的监督水平以及解决不足的能力如何。只有及时检查与监督，才能保证各项低碳城市建设措施不偏离目标并且被有效执行。当低碳城市建设过程发生错误和缺陷时，能找出执行过程中的不足和原因，为进一步处理和改进提供信息基础，最终保证低碳城市建设获得令人满意的结果。

低碳城市建设的表现结果用于判断城市的低碳建设绩效。结果环节（O）旨在通过城市低碳水平的测度，从而判断城市低碳建设在一定时期内达成的效果水平，找出偏差，为下一环节采取什么措施进行改善提供直接的参考依据。

在得到低碳城市建设的结果表现后，结合检查环节甄别的问题及原因，低碳城市建设的下一环节是反馈环节（A），包括总结经验和教训，对所有工作环节开展总结，对成功经验加以肯定、激励并推广；对失败与不足加以总结，引起重视，采取相应的改进措施，制定纠偏措施与提升方案，作为下一阶段规划环节（P）低碳建设目标制定的依据，从而在下一个低碳建设周期得以完善。

上述的低碳城市建设过程按照 PDCOA 环节循环往复，使城市低碳建设水平得到不断提高。

二、低碳城市建设水平在碳循环过程中的体现

低碳城市建设的过程是在认识碳循环系统基础上的减排增汇过程，因此低碳城市建设水平是体现在碳循环过程中的，所以诊断低碳城市建设水平的指标体系应该能反映碳循环系统中的碳源和碳汇要素，包括能源结构、经济发展、生产效率、城市居民、水域碳汇、森林碳汇、绿地碳汇、低碳技术等八个维度要素。

（一）社会经济活动与城市系统碳循环的关系

碳循环是自然界和人类社会经济活动产生的碳排放（碳源）与储存碳（碳汇）之间不断重复相互作用、动态平衡的过程。1997 年 12 月通过的《联合国气候变化框架公约京都协议书》中将碳源与碳汇的概念进行了阐述，碳源是指向大气中释放碳的过程、活动或机制，碳汇是指从大气中清除碳的过程、活动或机制。因此正确认识城市系统的碳循

环是诊断低碳城市建设水平的重要基础，诊断低碳城市建设水平的指标体系应该能反映碳循环系统中的碳源和碳汇要素。

低碳城市建设的过程本质上是维持社会经济发展的同时，城市碳循环系统的减排增汇过程，而城市碳循环系统的碳循环机理是由城市的"自然-社会经济"二元特征性所决定的。

1. 基于卡亚（Kaya）恒等式的碳源要素

一个城市的社会经济活动是城市碳循环系统中最主要的碳源，Kaya 恒等式是识别城市社会经济活动中影响碳源产生碳排放的因素的主流方法。日本学者 Yoichi Kaya 于 1989 年在联合国政府间气候变化专门委员会（Intergovernmental Panel on Climate Change，IPCC）举办的研讨会上提出的 Kaya 恒等式，解剖了由碳源产生碳排放的主要因素。这个恒等式是利用一个简单的数学公式将二氧化碳排放量分解成与人类生产生活相关的四个要素，其数学表达式如下：

$$CO_2 = \frac{CO_2}{PE} \times \frac{PE}{GDP} \times \frac{GDP}{POP} \times POP$$

式中，CO_2 表示二氧化碳排放量；PE 表示一次能源消费总量；GDP 表示国内生产总值、POP 表示国内人口总量；CO_2/PE 表示单位能耗碳排放强度，主要是由能源消费结构决定；PE/GDP 表示能源消费强度，指一个国家或地区单位产值一定时间内消耗的能源量，它反映经济对能源的依赖程度，体现了技术水平和生产效率，与能源利用效率和经济结构密切相关；GDP/POP 表示人均 GDP，是表征一个国家宏观经济运行状况和经济发展规模的有效工具，一般来讲，经济规模越大，碳排放越高。

Kaya 恒等式被广泛认为是一种有效的城市碳排放要素分析方法，通过对 Kaya 恒等式的分析，可以看出碳排放量的变化是能源消费结构（决定碳排放强度）、生产效率（决定能源消费强度）、经济发展、人口共同作用的结果。特别是对于正处于城镇化快速发展、用能需求巨大的城市和地区，只有在源头上提高碳排放的生产效率、提高能源综合利用效率，才可以在获得经济社会效益、保证发展的同时有效控制碳排放量。

2. 碳源要素的内涵

为了更清楚地掌握城市碳循环系统中的碳排放影响因素，下面对 Kaya 恒等式分解的碳源要素内涵进行详细分析。

1）能源结构

城市的能源结构对碳排放影响很大。能源结构主要是指各类一次能源和二次能源在能源消费总量中所占的比例。一次能源根据碳排放强度从大到小可以分为化石能源、生物质能源、新能源及可再生能源，其中化石能源，如石油、天然气等是碳排放强度最高的能源，但又在世界能源结构中占最主要的地位。据 IPCC 2006 年发布的碳排放系数数据，煤炭和天然气的碳排放因子分别为 94400kg/TJ 和 56100kg/TJ（TJ 表示万亿焦耳），而诸如太阳能、风能、水能等可再生能源，其碳排放强度几乎为零。因此，各类一次能源在能源结构中所占比重的大小，直接关系到城市能耗碳排放量的大小，特别是可再生能源所占比重越高，其城市的碳排放量就会越小。

但在我国高速的城镇化工业化进程中，长期以来形成了以"化石能源-火力发电"为主的能源结构体系，这种能源结构体系在低碳城市建设的时代背景要求下亟须重塑。2014 年 6 月，国务院颁布的《能源发展战略行动计划（2014—2020 年）》指出，我国优化能源结构的路径是降低煤炭消费比重，提高天然气消费比重，大力发展风电、太阳能、地热能等可再生能源，安全发展核电。国家发展改革委和国家能源局印发的《"十四五"现代能源体系规划》指出到 2025 年，我国非化石能源消费比重要提高到 20%左右。

综上，能源结构对城市碳排放有直接的影响，不同能源结构对碳排放和城市低碳建设工作的影响差异巨大，因此能源结构是低碳城市建设水平诊断的一个重要评价维度。

2）经济发展

经济发展与碳排放之间的关系主要是从经济规模与产业结构两方面去阐释。从经济规模的视角，经济发展的表现通常是用人均 GDP 的增加来衡量的，人均 GDP 阐释经济发展对碳排放的影响主要体现在以下两个方面，首先人均 GDP 的增加反映了生产规模的加大，表征了社会经济的发展。而能源是生产活动的重要引擎，因此经济生产规模的增大会导致能源消费的增加，从而带来碳排放的增加。其二，人均 GDP 的增加意味着居民经济收入提高，带来居民生活水平的提高，故而居民对生活用品的数量和质量要求增加，由此导致能源消费和碳排放的增加。

从产业结构的视角，经济发展对碳排放量的影响也是很明显的。产业结构是指第一、二、三产业分别在国民经济中所占的比重。其中，第二产业属于能源密集型产业，包括采矿业、制造业、电力、燃气及水的生产和供应业、建筑交通业等产业。不同产业的碳排放强度差异很大，其中第二产业如煤炭、石油、电力等产业在生产过程中会消耗大量能源，碳排放强度相对高。因此第二产业占比大的城市碳排放强度量都相对较高，这些城市的减排压力相对较大。所以，产业结构会对城市碳排放产生较大影响，低碳城市建设就是需要优化调整产业结构，引导和鼓励产业结构重心由第二产业向第三产业过渡，实现经济健康持续发展。

3）生产效率

生产效率直接决定了能源的消耗强度。能源消耗强度，又简称能源强度，是指单位 GDP 的产出所消耗的能源，对城市碳排放量有很大的影响。能源强度越大，在城市社会经济活动中产生的碳排放越多。能源强度的减小本质上是能源综合利用效率的提升，或者说是生产效率的提升，主要是通过生产技术手段革新、经济结构转变和能源管理措施实现的。因此，提升生产效率、降低能源强度是在低碳城市建设过程中降低碳排放量的重要手段。《"十四五"现代能源体系规划》要求，到 2025 年单位 GDP 能耗五年累计下降 13.5%。

效率通常被从经济学的角度进行阐释，即投入与产出之比。概括来说，一个经济系统包括要素投入和产出两部分，提高生产效率即意味着在固定投入下使产出最大，或在产出固定的情况下使投入最小。要实现这种效果，主要包括技术进步的贡献，意味着生产过程中投入的资源，特别是能源的效率提高。

我国从 20 世纪 80 年代以来，经济得到快速增长，但这种增长很大程度上是以高碳排为代价的，粗放型、"摊大饼"式的经济增长方式导致我国自然资源过度消耗，带来一系列严重的环境污染问题。然而，我国人口众多、社会经济发展任务艰巨，在相当长的时间会依然处于快速的城镇化发展进程中，用能需求仍然会是巨大的。因此只有在经济发展的生产过程中提高能源利用效率、城市运行效率、全要素生产率，才能在获得社会经济效益的同时有效控制碳排放量，实现城市可持续发展。

由此可见，必须要将生产效率作为衡量城市低碳建设水平的重要因素。

4）城市居民

城市温室气体排放的主体是城市居民，往往受人口规模和人口整体素质的影响与调控。人类生产活动会使用和消耗各种原材料和能源，从而产生二氧化碳等温室气体，其产生的排放量与人口规模和素质是密切相关的。人类的生活和生产活动决定了碳排放的产生是必然的，是碳排放的决定因素。城市人口的增加会直接拉动电力、交通工具、建筑、基础设施等需求的增加，随之导致相应的生产活动及其能源消耗、碳排放的增加。IPCC指出，1983～2012年是过去1400年间，气候最暖的三十年，由此引发了许多严重的环境问题，包括土地沙漠化、极端天气、物种灭绝、资源枯竭等，这些与城市人口规模的增加以及人类忽视环保带来的结果有密切关系。

当然，人类社会经济的发展除了带来居民收入水平和生活水平的提高，也提高了居民的整体素质和文明意识，居民的公民意识、社会责任感、参与城市治理意识、环境保护意识都随之增强。居民越来越愿意践行低碳消费、低碳出行等低碳生活方式，从而为碳排放的控制和低碳城市建设作出贡献。

（二）自然生态系统与城市系统碳循环的关系

地球上各生态系统作为 CO_2 等温室气体的源与汇，对碳循环起到至关重要的作用。陆地生态系统通过光合作用与呼吸作用，直接影响植被、水域、土壤中碳元素的周转过程。向大气中释放 CO_2 等温室气体的过程、活动或机制是碳源，反之从大气中吸收 CO_2 等温室气体的过程、活动或机制则是碳汇。自然生态系统既具有吸收碳元素的功能，也具有释放碳元素的功能，但一般来说，自然生态系统整体上是一个碳吸收量大于释放量的汇，主要包括水域碳汇、森林碳汇和绿地碳汇。然而生态系统是多样的，并非所有生态系统都是碳汇，在生态系统中的碳释放和吸收是一个非线性复杂过程，碳源和碳汇之间的双向转化是常见现象。总体上，自然生态系统在碳循环过程中主要发挥碳汇作用。

1）水域碳汇

广义上的水域也可以被看成湿地，水域中的碳循环过程涉及一系列复杂的生物、化学和物理过程，受水分、水生植物、水体微生物等因素影响与调控。在城市水域的碳汇形成过程中，水域能承纳上游各类湿地和非湿地生态系统通过河流、洪水、侵蚀等过程中以生物体、泥沙、溶解性有机碳等多种形式的碳输入，同时还通过水体以及水体里的动植物直接捕获大气中的 CO_2，从而吸纳碳的输入。在土壤水分饱和、气温较低以及微生物活性较弱的湿地生态系统中，往往具有较强的碳积累功能，不同来源的碳经过湿地环境中微生物的分解和转化，以 CO_2 和 CH_4 等气态物质排放到大气中，或因湿地的厌氧环境以泥炭等形式封存在湿地中。因此，建设和保护好城市水域湿地是建设低碳城市的重要内容，也是诊断一个城市的低碳建设水平的重要内容。

2）森林碳汇

森林生态系统是陆地生态系统中的主要构成部分，是最大的光合作用载体。森林碳汇是指森林植物吸收大气中的 CO_2 并将其固定在植被或土壤中的过程，这是森林调节大气中 CO_2 浓度、缓解温室效应的基本机理。森林碳汇功能反映在森林五大碳库固碳能力上，五大碳库包括森林植被地上生物量碳库、森林植被地下生物量碳库、森林木质残体碳库、凋落物碳库和土壤碳库。森林植被和土壤碳库是森林碳储量的主要部分，分别占森林总碳储量的44%和45%；其次是森林木质残体碳储量与凋落物碳储量。

城市森林是城市绿化的一种特殊类型，它既属于森林的范围，又与自然的森林有所差别。城市森林通常表现为稀疏种植的单株树木或小面积的人工绿化群落。城市森林是以乔木为主体，并与各种灌木、草本以及各种动物和微生物等一起构成的一个生物集合体。森林碳汇在低碳城市建设过程中有举足轻重的地位。城市的森林覆盖率面积大小，直接决定了森林系统的碳汇能力。增强城市森林碳汇能力，是抵消城市碳排放、实现低碳城市建设目标的重要举措，这些举措的实施情况是诊断低碳城市建设水平的重要内容。

3）绿地碳汇

城市绿地生态系统的碳汇特征与森林等其他陆地生态系统的碳汇特征有所不同。绿地生态系统的碳素储量绝大部分集中在土壤中，其碳循环的主要过程也是在土壤中完成的，主要包括碳固定、碳储存和碳释放等环节。绿色植物通过光合作用将大气中的无机碳（CO_2）转变为有机碳，是绿地生态系统有机碳的主要来源。在绿地生态系统中，进入土壤中的碳主要以有机质的形式存在，固定碳的多少也主要取决于绿地植被初级生产力的形成与土壤有机质分解之间的平衡作用。

绿地生态系统中的碳素有释放过程，其释放形式包括植物呼吸作用、凋落物层的异养呼吸及土壤的呼吸代谢，其中绿地土壤呼吸是绿地生态系统碳释放的重要途径。当输入土壤的碳超过土壤输出的碳时，绿地土壤表现为 CO_2 的碳汇；反之，则绿地土壤表现为 CO_2 的碳源。城市绿地是受人为管理过程强烈影响的生态系统，受维护和建设等人类活动的影响，绿地地上部分循环较快，导致地下碳库部分也受影响。认识城市绿地的碳循环过程，将丰富对城市系统的碳循环认识，因此对城市绿地的减排规划、建设和维护有重要的作用，是城市减排增汇、实现低碳城市建设目标的重要措施，其工作内容是诊断评价低碳城市建设水平的重要指标。

（三）科学技术对城市系统中碳循环的影响

科学技术是城市碳循环系统中减少碳源、增加碳汇的重要抓手。一般来说，能够帮助实现减少碳源、增加碳汇的科学技术都可以被称为低碳技术。低碳技术的概念目前缺乏统一界定，只要能够有效减少以二氧化碳为主的温室气体排放、防止气候变暖而采取的技术手段都是低碳技术，涉及社会经济活动的各个领域，特别是能源、交通、建筑、冶金、化工、运输、旅游等多个工商业领域。低碳技术的根本目的是实现人类生产和消费过程中的高效、低排和低污染。

根据增汇减排的控制流程，低碳技术可以分为减碳技术、无碳技术（又称为零碳技术）和去碳技术（又称为负碳技术）。基于增汇减排技术特征，低碳技术又可以分为非化石能源类技术、燃料及原材料替代类技术、工艺过程技术、非二氧化碳减排类技术、碳捕集与封存类技术、碳汇类技术。

低碳技术的减排机理是从源头上遏制和减少二氧化碳，主要分为两种途径：直接减排和间接减排。直接减排的主要方式有：①通过应用低碳技术提高能源的开采、运输、加工、使用的效率；②开发清洁能源、可再生能源，摆脱对传统化石能源的依赖；③利用碳捕集与封存类技术将二氧化碳与其他气体分离再封存起来。

间接减排是应用先进的低碳技术调整产业结构、更多地使用清洁能源，从而降低高能耗企业、高排放技术设备的市场份额，实现碳排放的减少。广义上讲，其他减排措施也可以视为间接的低碳技术，例如征收碳税、碳排放权交易、呼吁公众节约资源等其他节能减排的外部激励措施。

正确应用低碳技术进行减排与经济发展是正相关的。先进的低碳技术会促进经济发展、提升公众生活水平、有利于构建循环高质量可持续的社会发展模式。阿里云公司发布的《21 世纪低碳科技白皮书》中指出，从短期看，处理好经济转型发展、疫后复苏与碳约束的矛盾亟须科技支撑；从中长期看，推动经济保持低碳、脱碳发展最终需要依靠科技引导；从长期看，提升我国在国际低碳市场的竞争力关键在于科技创新。可见，科技进步和创新是实现"双碳"目标的重要举措。因此，发展低碳技术和应用低碳技术的工作成效也是诊断低碳城市建设水平的重要内容。

我国不少地区和城市的能源供应仍依托于煤炭等化石燃料，经济体系仍以资源依赖型产业为主，低碳技术的作用尚未充分体现。另一方面，我国不同城市之间差异较大，在不同城市的低碳技术发展水平也有很大的差距。本研究应用管理学过程原理，从 PDCOA 五个环节构建认识不同城市在发展和应用低碳科技的状况，从推动低碳科技的视角诊断低碳城市建设水平。

第三节　双视角集成下的低碳城市建设水平矩阵结构诊断指标

一、低碳城市建设水平诊断内容的矩阵结构

低碳城市是在全球气候变暖的时代背景下提出的一种新型城市建设模式，近年来在理论和实践中得到迅速发展。然而，如何判断城市的建设模式是否是低碳建设模式存在很大的模糊性，处于理论上缺乏方法、实践中缺少经验的状态。根据本章第二节阐述的低碳城市建设水平形成机理可知，低碳城市建设水平体现在城市系统的多维度、形成于城市低碳建设的管理过程中。因而低碳城市建设水平的诊断内容是要结合城市低碳建设的管理过程和城市系统中的碳循环要素，或者说是要基于集成管理过程和碳循环系统双视角。

在这一双视角集成的框架下，城市低碳建设管理过程视角强调低碳建设的过程性，涵盖规划（Plan）、实施（Do）、检查（Check）、结果（Outcome）和反馈（Act）五个环节；城市系统的碳循环视角聚焦碳源（carbon source）和碳汇（carbon sink）的内在联系，提炼出碳源方面的能源结构（energy structure，En）、经济发展（economic development，Ec）、生产效率（production efficiency，Ef）和城市居民（urban population，Po）四个维度，碳汇方面的水域碳汇（water，Wa）、森林碳汇（forest，Fo）、绿地碳汇（green space，GS）三个维度，以及低碳技术（low carbon technology，Te）维度，一共形成了城市系统碳循环的八个维度。其中低碳技术兼具抑制碳源和增加碳汇的属性而自成一个维度。

本研究创新性地结合管理过程视角和碳循环视角，形成了双视角集成下的低碳城市建设水平矩阵结构诊断指标，这一双视角的诊断指标体系保证了对城市的低碳建设水平展开全方位的诊断。低碳城市建设水平诊断指标体系的矩阵结构如表1.1所示。

表 1.1　双视角集成下的低碳城市建设水平诊断指标矩阵

| | 碳源 | | | | 碳汇 | | | 低碳技术（Te） |
	能源结构（En）	经济发展（Ec）	生产效率（Ef）	城市居民（Po）	水域碳汇（Wa）	森林碳汇（Fo）	绿地碳汇（GS）	
规划（P）	En-P	Ec-P	Ef-P	Po-P	Wa-P	Fo-P	GS-P	Te-P
实施（D）	En-D	Ec-D	Ef-D	Po-D	Wa-D	Fo-D	GS-D	Te-D
检查（C）	En-C	Ec-C	Ef-C	Po-C	Wa-C	Fo-C	GS-C	Te-C
结果（O）	En-O	Ec-O	Ef-O	Po-O	Wa-O	Fo-O	GS-O	Te-O
反馈（A）	En-A	Ec-A	Ef-A	Po-A	Wa-A	Fo-A	GS-A	Te-A

在表 1.1 中，由城市系统碳循环视角下的 8 个维度和城市建设管理过程视角下的 5 个环节集成的矩阵中，有 8×5（40）个诊断矩阵单元。每个矩阵单元的得分代表城市在某一维度的某一环节的低碳建设水平表现。例如，En-P 的得分代表在能源结构维度的规划环节上某城市低碳建设水平表现。

诊断矩阵表 1.1 为准确完整地诊断低碳城市建设水平提供了科学指引。基于诊断矩阵，可选择某一列的全部矩阵单元进行诊断，实现对城市在某一维度的低碳建设水平进行诊断评价。再通过加权 8 个维度的评价结果，可以得到对某个城市的低碳建设水平的综合评价。具体的计算方法详见第三章。

上述的阐释表明，准确界定诊断矩阵（表1.1）中各单元的内涵、构成与得分，是准确完整诊断低碳城市建设水平的前提。矩阵中的每一个单元将由至少一个或 $1+n$ 个指标构成，其中每个指标又包括若干个得分变量，其构成如图1.3。界定诊断矩阵中各单元的具体内涵与得分规则将在第二章详细介绍。

根据图1.3可知，每个诊断矩阵单元由若干个指标构成，每个指标又由若干得分变量构成，从而形成单元-指标-得分变量的三层矩阵单元结构体系。指标的取值是由得分变量决定的，而得分变量的取值是依据一定的得分计算规则，因此得分计算规则是诊断矩阵单元得分的基础。

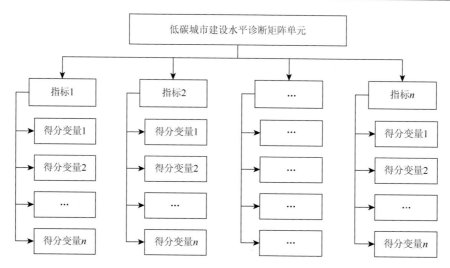

图 1.3　低碳城市建设水平诊断指标矩阵单元构成图

表征低碳城市建设水平的指标包括两类得分变量，分别为定性得分变量和定量得分变量。得分变量的构建将在第二章指标体系的构建中进行详细介绍。

二、矩阵结构低碳城市建设水平诊断指标体系的创新性

诊断评价低碳城市建设水平是低碳城市建设的重要工作内容，评价结果一方面能反映城市的低碳建设的效果，另一方面能诊断出城市在低碳建设方面存在的短板以及可借鉴的成功经验。通过对诊断结果的分析可以就低碳城市建设的缺陷和优势进行精准的定位，从而帮助管理者把握进一步提高低碳建设水平的关键点。

随着近年来政府、学界以及社会各阶层对低碳城市建设的高度关注，出现了各种类型的低碳城市建设评价指标体系。中国社科院 2010 年公布了评估低碳城市的标准体系，这是公认比较完善的标准，该标准体系具体分为低碳生产力、低碳消费、低碳资源和低碳政策等四大类，共 12 个相对指标。

其他许多学者近年来也对低碳城市评价指标体系进行了不断探索和完善，大多的低碳城市评价研究都基于城市可持续发展理论，从经济、社会、环境三方面构建低碳城市建设评价指标体系。李晓燕和邓玲（2010）遵循系统复合理论原则，构建了以城市低碳经济发展综合评价为目标层，经济系统、科技系统、社会系统、环境系统四个准则层的低碳城市建设评价指标体系框架。杜栋和王婷（2011）在中国社会科学院 2010 年提出的低碳城市标准体系的基础上，提出了低碳城市评价指标体系，其标准包括建筑、交通、工业、消费、能源、政策和技术的低碳发展，具体指标包括人均碳排放，零碳能源在一次能源中的比例，以及单位排放量。易棉阳等（2013）构建了一个涵盖社会经济、资源环境、科学技术、交通建筑四个系统层的低碳城市评价指标体系。马黎等（2014）从政策制度、基础设施、技术创新、产业结构、能源管理、消费体系和碳强度七个层面构建低碳城市评价指标体系。Tan 等（2015）提出了一个自上而下的三层低碳城市评价指标框

架，用于低碳城市的评估、实施和标准化，这些指标包括经济、能源模式、技术、社会和生活、碳与环境、城市可达性和废物等方面。刘骏等（2015）运用DPSIR（drive，pressure，state，impact，response）模型，从驱动力、压力、状态、影响、响应五个方面构建了由23个指标组成的低碳城市评估体系。丁丁等（2015）构建了包括碳排放相关指标、社会经济指标和排放目标等三种类型的低碳城市评价指标，包括人均排放、万元GDP排放、能源碳排放、非化石能源比例、森林覆盖率、人口、人均GDP、城镇化率、三产比例、峰值年份。邓荣荣和赵凯（2018）从低碳城市的内涵出发，提出了构建低碳发展综合评价指标体系的框架，包括低碳产出、低碳消费、低碳资源与低碳政策共四类准则层。陈楠与庄贵阳（2018）基于六个维度提出了一套低碳建设评价指标体系，包括宏观领域、能源、产业、低碳生活、资源环境和低碳政策创新，并利用该指标体系对三批低碳试点城市进行了多维度评估。石龙宇和孙静（2018）以低碳城市的内涵和理念为基础，建立了包含6类准则层的城市低碳发展评价指标体系，即自然环境、人居环境、交通、社会进步、经济发展和碳排放，并在参评城市之间建立了综合评价指数。Wang等（2020）利用突变级数模型、空间自相关模型和障碍诊断模型，构建了一个涵盖经济、社会、环境和政策四个维度的低碳城市评价指标体系。申立银（2021）指出低碳城市建设是一个动态过程，通过过程实现结果，并基于这一观点构建了一套既能反映过程又能体现结果的低碳城市建设评价指标体系，但没能系统地梳理构建这些过程指标的理论基础。可以看出，围绕低碳城市评价指标已经有了大量的研究文献和理论基础，虽然在研究方法和思路上有所不同，但对低碳城市建设评价的理论发展和实践应用提供了大量的理论支撑。

上述的讨论表明，传统上关于低碳城市评价的指标体系是多样性的，这是由于各种指标体系研究的背景和方法不同，但更重要的是，这些指标体系的建立没有立足于一个具有共识的科学理论基础，因此无法形成一个科学权威的评价体系。正是出于这个原因，尽管我国2010年以来已经在不同省市开展了大量低碳城市建设试点工作，实施了多种低碳建设措施，但很少对低碳城市建设水平进行评价研究。低碳城市建设评价的理论缺乏导致了对低碳城市建设目标和方向的指导模糊，使得对低碳城市建设的过程缺乏监督约束，各地区低碳城市建设目标发展和方向不一致，成果难以比较，难以提炼成可借鉴的经验和识别出教训和短板。

现有的低碳城市评价指标体系主要表征低碳状态结果，忽视对建设过程的评价。然而，低碳城市建设不是一蹴而就的，而是一个复杂的过程，需要城市多方主体的参与，需要统筹城市发展的方方面面。结果来自过程，过程决定结果。因此诊断低碳城市建设水平时，不能只看结果，也要看开展低碳城市建设的过程表现。从评价的内容结构上，现有的低碳城市建设指标体系主要针对城市产业结构、能源生产与利用方面进行评价，而忽略了城市系统碳循环的内涵，忽视评价城市增加碳汇的水平，未考虑低碳城市建设与城市居民日常生活间的关联性。事实上，推动低碳城市建设不能仅聚焦在高能耗产业的节能减排的低碳建设活动上，还要对市民的低碳意识进行普及和培养，城市居民的低碳行为和文化是推动低碳城市建设的持续动力。

传统上，在评价低碳城市建设水平时采用"一刀切"方法。我国幅员辽阔，不同地区在能源结构、产业结构、消费结构、自然条件、文化背景等方面存在显著差异。有些城市受到自然条件和功能定位的限制，而无法在短时间内取得明显的低碳建设成果，但在许多方面付出了有效的投入与努力，这种投入和努力表现应该被纳入对低碳城市建设水平的评价内容中。因此在对低碳城市建设水平进行诊断评价时，需要结合城市功能和特点确定评价水平的指数值，使诊断评价结果科学、公平。

基于以上对传统的低碳城市评价指标体系的局限性认识，本书从低碳城市建设的内涵出发，强调低碳城市建设的过程性和多维性，集成了过程和维度视角，创新性地构建了一套诊断低碳城市建设水平的双视角指标体系。在过程视角上，评价指标体系的构建考虑了城市建设管理的全过程，借鉴"PDCA"（规划—实施—检查—反馈）四环节全面质量管理的思想，并在四个环节的基础上加入"结果"这一环节，形成"PDCOA"（规划—实施—检查—结果—反馈）五个低碳城市建设环节，从而对低碳城市建设水平进行全过程诊断评价。另一方面，在多维视角上，低碳城市建设水平评价指标体系基于碳循环原理，考虑了碳源和碳汇两个方面，碳源主要从能源结构、经济发展、生产效率、城市居民四个维度进行诊断，碳汇从水域碳汇、森林碳汇和绿地碳汇三个维度开展诊断，再考虑到技术性固碳减排的动力和作用，把低碳技术加入到碳循环形成的维度中，从而通过八个维度去诊断低碳城市建设水平。

本研究通过创新性的集成管理学理论和碳循环理论，保证了构建的低碳城市建设水平诊断指标体系建立在具有共识的理论基础上，能正确反映城市系统中的资源、环境、经济、社会、技术及其之间的有机联系在实施低碳城市建设过程中发挥的作用，具有严密的逻辑性、完整的科学性和普遍的适用性。

第二章　低碳城市建设水平诊断指标体系

　　基于前一章对低碳城市建设水平的诊断机理，本章将构建诊断低碳城市建设水平的指标体系，为诊断城市低碳建设水平提供工具。

　　诊断指标体系的科学性与有效性是准确诊断城市低碳建设水平的奠基之石。基于本书第一章第三节所构建的低碳城市建设水平诊断矩阵结构，在充分梳理了国内外相关文献和低碳城市建设评价指标体系，结合多领域专家的评议后，本章对矩阵结构内的各元素赋予了具体指标，形成了一套横向上包含城市碳循环八个维度、纵向上囊括低碳城市建设五个环节的矩阵型诊断指标体系。

　　城市在实践低碳建设的过程中，是通过在能源结构、经济发展、生产效率、城市居民、水域碳汇、森林碳汇、绿地碳汇、低碳技术等八个维度上实施各种措施，来达到减少碳排、增加碳汇、提升低碳建设水平的目标。因此，诊断低碳城市建设水平的指标体系需要反映城市低碳建设的八个维度内容。另一方面，低碳建设的每个维度是通过不断迭代"规划（P）、实施（D）、检查（C）、结果（O）和反馈（A）"等过程环节实现减排增汇的，因此，表征各维度建设水平的指标体系应通过分析这五个过程环节去建立。故而，建立低碳城市建设水平诊断指标体系首先需要充分剖析八个维度的五个过程环节的内涵，而后提出能表征这些内涵的指标。

　　低碳城市建设水平诊断指标体系由指标、得分变量与得分规则三层因子构成，其中指标刻画了在给定环节里低碳城市建设的关键工作；得分变量详细描述了关键工作的具体内容；得分规则确定了如何对得分变量的表现进行打分，将得分变量的实际表现数量化。"三因子"诊断指标结构保障了低碳城市建设在每一维度每一环节上的指标体系均具备全面、系统和易操作的特征，旨在有效引导城市科学实践低碳建设，从而保障城市的可持续发展。

第一节　低碳城市建设在能源结构（En）维度的诊断指标体系

　　自 18 世纪工业革命以来，能源消耗产生的碳排放快速增加，给自然生态系统的碳汇带来了极大的压力，打破了人类生存环境中的碳循环平衡。这一现象在近百年，特别是近几十年愈发严重，造成了全球变暖、极端天气频发等问题。政府间气候变化专门委员会（Intergovernmental Panel on Climate Change，IPCC）2022 年发布的《气候变化 2022：减缓气候变化》与国际能源署（International Energy Agency，IEA）2021 年的官方数据分别显示：2019 年全球碳排放总量与能源领域碳排放量分别为 590 亿吨与 376.3 亿吨左右，后者占前者的比例约为 63.8%，这表明能源领域是全球碳排放的主要来源。因此，优化能源结构，减少能源生产与消耗环节的碳排放是全球碳减排的关键。

中国是一个能源消费大国，随着快速城镇化和工业水平的不断提高，我国能源生产和消耗过程中产生的碳排放量在逐年增加。中国作为负责任的世界大国明确提出将减少碳排放、实现"双碳"目标作为重大国家战略。因此，在能源结构维度落实减排措施是推行低碳城市建设的主要举措，相应地，能源结构的表现是诊断一个城市低碳建设水平的重要内容。

一、能源结构维度规划环节的诊断指标体系

能源结构维度的规划（P）环节具有"指挥棒"作用，该维度的规划环节指标为能源结构在低碳城市建设管理过程中如何发挥作用指明了发展方向。这些规划指标内容包括非化石能源的发展和应用、能源技术和装备、降低能源强度等方面，这些指标对引导能源结构的调整具有重要的影响，其得分情况可以反映一个城市在能源结构维度低碳建设的规划质量水平。此环节中具体的指标、得分变量、得分规则详见表2.1。

表 2.1　低碳城市建设在能源结构维度规划环节（En-P）的诊断指标体系

指标	得分变量	得分规则
非化石能源发展和应用的规划	规划内容	本得分变量有以下 5 个得分点：①明确非化石能源消费量；②明确非化石能源消费比重；③明确非化石能源发电装机比重；④明确能源结构优化目标；⑤明确能源发展空间布局。 依据上述 5 个得分点，本得分变量的具体得分规则如下： ● 100 分：【满足上述所有得分点】 ● 80 分：【满足上述 5 个得分点中的任意 4 个】 ● 60 分：【满足上述 5 个得分点中的任意 3 个】 ● 40 分：【满足上述 5 个得分点中的任意 2 个】 ● 20 分：【满足上述 5 个得分点中的任意 1 个】 ● 0 分：【无任何相关内容】
	规划属性	本得分变量有以下 5 个得分点：①国民经济与社会发展规划中强调了非化石能源相关的发展和应用的规划；②制定了非化石能源的专项规划文件；③明确了非化石能源发展的重点任务方案；④明确了非化石能源相关规划的责任单位；⑤具有其他非化石能源的相关规划。 依据上述 5 个得分点，本得分变量的具体得分规则如下： ● 100 分：【满足上述所有得分点】 ● 80 分：【满足上述 5 个得分点中的任意 4 个】 ● 60 分：【满足上述 5 个得分点中的任意 3 个】 ● 40 分：【满足上述 5 个得分点中的任意 2 个】 ● 20 分：【满足上述 5 个得分点中的任意 1 个】 ● 0 分：【无任何相关内容】
	规划依据	本得分变量有以下 5 个得分点：①参考上级能源规划；②参考城市国民经济和社会发展规划；③参考城市国土空间规划；④参考其他能源专项规划；⑤参考城市总体规划或结合本市特点和问题。 依据上述 5 个得分点，本得分变量的具体得分规则如下： ● 100 分：【满足上述所有得分点】 ● 80 分：【满足上述 5 个得分点中的任意 4 个】 ● 60 分：【满足上述 5 个得分点中的任意 3 个】 ● 40 分：【满足上述 5 个得分点中的任意 2 个】 ● 20 分：【满足上述 5 个得分点中的任意 1 个】 ● 0 分：【无任何相关内容】
	规划项目的丰富度	本得分变量有以下 5 个得分点：①推进太阳能规模化利用；②推广天然气项目；③推进生物质能、水能、风能、低温能等可再生能源开发项目；④推进可再生能源融合发展；⑤建立清洁低碳能源消费体系。 依据上述 5 个得分点，本得分变量的具体得分规则如下： ● 100 分：【满足上述所有得分点】

续表

指标	得分变量	得分规则
非化石能源发展和应用的规划	规划项目的丰富度	<ul><li>80分：【满足上述 5 个得分点中的任意 4 个】</li><li>60分：【满足上述 5 个得分点中的任意 3 个】</li><li>40分：【满足上述 5 个得分点中的任意 2 个】</li><li>20分：【满足上述 5 个得分点中的任意 1 个】</li><li>0分：【无任何相关内容】</li></ul>
能源技术和装备的发展规划	规划内容	本得分变量有以下 5 个得分点：①发展重点领域的能源关键技术；②提升企业能源技术研发创新能力；③推动重大能源科技成果示范应用；④发展能源装备制造业；⑤推动能源系统数字化智能化。 依据上述 5 个得分点，本得分变量的具体得分规则如下：<ul><li>100分：【满足上述所有得分点】</li><li>80分：【满足上述 5 个得分点中的任意 4 个】</li><li>60分：【满足上述 5 个得分点中的任意 3 个】</li><li>40分：【满足上述 5 个得分点中的任意 2 个】</li><li>20分：【满足上述 5 个得分点中的任意 1 个】</li><li>0分：【无任何相关内容】</li></ul>
	规划属性	本得分变量有以下 5 个得分点：①国民经济与社会发展规划中强调了能源技术和装备相关的发展和应用的规划；②制定了能源技术和装备的专项规划文件；③明确了发展能源技术和装备的重点任务方案；④明确了发展能源技术和装备的责任单位；⑤有其他能源技术和装备的相关规划。 依据上述 5 个得分点，本得分变量的具体得分规则如下：<ul><li>100分：【满足上述所有得分点】</li><li>80分：【满足上述 5 个得分点中的任意 4 个】</li><li>60分：【满足上述 5 个得分点中的任意 3 个】</li><li>40分：【满足上述 5 个得分点中的任意 2 个】</li><li>20分：【满足上述 5 个得分点中的任意 1 个】</li><li>0分：【无任何相关内容】</li></ul>
	规划依据	本得分变量有以下 5 个得分点：①参考上级能源规划；②参考城市国民经济和社会发展规划；③参考城市国土空间规划；④参考其他能源专项规划；⑤参考城市总体规划或结合本市特点和问题。 依据上述 5 个得分点，本得分变量的具体得分规则如下：<ul><li>100分：【满足上述所有得分点】</li><li>80分：【满足上述 5 个得分点中的任意 4 个】</li><li>60分：【满足上述 5 个得分点中的任意 3 个】</li><li>40分：【满足上述 5 个得分点中的任意 2 个】</li><li>20分：【满足上述 5 个得分点中的任意 1 个】</li><li>0分：【无任何相关内容】</li></ul>
	规划项目的丰富度	本得分变量有以下 5 个得分点：①规划了发展光伏、风电及海洋潮流能、氢能、生物质能、低温能、燃气轮机等能源技术；②加快新能源充电装备的生产制造；③推广智能电网技术装备；④推进节能环保装备产业基地建设；⑤加快储能技术推广应用。 依据上述 5 个得分点，本得分变量的具体得分规则如下：<ul><li>100分：【满足上述所有得分点】</li><li>80分：【满足上述 5 个得分点中的任意 4 个】</li><li>60分：【满足上述 5 个得分点中的任意 3 个】</li><li>40分：【满足上述 5 个得分点中的任意 2 个】</li><li>20分：【满足上述 5 个得分点中的任意 1 个】</li><li>0分：【无任何相关内容】</li></ul>
降低能源强度的规划	规划内容	本得分变量有以下 5 个得分点：①明确重点企业的能效提升；②明确重点领域的能效提升；③明确重点设施及平台的能效提升；④引领产业结构转型；⑤明确全市的单位 GDP 能耗降幅。 依据上述 5 个得分点，本得分变量的具体得分规则如下：<ul><li>100分：【满足上述所有得分点】</li><li>80分：【满足上述 5 个得分点中的任意 4 个】</li><li>60分：【满足上述 5 个得分点中的任意 3 个】</li><li>40分：【满足上述 5 个得分点中的任意 2 个】</li><li>20分：【满足上述 5 个得分点中的任意 1 个】</li><li>0分：【无任何相关内容】</li></ul>

续表

指标	得分变量	得分规则
降低能源强度的规划	规划属性	本得分变量有以下 5 个得分点：①国民经济与社会发展规划中强调了降低能源强度的规划；②制定了降低能源强度的专项规划文件；③明确了降低能源强度的重点任务方案；④明确了降低能源强度的责任单位；⑤有其他降低能源强度的相关规划。 依据上述 5 个得分点，本得分变量的具体得分规则如下： ● 100 分：【满足上述所有得分点】 ● 80 分：【满足上述 5 个得分点中的任意 4 个】 ● 60 分：【满足上述 5 个得分点中的任意 3 个】 ● 40 分：【满足上述 5 个得分点中的任意 2 个】 ● 20 分：【满足上述 5 个得分点中的任意 1 个】 ● 0 分：【无任何相关内容】
	规划依据	本得分变量有以下 5 个得分点：①参考上级能源规划；②参考城市国民经济和社会发展规划；③参考城市国土空间规划；④参考其他能源专项规划；⑤参考城市总体规划或结合本市特点和问题。 依据上述 5 个得分点，本得分变量的具体得分规则如下： ● 100 分：【满足上述所有得分点】 ● 80 分：【满足上述 5 个得分点中的任意 4 个】 ● 60 分：【满足上述 5 个得分点中的任意 3 个】 ● 40 分：【满足上述 5 个得分点中的任意 2 个】 ● 20 分：【满足上述 5 个得分点中的任意 1 个】 ● 0 分：【无任何相关内容】
	规划项目的丰富度	本得分变量有以下 5 个得分点：①实施工业领域能效提升行动；②实施建筑领域能效提升行动；③实施交通运输领域能效提升行动；④实施公共机构能效提升行动；⑤实施大型设备及平台（如人数据中心）能效提升行动。 依据上述 5 个得分点，本得分变量的具体得分规则如下： ● 100 分：【满足上述所有得分点】 ● 80 分：【满足上述 5 个得分点中的任意 4 个】 ● 60 分：【满足上述 5 个得分点中的任意 3 个】 ● 40 分：【满足上述 5 个得分点中的任意 2 个】 ● 20 分：【满足上述 5 个得分点中的任意 1 个】 ● 0 分：【无任何相关内容】

二、能源结构维度实施环节的诊断指标体系

能源结构维度的实施（D）环节在该维度发挥"工具箱"作用，通过汇聚多方力量，整合多种保障机制和资源，确保能源结构维度的调整和优化在低碳城市建设管理过程的顺利实现。一方面，在实施能源生产和消费改革的保障机制中，"相关规章制度的完善程度"与"相关政务流程的透明度和畅通度"等得分变量可以用来评价约束能源相关主体依法办事、依章办事的制度基础。另一方面，在实施能源生产和消费改革的资源保障中，可以从资金、人力和技术的角度综合评价能源相关主体是否提供了充足的资金支持、人力资源保障和技术支撑。这些是构建能源结构维度实施环节的诊断指标内容，对于能源结构维度的调整和优化在低碳城市建设管理过程中的实现非常重要。此环节中具体的指标、得分变量、得分规则详见表 2.2。

表 2.2　低碳城市建设在能源结构维度实施环节（En-D）的诊断指标体系

指标	得分变量	得分规则
实施能源生产和消费改革的机制保障	相关规章制度的完善程度	本得分变量有以下 5 个得分点：①有能源生产与消费改革相关的政策文件；②相关政府部门有电网、石油、天然气等重大能源方面的相关实施办法；③有完善能源价格市场化形成机制的相关政策；④有加大太阳能光伏、氢能、海洋能等可再生能源和新能源开发利用及天然气分布式能源和储能发展的综合性扶持政策；⑤提到了实施能源生产和消费改革的重要性，但无明确的政策公文出台。 依据上述 5 个得分点，本得分变量的具体得分规则如下： ● 100 分：【满足上述得分点①②③④】 ● 80 分：【满足上述得分点①②③④中的任意 3 个】 ● 60 分：【满足上述得分点①②③④中的任意 2 个】 ● 40 分：【满足上述得分点①②③④中的任意 1 个】 ● 20 分：【满足上述得分点⑤】 ● 0 分：【无任何相关内容】
	相关政务流程的透明度和畅通度	本得分变量有以下 5 个得分点：①线下有办理节能减排相关的办事网点；②线下的相关办事网点有专员负责帮办；③电子政务平台清晰展示了有关能源生产和消费改革的栏目；④电子政务平台展示的相关内容访问途径无门槛限制；⑤提到了实施能源生产和消费改革的重要性，但无线上线下相关途径。 依据上述 5 个得分点，本得分变量的具体得分规则如下： ● 100 分：【满足上述得分点①②③④】 ● 80 分：【满足上述得分点①②③④中的任意 3 个】 ● 60 分：【满足上述得分点①②③④中的任意 2 个】 ● 40 分：【满足上述得分点①②③④中的任意 1 个】 ● 20 分：【满足上述得分点⑤】 ● 0 分：【无任何相关内容】
实施能源生产和消费改革的资源保障	专项资金投入力度	本得分变量有以下 4 个得分点：①有明确的关于节能减排的资金管理办法；②市政府财政中有专门用于节能减排工作的专项资金；③区政府财政中有专门用于节能减排工作的专项资金；④提出了节能减排专项资金保障的重要性，但无具体资金设立。 依据上述 4 个得分点，本得分变量的具体得分规则如下： ● 100 分：【满足上述得分点①②③】 ● 75 分：【满足上述得分点①②③中的任意 2 个】 ● 50 分：【满足上述得分点①②③中的任意 1 个】 ● 25 分：【满足上述得分点④】 ● 0 分：【无任何相关内容】
	人力资源保障程度	本得分变量有以下 5 个得分点：①有市级负责能源生产和消费改革工作相关的领导小组；②市级人民政府有能源生产和消费改革相关的机构；③区、县级人民政府有能源生产和消费改革相关的部门；④成立了实施能源生产和消费改革的智库团队；⑤提出了节能减排人力资源保障的重要性，但无具体人力资源安排。 依据上述 5 个得分点，本得分变量的具体得分规则如下： ● 100 分：【满足上述得分点①②③④】 ● 80 分：【满足上述得分点①②③④中的任意 3 个】 ● 60 分：【满足上述得分点①②③④中的任意 2 个】 ● 40 分：【满足上述得分点①②③④中的任意 1 个】 ● 20 分：【满足上述得分点⑤】 ● 0 分：【无任何相关内容】
	技术条件保障程度	本得分变量有以下 5 个得分点：①在能源领域建立了重点实验室、技术研究中心等各类创新平台；②能源领域企业拥有节能减排方面的相关技术设备；③能源领域企业与知名院校、科研机构开展合作（产学研结合）；④能源领域有权威专家的技术指导；⑤提出了节能减排技术条件保障的重要性，但无具体技术条件支撑。 依据上述 5 个得分点，本得分变量的具体得分规则如下： ● 100 分：【满足上述得分点①②③④】 ● 80 分：【满足上述得分点①②③④中的任意 3 个】 ● 60 分：【满足上述得分点①②③④中的任意 2 个】 ● 40 分：【满足上述得分点①②③④中的任意 1 个】 ● 20 分：【满足上述得分点⑤】 ● 0 分：【无任何相关内容】

三、能源结构维度检查环节的诊断指标体系

　　能源结构维度的检查（C）环节在该维度发挥"净化器"作用，对能源结构的优化和调整过程进行全方位的监督和落实。一方面，通过相关规章制度的完善程度、监督行为和对能源碳排放的考核制度，可以确保对能源生产和消费监督过程的规范性。另一方面，通过专项资金、人力资源和技术条件等监督资源的保障，可以有效地推动能源结构维度在低碳城市建设中检查的实现。此环节中具体的指标、得分变量、得分规则详见表 2.3。

表 2.3　低碳城市建设在能源结构维度检查环节（En-C）的诊断指标体系

指标	得分变量	得分规则
能源生产和消费改革监督的机制保障	相关规章制度的完善程度	本得分变量有以下 4 个得分点：①有监督能源生产与消费改革相关的上级法规或规章；②有监督能源生产与消费改革相关的本市规范性文件；③有年度全市能源监察执法计划的行政公文；④提出了实施能源生产和消费改革监督机制的重要性，但无明确的法规和行政公文。 依据上述 4 个得分点，本得分变量的具体得分规则如下： ● 100 分：【满足上述得分点①②③】 ● 75 分：【满足上述得分点①②③中的任意 2 个】 ● 50 分：【满足上述得分点①②③中的任意 1 个】 ● 25 分：【满足上述得分点④】 ● 0 分：【无任何相关内容】
	监督行为	本得分变量有以下 3 个得分点：①向社会公布能源监督的相关行为；②召开有能源监督相关的交流会；③提出了监督能源生产和消费改革的重要性，但无明确的监督结果。 依据上述 3 个得分点，本得分变量的具体得分规则如下： ● 100 分：【满足上述得分点①②】 ● 65 分：【满足上述得分点①②中的任意 1 个】 ● 30 分：【满足上述得分点③】 ● 0 分：【无任何相关内容】
	对能源碳排放的考核制度	本得分变量有以下 5 个得分点：①将碳排放指标纳入经济社会发展中长期规划约束指标；②建立了市级碳达峰碳中和考核机制；③建立了区、县级碳减排考核制度；④建立了重点行业建设项目碳排放评价编制指南办法；⑤提出了对能源碳排放考核制度的重要性，但无具体考核制度建立。 依据上述 5 个得分点，本得分变量的具体得分规则如下： ● 100 分：【满足上述得分点①②③④】 ● 80 分：【满足上述得分点①②③④中的任意 3 个】 ● 60 分：【满足上述得分点①②③④中的任意 2 个】 ● 40 分：【满足上述得分点①②③④中的任意 1 个】 ● 20 分：【满足上述得分点⑤】 ● 0 分：【无任何相关内容】
能源生产和消费改革监督的资源保障	专项资金保障程度	本得分变量有以下 3 个得分点：①有明确的关于监督节能减排的资金管理办法；②地方政府财政中有专门用于节能监察工作的专项资金或预算；③提出了监督节能减排专项资金保障的重要性，但无具体资金设立。 依据上述 3 个得分点，本得分变量的具体得分规则如下： ● 100 分：【满足上述得分点①②】 ● 65 分：【满足上述得分点①②中的任意 1 个】 ● 30 分：【满足上述得分点③】 ● 0 分：【无任何相关内容】
	人力资源保障程度	本得分变量有以下 3 个得分点：①政府设立了能源监察工作领导小组或机构；②政府设立有专门的节能监察大队或中心；③提出了监督节能减排人力资源保障的重要性，但无具体人力资源安排。 依据上述 3 个得分点，本得分变量的具体得分规则如下： ● 100 分：【满足上述得分点①②】 ● 65 分：【满足上述得分点①②中的任意 1 个】 ● 30 分：【满足上述得分点③】 ● 0 分：【无任何相关内容】

指标	得分变量	得分规则
能源生产和消费改革监督的资源保障	技术条件保障程度	本得分变量有以下 4 个得分点：①本市有用于监督能源生产和消费改革的政务平台（如电子政务网站、电话、线下政务服务网点）；②市级有用于监督能源生产和消费改革的基础设施（如能源双碳等数智化管控平台）；③区级有用于监督能源生产和消费改革的基础设施（如"双碳大脑""临碳大脑"等数字化管理平台）；④提出了监督节能减排技术条件保障的重要性，但无具体技术条件支撑。 依据上述 4 个得分点，本得分变量的具体得分规则如下： ● 100 分：【满足上述得分点①②③】 ● 75 分：【满足上述得分点①②③中的任意 2 个】 ● 50 分：【满足上述得分点①②③中的任意 1 个】 ● 25 分：【满足上述得分点④】 ● 0 分：【无任何相关内容】

四、能源结构维度结果环节的诊断指标体系

能源结构维度的结果（O）环节在该维度发挥"多棱镜"作用，体现能源结构维度优化调整的实施效果。从人均能源二氧化碳排放（万吨）、单位 GDP 能源二氧化碳排放（吨/万元）、非化石能源占一次能源消费比重（%）、规上工业中燃煤占能源消费比重（%）等不同的角度，反映能源生产和消费改革的水平，从而展现出一个城市在能源结构维度上推行低碳城市建设管理的水平情况。此环节中具体的指标、得分变量、得分规则和数据来源详见表 2.4。

表 2.4　低碳城市建设在能源结构维度结果环节（En-O）的诊断指标体系

指标	得分变量	得分规则
能源生产和消费改革水平	人均能源二氧化碳排放/万吨	本得分变量是定量的，其具体得分规则采用本书中第三章的计算方法
	单位 GDP 能源二氧化碳排放/(吨/万元)	本得分变量是定量的，其具体得分规则采用本书中第三章的计算方法
	非化石能源占一次能源消费比重/%	本得分变量是定量的，其具体得分规则采用本书中第三章的计算方法
	规上工业中燃煤占能源消费比重/%	本得分变量是定量的，其具体得分规则采用本书中第三章的计算方法

五、能源结构维度反馈环节的诊断指标体系

能源结构维度的反馈环节在该维度发挥"驱动力"作用，以推进能源结构优化调整实施效果的前进步伐。一方面，通过对能源生产和消费改革中的政府、企业和个人等相关主体进行奖惩激励，可以在全社会形成广泛的节能减排氛围和环保意识。另一方面，政府和能源行业协会通过对节能减排工作的进一步总结与提升，可以有效地促进能源结构维度在提升低碳城市建设水平过程中的贡献度。此环节中具体的指标、得分变量、得分规则详见表 2.5。

表 2.5　低碳城市建设在能源结构维度反馈环节（En-A）的诊断指标体系

指标	得分变量	得分规则
对在改进能源生产与消费中产生减排效果的主体给予激励措施	基于绩效考核对政府相关部门的奖励	本得分变量有以下 4 个得分点：①有明确的对政府相关部门的奖励制度；②在改进能源生产和减排工作上表现优秀的区、县（市）、乡镇政府机关、各级能源主管部门、街道办事处（开发区管委会）及其他单位授予荣誉，予以通报表彰；③改进能源生产和减排工作上表现突出的区、县（市）、乡镇政府机关、各级能源主管部门、街道办事处（开发区管委会）及其他单位予以奖金奖励；④提出了奖励政府相关部门的重要性，但无具体的奖励制度与结果。 依据上述 4 个得分点，本得分变量的具体得分规则如下： ● 100 分：【满足上述得分点①②③】 ● 75 分：【满足上述得分点①②③中的任意 2 个】 ● 50 分：【满足上述得分点①②③中的任意 1 个】 ● 25 分：【满足上述得分点④】 ● 0 分：【无任何相关内容】
	基于绩效考核对企业和其他主体的奖励	本得分变量有以下 5 个得分点：①有明确的对用能企业和其他主体的奖励制度；②政府为评选出的用能企业和其他主体颁发表彰类奖励；③政府为评选出的用能企业和其他主体颁发奖金类奖励（如一次性奖金、税收减免等）；④政府相关部门公布用能单位管理人员培训考核合格名单并颁发合格证书；⑤提出了奖励企业和其他主体的重要性，但无具体的奖励制度与结果。 依据上述 5 个得分点，本得分变量的具体得分规则如下： ● 100 分：【满足上述得分点①②③④】 ● 80 分：【满足上述得分点①②③④中的任意 3 个】 ● 60 分：【满足上述得分点①②③④中的任意 2 个】 ● 40 分：【满足上述得分点①②③④中的任意 1 个】 ● 20 分：【满足上述得分点⑤】 ● 0 分：【无任何相关内容】
对在改进能源生产与消费中未产生减排效果的主体施以处罚措施	基于绩效考核对政府相关部门的处罚	本得分变量有以下 5 个得分点：①有明确的对政府相关部门的处罚制度；②对未完成市政府确定的年度 GDP 能耗下降目标和能源消费总量控制目标的区、县（市）、乡镇政府机关、各级能源主管部门、街道办事处（开发区管委会）及其他单位进行通报批评；③对未完成市政府确定的年度 GDP 能耗下降目标和能源消费总量控制目标的区、县（市）、乡镇政府机关、各级能源主管部门、街道办事处（开发区管委会）及其他单位进行罚款处罚；④对未完成节能减排目标的区、县（市）、乡镇政府机关、各级能源主管部门、街道办事处（开发区管委会）及其他单位和负责人进行约谈问责；⑤提出了处罚政府相关部门的重要性，但无具体和处罚制度与结果。 依据上述 5 个得分点，本得分变量的具体得分规则如下： ● 100 分：【满足上述得分点①②③④】 ● 80 分：【满足上述得分点①②③④中的任意 3 个】 ● 60 分：【满足上述得分点①②③④中的任意 2 个】 ● 40 分：【满足上述得分点①②③④中的任意 1 个】 ● 20 分：【满足上述得分点⑤】 ● 0 分：【无任何相关内容】
	基于绩效考核对企业和其他主体的处罚	本得分变量有以下 9 个得分点：①有明确的对企业和其他主体的处罚制度；②将用能单位违法违规的用能行为纳入信用评价中；③对用能单位节能监察时发现问题作出警告；④对用能单位节能监察时发现问题进行罚款处罚；⑤对用能单位节能监察时发现问题没收违法所得、没收非法财物；⑥对用能单位节能监察时发现问题责令停产停业；⑦对用能单位节能监察时发现问题暂扣或者吊销许可证、暂扣或者吊销执照；⑧对用能单位节能监察时发现问题进行行政拘留；⑨提出了处罚企业和其他主体的重要性，但无具体的处罚制度与结果。 依据上述 9 个得分点，本得分变量的具体得分规则如下： ● 100 分：【满足上述得分点①②③④⑤⑥⑦⑧】 ● 90 分：【满足上述得分点①②③④⑤⑥⑦⑧中的任意 7 个】 ● 80 分：【满足上述得分点①②③④⑤⑥⑦⑧中的任意 6 个】 ● 70 分：【满足上述得分点①②③④⑤⑥⑦⑧中的任意 5 个】 ● 60 分：【满足上述得分点①②③④⑤⑥⑦⑧中的任意 4 个】 ● 50 分：【满足上述得分点①②③④⑤⑥⑦⑧中的任意 3 个】 ● 40 分：【满足上述得分点①②③④⑤⑥⑦⑧中的任意 2 个】 ● 30 分：【满足上述得分点①②③④⑤⑥⑦⑧中的任意 1 个】 ● 20 分：【满足上述得分点⑨】 ● 0 分：【无任何相关内容】

指标	得分变量	得分规则
改进能源生产与消费提升减排效果的总结与进一步提升方案	政府部门的总结与提升方案	本得分变量有以下 5 个得分点：①政府节能主管部门召开有改进能源生产与消费提升减排效果相关的专题总结会议；②政府节能主管部门制定有改进能源生产与消费提升减排效果相关的总结文本；③政府节能主管部门在发布的总结文本中提出有相关经验或教训；④政府节能主管部门在发布的总结文本中提出了改进方案；⑤提出了政府节能减排的总结与提升的重要性，但无明确的相关行动。 依据上述 5 个得分点，本得分变量的具体得分规则如下： ● 100 分：【满足上述得分点①②③④】 ● 80 分：【满足上述得分点①②③④中的任意 3 个】 ● 60 分：【满足上述得分点①②③④中的任意 2 个】 ● 40 分：【满足上述得分点①②③④中的任意 1 个】 ● 20 分：【满足上述得分点⑤】 ● 0 分：【无任何相关内容】
	行业协会的总结与提升方案	本得分变量有以下 5 个得分点：①重点能源行业协会（如节能协会）召开有节能减排相关的专题总结会议；②重点能源行业协会制定有节能减排相关的总结文本；③重点能源行业协会在发布的总结文本中提出有相关经验或教训；④重点能源行业协会在发布的总结文本中提出了改进方案；⑤提出了行业协会对节能减排的总结与提升的重要性，但无明确的相关行动。 依据上述 5 个得分点，本得分变量的具体得分规则如下： ● 100 分：【满足上述得分点①②③④】 ● 80 分：【满足上述得分点①②③④中的任意 3 个】 ● 60 分：【满足上述得分点①②③④中的任意 2 个】 ● 40 分：【满足上述得分点①②③④中的任意 1 个】 ● 20 分：【满足上述得分点⑤】 ● 0 分：【无任何相关内容】

第二节　低碳城市建设在经济发展（Ec）维度的诊断指标体系

低碳城市建设的核心理念是城市可持续发展，强调"自然—经济—社会"协调发展。近几十年来，随着城镇化与工业化进程的推进，经济发展与环境之间的矛盾日益加剧，在这一背景下，城市可持续发展的呼声越来越强烈。但是城市可持续发展理论指出的是在减少人类生存环境压力的同时要保障社会经济活动的高质量发展，而不是为了减少碳排放、减小环境压力而抑制社会经济活动的发展。因此，在经济发展过程中应尽量采取有效政策措施和科学技术减少碳排放，高效、循环地利用自然资源，使生产和消费过程尽可能低碳化，这是促进经济社会高质量发展的同时又能减少碳排放的关键。经济发展体现在经济规模的增加和经济结构的优化，这两方面对城市的低碳建设均有重要影响。因此，诊断低碳城市建设水平的指标体系也应当要充分表征经济规模和经济结构的内涵。

为了促进经济社会发展全面绿色转型，确保实现"双碳"目标，国务院于 2021 年 2 月颁布了《国务院关于加快建立健全绿色低碳循环发展经济体系的指导意见》国发〔2021〕4 号，其中强调了在保持经济规模稳定增长的同时，需通过调整经济结构以有效控制碳排放，从而助力实现 "双碳"目标。因此，建立健全绿色低碳循环发展的经济体系，促进碳减排目标的实现，是我国低碳城市建设的重要举措。

一、经济发展维度规划环节的诊断指标体系

经济发展维度在低碳城市建设规划（P）环节的内容主要体现于各个城市制定的国

民经济和社会发展五年规划，该规划包括了各城市在建设低碳经济方面制定的减排计划，涉及绿色低碳的工业转型规划、绿色低碳的建筑规划、绿色低碳的交通体系规划、绿色低碳的基础设施规划、绿色低碳产品认证与标识体系的规划等五个方面的内容。根据规划减排目标、规划属性、规划依据以及规划项目的丰富度四个得分变量确定经济发展维度的低碳城市建设的规划水平诊断内容。此环节中具体的指标、得分变量、得分规则详见表 2.6。

表 2.6　低碳城市建设在经济发展维度规划环节（Ec-P）的诊断指标体系

指标	得分变量	得分规则
绿色低碳的工业转型规划	规划的工业减排目标	本得分变量有以下 5 个得分点：①规划标明了绿色产业的发展规模（节能环保产业产值规模）；②规划标明了规上企业数字化改造覆盖率；③规划标明了创建绿色低碳工业园区个数；④规划标明了创建的绿色低碳工厂个数；⑤规划提出了工业减排，但目标不明确。 依据上述 5 个得分点，本得分变量的具体得分规则如下： ● 100 分：【满足上述得分点①②③④】 ● 80 分：【满足上述得分点①②③④中的任意 3 个】 ● 60 分：【满足上述得分点①②③④中的任意 2 个】 ● 40 分：【满足上述得分点①②③④中的任意 1 个】 ● 20 分：【满足上述得分点⑤】 ● 0 分：【无任何相关内容】
	规划属性	本得分变量有以下 3 个得分点：①有国民经济和社会发展第十四个五年规划和 2035 年远景目标纲要；②有国民经济和社会发展第十四个五年规划的专项规划；③有其他专项行动规划。 依据上述 3 得分点，本得分变量的具体得分规则如下： ● 100 分：【满足上述得分点①②或①③】 ● 75 分：【满足上述得分点①】 ● 50 分：【满足上述得分点②】 ● 25 分：【满足上述得分点③】 ● 0 分：【无任何相关内容】
	规划依据	本得分变量有以下 5 个得分点：①列明了规划所参考的上位规划；②列明了规划所参考的其他低碳专项规划；③列明了规划所参考的各类相关政策文件及行动方案；④列明了参考城市自身总体规划；⑤列明了参考城市发展基础，包括城市自身特点和发展背景。 依据上述 5 得分点，本得分变量的具体得分规则如下： ● 100 分：【满足上述所有得分点】 ● 80 分：【满足上述 5 个得分点中的任意 4 个】 ● 60 分：【满足上述 5 个得分点中的任意 3 个】 ● 40 分：【满足上述 5 个得分点中的任意 2 个】 ● 20 分：【满足上述 5 个得分点中的任意 1 个】 ● 0 分：【无任何相关内容】
	规划项目的丰富度	本得分变量有以下 5 个得分点：①规划提出产业结构转型升级（包括不再新增重工业产能、淘汰落后产能、传统产业转型升级、促进节能环保产业发展）；②规划提出建设资源循环利用（工业废弃物）综合利用基地；③规划提出推进工业互联网建设；④规划提出推进低碳试点示范项目建设；⑤规划提出构建现代工业产业体系（工业遗产保护再利用、工业博物馆、工业旅游等）。 依据上述 5 个得分点，本得分变量的具体得分规则如下： ● 100 分：【满足上述所有得分点】 ● 80 分：【满足上述 5 个得分点中的任意 4 个】 ● 60 分：【满足上述 5 个得分点中的任意 3 个】 ● 40 分：【满足上述 5 个得分点中的任意 2 个】 ● 20 分：【满足上述 5 个得分点中的任意 1 个】 ● 0 分：【无任何相关内容】

续表

指标	得分变量	得分规则
绿色低碳的建筑规划	规划的建筑业减排目标	本得分变量有以下 5 个得分点：①规划标明了严格控制城区规划总建筑的规模；②规划标明了城镇绿色建筑（装配式建筑、超低能耗建筑）占新建建筑的比例；③规划标明了超低能耗建筑的规模；④规划标明了公共建筑节能改造的规模；⑤规划标明了建筑垃圾资源化利用率的水平。 依据上述 5 个得分点，本得分变量的具体得分规则如下： ● 100 分：【满足上述所有得分点】 ● 80 分：【满足上述 5 个得分点中的任意 4 个】 ● 60 分：【满足上述 5 个得分点中的任意 3 个】 ● 40 分：【满足上述 5 个得分点中的任意 2 个】 ● 20 分：【满足上述 5 个得分点中的任意 1 个】 ● 0 分：【无任何相关内容】
	规划属性	本得分变量有以下 3 个得分点：①有国民经济和社会发展第十四个五年规划和 2035 年远景目标纲要；②有国民经济和社会发展第十四个五年规划的专项规划；③有其他专项行动规划。 依据上述 3 个得分点，本得分变量的具体得分规则如下： ● 100 分：【满足上述得分点①②或①③】 ● 75 分：【满足上述得分点①】 ● 50 分：【满足上述得分点②】 ● 25 分：【满足上述得分点③】 ● 0 分：【无任何相关内容】
	规划依据	本得分变量有以下 5 个得分点：①列明了规划所参考的上位规划；②列明了规划所参考的其他低碳建筑专项规划；③列明了规划所参考的各类相关政策文件及行动方案；④列明了参考城市自身总体规划；⑤列明了参考城市发展基础，包括城市自身特点和发展背景。 依据上述 5 个得分点，本得分变量的具体得分规则如下： ● 100 分：【满足上述所有得分点】 ● 80 分：【满足上述 5 个得分点中的任意 4 个】 ● 60 分：【满足上述 5 个得分点中的任意 3 个】 ● 40 分：【满足上述 5 个得分点中的任意 2 个】 ● 20 分：【满足上述 5 个得分点中的任意 1 个】 ● 0 分：【无任何相关内容】
	规划项目的丰富度	本得分变量有以下 5 个得分点：①规划提出城区规划总建筑规模实现零增长；②规划提出绿色建筑行动（包括既有公共建筑节能改造、推广超低能耗建筑和装配式建筑、发展以绿色建筑材料为主导的产业集群、推进建筑垃圾资源循环利用、推进建筑业数字化建设）；③规划提出打造绿色建筑（超低能耗建筑、近零能耗建筑、零能耗建筑、零碳小屋）示范区；④规划提出精细治理扬尘污染（包括提高绿色建筑占新建建筑比例、加强建筑垃圾处理的扬尘管控）；⑤规划提出完善绿色建筑、超低能耗建筑和装配式建筑的政策法规和技术标准体系。 依据上述 5 个得分点，本得分变量的具体得分规则如下： ● 100 分：【满足上述所有得分点】 ● 80 分：【满足上述 5 个得分点中的任意 4 个】 ● 60 分：【满足上述 5 个得分点中的任意 3 个】 ● 40 分：【满足上述 5 个得分点中的任意 2 个】 ● 20 分：【满足上述 5 个得分点中的任意 1 个】 ● 0 分：【无任何相关内容】
绿色低碳的交通体系规划	规划的交通体系减排目标	本得分变量有以下 5 个得分点：①规划标明了城市绿色出行的比例；②规划标明了轨道交通运营里程或其占公共交通出行的比例；③规划标明了新能源汽车占车辆产能规模的比例；④规划标明了城市公交线网的覆盖范围；⑤有绿色低碳交通体系的规划，但无定量化描述。 依据上述 5 个得分点，本得分变量的具体得分规则如下： ● 100 分：【满足上述得分点①②③④】 ● 80 分：【满足上述得分点①②③④中的任意 3 个】 ● 60 分：【满足上述得分点①②③④中的任意 2 个】 ● 40 分：【满足上述得分点①②③④中的任意 1 个】 ● 20 分：【满足上述得分点⑤】 ● 0 分：【无任何相关内容】

指标	得分变量	得分规则
绿色低碳的交通体系规划	规划属性	本得分变量有以下 3 个得分点：①有国民经济和社会发展第十四个五年规划和 2035 年远景目标纲要；②有国民经济和社会发展第十四个五年规划的专项规划；③有其他专项行动规划。 依据上述 3 个得分点，本得分变量的具体得分规则如下： ● 100 分：【满足上述得分点①②或①③】 ● 75 分：【满足上述得分点①】 ● 50 分：【满足上述得分点②】 ● 25 分：【满足上述得分点③】 ● 0 分：【无任何相关内容】
	规划依据	本得分变量有以下 5 个得分点：①列明了规划所参考的上位规划；②列明了规划所参考的其他低碳交通专项规划；③列明了规划所参考的各类相关政策文件及行动方案；④列明了参考城市自身总体规划；⑤列明了参考城市发展基础，包括城市自身特点和发展背景。 依据上述 5 个得分点，本得分变量的具体得分规则如下： ● 100 分：【满足上述所有得分点】 ● 80 分：【满足上述 5 个得分点中的任意 4 个】 ● 60 分：【满足上述 5 个得分点中的任意 3 个】 ● 40 分：【满足上述 5 个得分点中的任意 2 个】 ● 20 分：【满足上述 5 个得分点中的任意 1 个】 ● 0 分：【无任何相关内容】
	规划项目的丰富度	本得分变量有以下 5 个得分点：①规划提出构建区域性现代综合立体交通枢纽，实现航空、铁路、公路多层次交通网络建设；②规划提出优化市域内外交通网络（客运零距离换乘和货运无缝隙衔接）；③规划提出建设多平台数字化交通，打造智慧交通系统和绿色物流系统；④规划提出打造现代轨道交通装备的产业基地；⑤规划提出培育新能源汽车等战略性新兴交通产业。 依据上述 5 个得分点，本得分变量的具体得分规则如下： ● 100 分：【满足上述所有得分点】 ● 80 分：【满足上述 5 个得分点中的任意 4 个】 ● 60 分：【满足上述 5 个得分点中的任意 3 个】 ● 40 分：【满足上述 5 个得分点中的任意 2 个】 ● 20 分：【满足上述 5 个得分点中的任意 1 个】 ● 0 分：【无任何相关内容】
绿色低碳的基础设施规划	规划的基础设施绿色升级目标	本得分变量有以下 3 个得分点：①有多个基础设施绿色升级相关的明确目标；②有单个基础设施绿色升级相关的明确目标；③提出了基础设施绿色升级，但目标不明确。 依据上述 3 个得分点，本得分变量的具体得分规则如下： ● 100 分：【满足上述得分点①】 ● 65 分：【满足上述得分点②】 ● 35 分：【满足上述得分点③】 ● 0 分：【无任何相关内容】
	规划属性	本得分变量有以下 3 个得分点：①有国民经济和社会发展第十四个五年规划和 2035 年远景目标纲要；②有国民经济和社会发展第十四个五年规划的专项规划；③有其他专项行动规划。 依据上述 3 个得分点，本得分变量的具体得分规则如下： ● 100 分：【满足上述得分点①②或①③】 ● 75 分：【满足上述得分点①】 ● 50 分：【满足上述得分点②】 ● 25 分：【满足上述得分点③】 ● 0 分：【无任何相关内容】
	规划依据	本得分变量有以下 5 个得分点：①列明了规划所参考的上位规划；②列明了规划所参考的其他低碳基础设施专项规划；③列明了规划所参考的各类相关政策文件及行动方案；④列明了参考城市自身总体规划；⑤列明了参考城市发展基础，包括城市自身特点和发展背景。 依据上述 5 个得分点，本得分变量的具体得分规则如下： ● 100 分：【满足上述所有得分点】 ● 80 分：【满足上述 5 个得分点中的任意 4 个】 ● 60 分：【满足上述 5 个得分点中的任意 3 个】 ● 40 分：【满足上述 5 个得分点中的任意 2 个】 ● 20 分：【满足上述 5 个得分点中的任意 1 个】 ● 0 分：【无任何相关内容】

续表

指标	得分变量	得分规则
绿色低碳的基础设施规划	规划项目的丰富度	本得分变量有以下5个得分点：①规划提出建设绿色低碳能源基础设施（包括风电、光伏发电；大能量储能技术研发，农村清洁能源供应；清洁燃煤技术开发等）；②规划提出城镇环境基础设施建设升级（污水处理、生活垃圾处理、工业废气、废水、固体废弃物处理）；③规划提出交通基础设施绿色发展（打造绿色公路、铁路、航道、港口等，加强新能源汽车充换电等配套基础设施建设，温拌沥青、节能灯具、隔音屏障等节能环保先进技术和产品）；④规划提出数字化新基建；⑤规划提出改善人居环境（建立"文明城市""美丽城市"评选，公厕改革，创建绿色社区）。
	规划项目的丰富度	依据上述5个得分点，本得分变量的具体得分规则如下： ● 100分：【满足上述所有得分点】 ● 80分：【满足上述5个得分点中的任意4个】 ● 60分：【满足上述5个得分点中的任意3个】 ● 40分：【满足上述5个得分点中的任意2个】 ● 20分：【满足上述5个得分点中的任意1个】 ● 0分：【无任何相关内容】
绿色低碳产品认证与标识体系的规划	与标识体系规划的绿色低碳产品认证	本得分变量有以下3个得分点：①积极推动与其他区域绿色低碳产品标识体系的互认；②建立绿色低碳产品标识和认证制度；③规划了绿色低碳产品认证与标识制度的重要性，但无具体实施方案。依据上述3个得分点，本得分变量的具体得分规则如下： ● 100分：【满足上述得分点①②】 ● 65分：【满足上述得分点②】 ● 35分：【满足上述得分点③】 ● 0分：【无任何相关内容】
	规划属性	本得分变量有以下3个得分点：①有国民经济和社会发展第十四个五年规划和2035年远景目标纲要；②有国民经济和社会发展第十四个五年规划的专项规划；③有其他专项行动规划。依据上述3个得分点，本得分变量的具体得分规则如下： ● 100分：【满足上述得分点①②或①③】 ● 75分：【满足上述得分点①】 ● 50分：【满足上述得分点②】 ● 25分：【满足上述得分点③】 ● 0分：【无任何相关内容】
	规划依据	本得分变量有以下5个得分点：①列明了规划所参考的上位规划；②列明了规划所参考的其他绿色低碳产品专项规划；③列明了规划所参考的各类相关政策文件及行动方案；④列明了参考城市自身总体规划；⑤列明了参考城市发展基础，包括城市自身特点和发展背景。依据上述5个得分点，本得分变量的具体得分规则如下： ● 100分：【满足上述所有得分点】 ● 80分：【满足上述5个得分点中的任意4个】 ● 60分：【满足上述5个得分点中的任意3个】 ● 40分：【满足上述5个得分点中的任意2个】 ● 20分：【满足上述5个得分点中的任意1个】 ● 0分：【无任何相关内容】
	规划项目的丰富度	本得分变量有以下5个得分点：①规划提出支持和引导企业开展绿色低碳产品的设计开发；②规划提出推进产品碳标签、碳足迹认证制度的建设；③规划提出绿色产品认证体系建设；④规划提出落实绿色产品政府采购政策；⑤规划提出了绿色低碳产品的重要性，但无具体规划内容。依据上述5个得分点，本得分变量的具体得分规则如下： ● 100分：【满足上述得分点①②③④】 ● 80分：【满足上述①②③④得分点中的任意3个】 ● 60分：【满足上述①②③④得分点中的任意2个】 ● 40分：【满足上述①②③④得分点中的任意1个】 ● 20分：【满足上述得分点⑤】 ● 0分：【无任何相关内容】

二、经济发展维度实施环节的诊断指标体系

经济发展维度在低碳城市建设实施（D）环节的内容主要来源于城市制定的国民经济

和社会发展五年规划以及政府官方网站发布的公开信息，可以反映城市关于绿色低碳循环经济体系建设工作的具体实施情况。因此，本环节包含发展绿色低碳循环经济的机制保障和资源保障两个指标，分别从相关法规和行政公文、市场机制、相关政务流程的透明度和畅通度以及资金投入力度、人力资源保障和技术保障等方面，对城市建设低碳经济体系的实施水平进行评价。此环节中具体的指标、得分变量、得分规则详见表 2.7。

表 2.7　低碳城市建设在经济发展维度实施环节（Ec-D）的诊断指标体系

指标	得分变量	得分规则
发展绿色低碳循环经济的机制保障	相关规章制度的完善程度	本得分变量有以下 3 个得分点：①有保障绿色低碳循环经济发展工作（推动完善绿色设计、强化清洁生产、提高资源利用效率、发展循环经济、严格污染治理、推动绿色产业发展、扩大绿色消费、实行环境信息公开、应对气候变化等方面）实施的地方性法规；②有保障绿色低碳循环经济发展工作落实的行政公文（例如：北京市"十四五"低碳试点工作方案）；③其他专项行动方案。 依据上述 3 个得分点，本得分变量的具体得分规则如下： ● 100 分：【满足上述所有得分点】 ● 65 分：【满足上述 3 个得分点中的任意 2 个】 ● 35 分：【满足上述 3 个得分点中的任意 1 个】 ● 0 分：【无任何相关内容】
	绿色低碳循环经济建设的市场机制	本得分变量有以下 5 个得分点：①有污水处理收费政策；②生活垃圾处理收费制度；③居民阶梯电价、气价、水价；④财税扶持政策；⑤绿色交易权（排污权、用水权、碳排放权等）。依据上述 5 个得分点，本得分变量的具体得分规则如下： ● 100 分：【满足上述所有得分点】 ● 80 分：【满足上述 5 个得分点中的任意 4 个】 ● 60 分：【满足上述 5 个得分点中的任意 3 个】 ● 40 分：【满足上述 5 个得分点中的任意 2 个】 ● 20 分：【满足上述 5 个得分点中的任意 1 个】 ● 0 分：【无任何相关内容】
	相关政务流程的透明度和畅通度	本得分变量有以下 5 个得分点：①线下有办理绿色低碳循环经济建设相关事务的办事网点；②线下的相关办事网点有专员负责帮办；③电子政务平台清晰展示了绿色低碳循环经济建设相关的专题专栏；④电子政务平台展示的相关内容访问途径无门槛限制；⑤提出了绿色低碳循环经济建设的重要性，但无线上线下途径。 依据上述 5 个得分点，本得分变量的具体得分规则如下： ● 100 分：【满足上述得分点①②③④】 ● 80 分：【满足上述得分点①②③④中的任意 3 个】 ● 60 分：【满足上述得分点①②③④中的任意 2 个】 ● 40 分：【满足上述得分点①②③④中的任意 1 个】 ● 20 分：【满足上述得分点⑤】 ● 0 分：【无任何相关内容】
发展绿色低碳循环经济的资源保障	专项资金投入力度	本得分变量有以下 4 个得分点：①有政府专项资金支持推进工业降碳、绿色建筑、绿色交通体系、市政设施建设；②有社会资本投资支持推进绿色低碳循环经济发展工作；③对专项资金有配套的资金管理办法（明确的资金来源、支持对象、支持方式、支持标准、申报审批流程）；④提出了专项资金的重要性，但无具体资金设立。 依据上述 4 个得分点，本得分变量的具体得分规则如下： ● 100 分：【满足上述得分点①②③】 ● 75 分：【满足上述得分点①②③中的任意 2 个】 ● 50 分：【满足上述得分点①②③中的任意 1 个】 ● 25 分：【满足上述得分点④】 ● 0 分：【无任何相关内容】
	人力资源保障程度	本得分变量有以下 4 个得分点：①有市级负责绿色低碳循环发展经济体系建设工作的相关领导小组；②有负责创新完善绿色低碳循环发展经济体系的专家库；③有落实配套监督考核机制的工作专班；④提出了人力资源保障的重要性，但无具体人员安排。 据上述 4 个得分点，本得分变量的具体得分规则如下： ● 100 分：【满足上述得分点①②③】 ● 75 分：【满足上述得分点①②③中的任意 2 个】 ● 50 分：【满足上述得分点①②③中的任意 1 个】 ● 25 分：【满足上述得分点④】 ● 0 分：【无任何相关内容】

指标	得分变量	得分规则
发展绿色低碳循环经济的资源保障	技术条件保障程度	本得分变量有以下 4 个得分点：①有工业互联网体系，运用新一代信息技术大力推动产业结构转型升级；②有创新型绿色低碳产业园区；③引进先进高精尖技术；④提出绿色低碳技术条件保障的重要性，但无具体实施方案。 依据上述 4 个得分点，本得分变量的具体得分规则如下： ● 100 分：【满足上述得分点①②③】 ● 75 分：【满足上述得分点①②③中的任意 2 个】 ● 50 分：【满足上述得分点①②③中的任意 1 个】 ● 25 分：【满足上述得分点④】 ● 0 分：【无任何相关内容】

三、经济发展维度检查环节的诊断指标体系

经济发展维度在低碳城市建设检查（C）环节的内容主要体现于政府官方网站发布的公开信息。检查环节实质上是对实施环节的监督保障，是保证低碳建设水平的重要环节。为了全面准确评价监督环节的保障程度，检查环节评价的内容主要针对城市在监督实施绿色低碳循环经济体系相关工作过程中的保障水平，具体包括监督工作的机制保障和资源保障。其中机制保障包括相关规章制度的完善程度和监督行为两个得分变量，用于评价低碳经济建设相关监督工作的机制保障水平。资源保障则对应实施环节的专项资金保障程度、人力资源保障程度以及技术条件保障程度三个方面，用于评价低碳经济建设相关监督工作的资源保障水平。此环节中具体的指标、得分变量、得分规则详见表 2.8。

表 2.8 低碳城市建设在经济发展维度检查环节（Ec-C）的诊断指标体系

指标	得分变量	得分规则
绿色低碳循环经济体系监督的机制保障	相关规章制度的完善程度	本得分变量有以下 3 个得分点：①有监督绿色低碳循环经济发展工作落实的相关地方性法规；②有监督绿色低碳循环经济发展工作落实的行政公文；③提出低碳经济体系监督机制保障的重要性，但未出台有关法规或公文。 依据上述 3 个得分点，本得分变量的具体得分规则如下： ● 100 分：【满足上述得分点①②】 ● 65 分：【满足上述得分点①②中的任意 1 个】 ● 35 分：【满足上述得分点③】 ● 0 分：【无任何相关内容】
	监督行为	本得分变量有以下 3 个得分点：①相关监督行为体现为零散的公开信息（如散落在政务或行业协会网站各板块的公示、公告、通知、政务办理指南，官方媒体的某篇新闻报道等）；②相关监督行为体现为成体系的公开信息（如政府或行业协会网站专栏专题中的公示、公告、通知、政务办理指南，官方媒体的系列新闻报道等）；③提到了公布监督行为的重要性，但无具体的体现形式。 依据上述 3 个得分点，本得分变量的具体得分规则如下： ● 100 分：【满足上述得分点②】 ● 65 分：【满足上述得分点①】 ● 35 分：【满足上述得分点③】 ● 0 分：【无任何相关内容】

续表

指标	得分变量	得分规则
绿色低碳循环经济体系监督的资源保障	专项资金保障程度	本得分变量有以下 3 个得分点：①已设置监督考核各行业碳排放相关方面的专项资金；②设置了专项资金配套管理监督办法；③提出了设置监督考核专项资金的重要性，但无具体资金设立。 依据上述 3 个得分点，本得分变量的具体得分规则如下： • 100 分：【满足上述得分点①②】 • 65 分：【满足上述得分点①】 • 35 分：【满足上述得分点③】 • 0 分：【无任何相关内容】
	人力资源保障程度	本得分变量有以下 3 个得分点：①有市级负责绿色低碳循环发展经济体系监督工作的相关领导小组；②政府设立有专门的与绿色低碳循环经济相关的监察大队或中心；③提出了专人负责监督的重要性，但无具体人员安排。 依据上述 3 个得分点，本得分变量的具体得分规则如下： • 100 分：【满足上述得分点①②】 • 65 分：【满足上述得分点①②中的任意 1 个】 • 35 分：【满足上述得分点③】 • 0 分：【无任何相关内容】
	技术条件保障程度	本得分变量有以下 3 个得分点：①有用于监督低碳经济相关的碳减排工作的政务通道（如电子政务网、监督电话、线下政务服务网点等）；②有与绿色低碳循环经济发展相关的大数据监控管理平台（如数字化交通、智能化建筑、创新型基础设施以及绿色低碳产品建设等）；③提出技术条件保障监督的重要性，但无具体实施方案。依据上述 3 个得分点，本得分变量的具体得分规则如下： • 100 分：【满足上述得分点①②】 • 65 分：【满足上述得分点①②中的任意 1 个】 • 35 分：【满足上述得分点③】 • 0 分：【无任何相关内容】

四、经济发展维度结果环节的诊断指标体系

经济发展维度在低碳城市建设结果（O）环节的内容主要来源于公开数据，包括城市统计年鉴、二氧化碳排放数据库以及其他公开数据库。继规划、实施和检查环节之后，结果环节用于反映一个城市的产业结构合理化水平、碳排放强度以及绿色低碳经济发展水平，从而量化各城市低碳经济体系建设的现状。结果环节的表现主要体现在三个方面：产业结构合理化水平（由第三产业增加与第二产业增加值之比和泰尔指数进行测算）；碳排放强度（由单位 GDP 碳排放量、单位工业增加值碳排放量以及人均碳排放量进行测算）；绿色低碳经济发展水平（由战略性新兴产业增加值占 GDP 比重、人均绿色建筑面积和非化石能源产值占 GDP 的比重进行测算）。此环节中具体的指标、得分变量、得分规则详见表 2.9。

表 2.9　低碳城市建设在经济发展维度结果环节（Ec-O）的诊断指标体系

指标	得分变量	得分规则
产业结构合理化水平	第三产业增加值与第二产业增加值之比/%	本得分变量是定量的，其具体得分规则采用本书第三章的计算方法
	泰尔指数	本得分变量是定量的，其具体得分规则采用本书第三章的计算方法
碳排放强度	单位工业增加值的碳排放量/(吨/万元)	本得分变量是定量的，其具体得分规则采用本书第三章的计算方法
	单位 GDP 碳排放量/(吨/万元)	本得分变量是定量的，其具体得分规则采用本书第三章的计算方法
	人均碳排放量/(吨/人)	本得分变量是定量的，其具体得分规则采用本书第三章的计算方法

指标	得分变量	得分规则
绿色低碳经济发展水平	战略性新兴产业增加值占 GDP 比重/%	本得分变量是定量的，其具体得分规则采用本书第三章的计算方法
	人均绿色建筑面积/m^2	本得分变量是定量的，其具体得分规则采用本书第三章的计算方法
	非化石能源产值占 GDP 的比重/%	本得分变量是定量的，其具体得分规则采用本书第三章的计算方法

五、经济发展维度反馈环节的诊断指标体系

经济发展维度在低碳城市建设反馈（A）环节的内容主要体现于城市的政府工作报告、行业报告以及政府官方网站发布的公开信息。考虑到政府在经济建设过程中发挥主导作用，企业又是主要参与者和建设者，因此本环节将政府和企业作为重要经济建设参与主体进行指标体系的构建，以期政府和企业在建设低碳经济中，可以结合上述 P-D-C-O 四个环节的诊断评价结果进行反馈工作，并对其进行量化评分，其内容包括对实施绿色低碳经济的主体进行奖惩，总结发展绿色低碳循环经济的相关经验教训，最后提出进一步的提升方案。此环节中具体的指标、得分变量、得分规则详见表 2.10。

表 2.10 低碳城市建设在经济发展维度反馈环节（Ec-A）的诊断指标体系

指标	得分变量	得分规则
对实施绿色低碳经济建设表现较好的主体给予激励措施	基于绩效考核对政府相关部门的奖励	本得分变量有以下 3 个得分点：①有明确的奖励制度；②上级部门有落实奖励的具体措施（包括表彰奖励、奖金奖励、绩效工资奖励等）；③提出了给予奖励的重要性，但无具体奖励制度和落实措施。 依据上述 3 个得分点，本得分变量的具体得分规则如下： ● 100 分：【满足上述得分点①②】 ● 65 分：【满足上述得分点①②中的任意 1 个】 ● 35 分：【满足上述得分点③】 ● 0 分：【无任何相关内容】
	基于绩效考核对企业和其他主体的奖励	本得分变量有以下 4 个得分点：①有明确的奖励制度；②政府有落实奖励的具体措施（表彰奖励、奖金奖励以及税收减免政策奖励等）；③相关合法社会团体（如行业协会等）有落实奖励的具体措施（表彰奖励、奖金奖励以及税收减免政策奖励等）；④提出了给予奖励的重要性，但无具体奖励制度与落实措施。 依据上述 4 个得分点，本得分变量的具体得分规则如下： ● 100 分：【满足上述得分点①②③】 ● 75 分：【满足上述得分点①②③中的任意 2 个】 ● 50 分：【满足上述得分点①②③中的任意 1 个】 ● 25 分：【满足上述得分点④】 ● 0 分：【无任何相关内容】
对实施绿色低碳经济建设表现较差的主体施以处罚措施	基于绩效考核对政府相关部门的处罚	本得分变量有以下 3 个得分点：①有明确的相关处罚制度；②上级部门有落实处罚的具体措施（如通报批评，对政府部门及工作人员进行绩效考核扣分，对政府部门主要负责人进行问责等）；③提出了施以处罚的重要性，但无具体处罚制度与落实措施。 依据上述 3 个得分点，本得分变量的具体得分规则如下： ● 100 分：【满足上述得分点①②】 ● 65 分：【满足上述得分点①②中的任意 1 个】 ● 35 分：【满足上述得分点③】 ● 0 分：【无任何相关内容】

指标	得分变量	得分规则
对实施绿色低碳经济建设表现较差的主体施以处罚措施	基于绩效考核对企业和其他主体的处罚	本得分变量有以下 4 个得分点：①有明确的处罚制度；②政府有落实处罚的具体措施（如依据《碳排放权交易管理办法（试行）》对重点排放单位未按时足额清缴碳排放配额的单位进行罚款处罚，通报批评处罚或警告惩罚等）；③相关合法社会团体有落实处罚的具体措施；④提出了施以处罚的重要性，但无具体处罚制度与落实措施。 依据上述 4 个得分点，本得分变量的具体得分规则如下： ● 100 分：【满足上述得分点①②③】 ● 75 分：【满足上述得分点①②③中的任意 2 个】 ● 50 分：【满足上述得分点①②③中的任意 1 个】 ● 25 分：【满足上述得分点④】 ● 0 分：【无任何相关内容】
改进发展绿色低碳循环经济的总结与进一步提升方案	政府部门的低碳经济总结与提升方案	本得分变量有以下 5 个得分点：①政府主管部门召开有绿色低碳循环经济建设相关专题总结会议；②政府主管部门发布有提升绿色低碳循环经济建设的总结文本；③政府部门发布的总结文本中，提到有具体相关经验与教训；④政府部门发布的总结文本中，详细阐述了相关经验与教训；⑤政府部门发布的总结文本中，明确了改进方案。 依据上述 5 个得分点，本得分变量的具体得分规则如下： ● 100 分：【满足上述所有得分点】 ● 80 分：【满足上述得分点①③④⑤中的任意 3 个】 ● 60 分：【满足上述得分点①③④⑤中的任意 2 个】 ● 40 分：【满足上述得分点①②】 ● 20 分：【满足上述所有得分点中的任意 1 个】 ● 0 分：【无任何相关内容】
	企业的低碳经济总结与提升方案	本得分变量有以下 5 个得分点：①重点行业头部企业召开有绿色产业发展相关专题总结会议；②重点行业头部企业制定有提升绿色产业发展相关的总结文本；③重点行业头部企业发布的总结文本中，提到有相关经验与教训；④重点行业头部企业发布的总结文本中，详细阐述了相关经验与教训；⑤重点行业头部企业发布的总结文本中，明确了改进方案。 依据上述 5 个得分点，本得分变量的具体得分规则如下： ● 100 分：【满足上述所有得分点】 ● 80 分：【满足上述得分点①③④⑤中的任意 3 个】 ● 60 分：【满足上述得分点①③④⑤中的任意 2 个】 ● 40 分：【满足上述得分点①②】 ● 20 分：【满足上述所有得分点中的任意 1 个】 ● 0 分：【无任何相关内容】

第三节　低碳城市建设在生产效率（Ef）维度的诊断指标体系

三次工业革命的历史经验表明，生产效率的提升是人类社会进步的重要标志。"生产效率"一词来源于经济学，指在生产过程中产出与投入的比率，提高生产效率意味着资源的少投入或成果的多产出，不仅能带来更大的经济效益，也减少了资源和能源的消耗，从而间接地减少了碳排放。因此，城市的生产效率是诊断城市低碳建设水平的重要指标。国际能源署署长比罗尔（Birol）2021 年曾表示，目前全球在工业产业领域有一半以上的潜力尚待开发，可见提高生产效率是低碳城市建设的重要途径。

目前，我国仍在为 2035 年基本实现社会主义现代化，2050 年建成社会主义现代化强国而奋斗。城镇化作为现代化的抓手，将长期是我国社会经济发展的主要内容，这意味着在能源、交通、建筑等行业仍将有持续的巨大用能需求。提升生产效率是在这些主要能源领域碳减排的重要措施，而不应该采取"拉闸限电"般粗放的减排行为。国务院在

《2021 年国务院政府工作报告》中指出，应加快发展方式绿色转型，协同推进经济高质量发展和生态环境高水平保护。通过科技创新提升生产效率既是节能减排的突破口，也是实现经济增长和减排使命的重要策略。

一、生产效率维度规划环节的诊断指标体系

从生产效率维度的规划（P）环节诊断低碳城市建设水平的目的是评估一个城市在生产效率方面的计划能力和水平，因此该环节诊断的对象应为根据城市特征制定的生产效率相关规划，包括规划内容、规划属性、规划依据和规划项目的丰富度等方面，从而评价城市低碳建设的计划能力和水平。此环节中具体的指标、得分变量、得分规则详见表 2.11。

表 2.11　低碳城市建设在生产效率维度规划环节（Ef-P）的诊断指标体系

指标	得分变量	得分规则
旨在减排的生产效率提升规划	规划内容	本得分变量有以下 3 个得分点：①规划提出提升城市多行业生产效率；②规划提出提升城市单一行业生产效率；③提出了提升城市生产效率而实现减排的重要性，但无具体规划内容。 依据上述 3 个得分点，本得分变量的具体得分规则如下： ● 100 分：【满足上述得分点①②】 ● 65 分：【满足上述得分点①②中的任意 1 个】 ● 35 分：【满足上述得分点③】 ● 0 分：【无任何相关内容】
	规划属性	本得分变量有以下 3 个得分点：①提升城市多行业生产效率而实现减排被列入该城市的五年规划；②提升城市单一行业生产效率而实现减排被列入该城市的五年规划；③提出了提升城市生产效率而实现减排的重要性，但无相关规划文件。 依据上述 3 个得分点，本得分变量的具体得分规则如下： ● 100 分：【满足上述得分点①】 ● 65 分：【满足上述得分点②】 ● 35 分：【满足上述得分点③】 ● 0 分：【无任何相关内容】
	规划依据	本得分变量有以下 4 个得分点：①参考国家级相关规划与政策文件；②参考省级相关规划与政策文件；③参考区域级相关规划与政策文件；④参考市级已出台相关规划与政策文件。 依据上述 4 个得分点，本得分变量的具体得分规则如下： ● 100 分：【满足上述所有得分点】 ● 75 分：【满足上述 4 个得分点中的任意 3 个】 ● 50 分：【满足上述 4 个得分点中的任意 2 个】 ● 25 分：【满足上述 4 个得分点中的任意 1 个】 ● 0 分：【无任何相关内容】
	规划项目的丰富度	本得分变量有以下 6 个得分点：提升生产效率的项目计划中标明有①各项目的主要任务；②各项目的落实方或责任方；③各项目总投资金额；④各项目的完成时间节点；⑤各项目的落实地点；⑥各项目的类型。 依据上述 6 个得分点，本得分变量的具体得分规则如下： ● 100 分：【满足上述所有得分点】 ● 75 分：【满足上述 6 个得分点中的任意 5 个】 ● 60 分：【满足上述 6 个得分点中的任意 4 个】 ● 45 分：【满足上述 6 个得分点中的任意 3 个】 ● 30 分：【满足上述 6 个得分点中的任意 2 个】 ● 15 分：【满足上述 6 个得分点中的任意 1 个】 ● 0 分：【无任何相关内容】

二、生产效率维度实施环节的诊断指标体系

从生产效率的实施（D）环节去诊断低碳城市建设水平，其目的是评估城市在提升生产效率方面的实施能力，以保证规划内容的顺利实现。影响该环节水平的主要是机制保障和资源保障，因此诊断的内容也主要体现在这两方面。其中，机制保障是指城市针对提升生产效率的相关规章制度的完善程度、相关政务流程的透明度和畅通度等；资源保障反映城市对规划实施的专项资金投入力度、推动实施工作的工作小组对相关人才资源的保障程度方面。这些内容可以帮助正确评价城市在提升生产效率而实现减排工作中的实施能力。此环节中具体的指标、得分变量、得分规则详见表2.12。

表 2.12　低碳城市建设在生产效率维度实施环节（Ef-D）的诊断指标体系

指标	得分变量	得分规则
实施生产效率提升计划而实现减排的机制保障	相关规章制度的完善程度	本得分变量有以下 5 个得分点：①有保障提升城市多行业生产效率而实现减排的地方性法规、规章或规范性文件；②有保障提升城市单一行业生产效率而实现减排的地方性法规、规章或规范性文件；③有保障提升城市多行业生产效率而实现减排工作落实的地方工作文件；④有保障提升城市单一行业生产效率而实现减排工作落实的地方工作文件；⑤相关工作文件有明确提及提升生产效率而实现减排的重要性，但没有出台相关法规和行政公义。 依据上述 5 个得分点，本得分变量的具体得分规则如下： ● 100 分：【满足上述得分点①②③④】 ● 80 分：【满足上述得分点①②③④中的任意 3 个】 ● 60 分：【满足上述得分点①②③④中的任意 2 个】 ● 40 分：【满足上述得分点①②③④中的任意 1 个】 ● 20 分：【满足上述得分点⑤】 ● 0 分：【无任何相关内容】
	相关政务流程的透明度和畅通度	本得分变量有以下 4 个得分点：①线下有办理提升生产效率而实现减排的办事或咨询网点；②电子政务平台设有节能相关专题专栏并涉及提升生产效率而实现减排相关内容；③电子政务平台展示的相关内容无访问门槛（如提交申请、注册登录、授权访问等）；④提出了提升生产效率而实现减排的重要性，但无线上线下途径。 依据上述 4 个得分点，本得分变量的具体得分规则如下： ● 100 分：【满足上述得分点①②③】 ● 75 分：【满足上述得分点①②③中的任意 2 个】 ● 50 分：【满足上述得分点①②③中的任意 1 个】 ● 25 分：【满足上述得分点④】 ● 0 分：【无任何相关内容】
实施生产效率提升计划而实现减排的资源保障	专项资金投入力度	本得分变量有以下 5 个得分点：①技术升级项目专项资金补贴占固定资产投资补贴的比例≥30%；②22.5%≤技术升级项目专项资金补贴占固定资产投资补贴的比例＜30%；③15%≤技术升级项目专项资金补贴占固定资产投资补贴的比例＜22.5%；④7.5%≤技术升级项目专项资金补贴占固定资产投资补贴的比例＜15%；⑤0＜技术升级项目专项资金补贴占固定资产投资补贴的比例＜7.5%或未明确比例。 依据上述 5 个得分点，本得分变量的具体得分规则如下： ● 100 分：【满足上述得分点①】 ● 80 分：【满足上述得分点②】 ● 60 分：【满足上述得分点③】 ● 40 分：【满足上述得分点④】 ● 20 分：【满足上述得分点⑤】 ● 0 分：【无任何相关内容】

指标	得分变量	得分规则
实施生产效率提升计划而实现减排的资源保障	人力资源保障程度	本得分变量有以下 5 个得分点：①市级政府成立碳达峰碳中和工作领导小组；②省级政府成立碳达峰碳中和工作领导小组；③组建相关领域的市级研究院或专家库；④组建相关领域的省级研究院或专家库；⑤提出了人力资源保障的重要性，但无具体保障政策。 依据上述 5 个得分点，本得分变量的具体得分规则如下： ● 100 分：【满足上述得分点①③】 ● 75 分：【满足上述得分点②③或①④】 ● 60 分：【满足上述得分②④】 ● 45 分：【满足上述得分点①③中的任意 1 个】 ● 30 分：【满足上述得分点②④中的任意 1 个】 ● 15 分：【满足上述得分点⑤】 ● 0 分：【无任何相关内容】

三、生产效率维度检查环节的诊断指标体系

从生产效率维度的检查（C）环节去诊断低碳城市建设水平，其目的是评估城市在提升生产效率方面的监督能力，诊断内容包括监督的机制保障和监督的资源保障两个方面。其中，监督的机制保障评价途径包含相关规章制度的完善程度与监督行为；监督的资源保障评价内容包含专项资金保障程度、人力资源保障程度和技术条件保障程度。此环节中具体的指标、得分变量、得分规则详见表 2.13。

表 2.13　低碳城市建设在生产效率维度检查环节（Ef-C）的诊断指标体系

指标	得分变量	得分规则
监督提升生产效率实现减排的机制保障	相关规章制度的完善程度	本得分变量有以下 5 个得分点：①有监督提升城市多行业生产效率而实现减排的地方性法规、规章或规范性文件；②有监督提升城市单一行业生产效率而实现减排的地方性法规、规章或规范性文件；③有监督提升城市多行业生产效率而实现减排工作落实的地方工作文件；④有监督提升城市单一行业生产效率而实现减排工作落实的地方工作文件；⑤有强调监督提升生产效率而实现减排的重要性，但没有出台相关法规和行政公文。 依据上述 5 个得分点，本得分变量的具体得分规则如下： ● 100 分：【满足上述得分点①②③④】 ● 80 分：【满足上述得分点①②③④中的任意 3 个】 ● 60 分：【满足上述得分点①②③④中的任意 2 个】 ● 40 分：【满足上述得分点①②③④中的任意 1 个】 ● 20 分：【满足上述得分点⑤】 ● 0 分：【无任何相关内容】
	监督行为	本得分变量有以下 3 个得分点：①设有线上节能监督网站或平台；②向社会公布相关监督途径；③提到有公布监督行为的重要性，但无具体的体现形式。 依据上述 3 个得分点，本得分变量的具体得分规则如下： ● 100 分：【满足上述得分点①】 ● 65 分：【满足上述得分点②】 ● 35 分：【满足上述得分点③】 ● 0 分：【无任何相关内容】
监督提升生产效率实现减排的资源保障	专项资金保障程度	本得分变量有以下 3 个得分点：①设置了监督考核各行业生产效率相关方面的专项资金；②设置了对专项资金配套的管理监督办法；③提出了设置监督考核专项资金的重要性，但无具体资金设立。 依据上述 3 个得分点，本得分变量的具体得分规则如下： ● 100 分：【满足上述得分点①②】 ● 65 分：【满足上述得分点①】 ● 35 分：【满足上述得分点③】 ● 0 分：【无任何相关内容】

指标	得分变量	得分规则
监督提升生产效率实现减排的资源保障	人力资源保障程度	本得分变量有以下 3 个得分点：①有由政府部门负责人牵头的监督落实小组；②组建检查生产效率相关领域的专家库；③提出了人力资源保障对监督的重要性，但无具体保障政策。依据上述 3 个得分点，本得分变量的具体得分规则如下： ● 100 分：【满足上述得分点①②】 ● 65 分：【满足上述得分点①②中的任意 1 个】 ● 35 分：【满足上述得分点③】 ● 0 分：【无任何相关内容】
	技术条件保障程度	本得分变量有以下 3 个得分点：①有用于监督城市生产效率的政务平台；②有用于监督城市生产效率的数智化管控平台；③提出了监督生产效率技术条件保障的重要性，但无具体技术条件保障。依据上述 3 个得分点，本得分变量的具体得分规则如下： ● 100 分：【满足上述得分点①②】 ● 65 分：【满足上述得分点①②中的任意 1 个】 ● 35 分：【满足上述得分点③】 ● 0 分：【无任何相关内容】

四、生产效率维度结果环节的诊断指标体系

从生产效率维度的结果（O）环节去诊断低碳城市建设水平，其目的是评估城市在生产效率方面的结果水平，体现生产效率结果水平的内容包括碳排放、固体废物利用、交通出行、建设用地、地下开发等五个方面。其中，反映交通出行效率的居民出行单程平均通勤时间与反映建设用地效率的建成区人均建设用地面积为负向指标。此环节中的具体指标、得分变量、得分规则详见表 2.14。

表 2.14　低碳城市建设在生产效率维度结果环节（Ef-O）的诊断指标体系

指标	得分变量	得分规则
旨在减排的生产效率水平	单位 GDP 碳排放变化率/%	本得分变量是定量的，其具体得分规则采用本书第三章的计算方法
	万元 GDP 固体废物综合利用率/%	本得分变量是定量的，其具体得分规则采用本书第三章的计算方法
	居民出行单程平均通勤时间/min	本得分变量是定量的，其具体得分规则采用本书第三章的计算方法
	建成区人均建设用地面积/m²	本得分变量是定量的，其具体得分规则采用本书第三章的计算方法
	建成区人均地下空间面积/m²	本得分变量是定量的，其具体得分规则采用本书第三章的计算方法

五、生产效率维度反馈环节的诊断指标体系

从生产效率维度的反馈（A）环节去诊断低碳城市建设水平，其目的是评估一个城市在生产效率方面的改进水平，体现反馈环节的效果主要通过政府和企业两个角度去考察是否有基于诊断评估结果的奖惩措施，以及是否针对评估结果提出下一步行动方案而进行自身改进。本环节的诊断内容设置体现了前四个环节的意义，引导城市自身在低碳建设道路上的可持续发展。此环节中具体的指标、得分变量、得分规则详见表 2.15。

表 2.15 低碳城市建设在生产效率维度反馈环节（Ef-A）的诊断指标体系

指标	得分变量	得分规则
对提升旨在减排的生产效率效果好的主体给予激励措施	基于绩效考核对政府相关部门的奖励制度	本得分变量有以下 3 个得分点：①有明确的相关奖励制度；②上级部门有落实奖励的具体措施；③提出了给予奖励的重要性，但无具体奖励制度与落实措施。 依据上述 3 个得分点，本得分变量的具体得分规则如下： • 100 分：【满足上述得分点①②】 • 65 分：【满足上述得分点①②中的任意 1 个】 • 35 分：【满足上述得分点③】 • 0 分：【无任何相关内容】
	基于绩效考核对企业和其他社会主体的奖励制度	本得分变量有以下 4 个得分点：①有明确的相关奖励制度；②政府有落实奖励的具体措施；③相关合法社会团体（如中国生产力促进中心协会等行业协会）有落实奖励的具体措施；④提出了给予奖励的重要性，但无具体奖励制度与落实措施。 依据上述 4 个得分点，本得分变量的具体得分规则如下： • 100 分：【满足上述得分点①②③】 • 75 分：【满足上述得分点①②③中的任意 2 个】 • 50 分：【满足上述得分点①②③中的任意 1 个】 • 25 分：【满足上述得分点④】 • 0 分：【无任何相关内容】
对提升旨在减排的生产效率效果较差的主体施以处罚措施	基于绩效考核对政府相关部门的处罚制度	本得分变量有以下 3 个得分点：①有明确的相关处罚制度；②上级部门有落实处罚的具体措施；③提出了施以处罚的重要性，但无具体惩罚制度与落实措施。 依据上述 3 个得分点，本得分变量的具体得分规则如下： • 100 分：【满足上述得分点①②】 • 65 分：【满足上述得分点①②中的任意 1 个】 • 35 分：【满足上述得分点③】 • 0 分：【无任何相关内容】
	基于绩效考核对重点用能单位的处罚制度	本得分变量有以下 4 个得分点：①有明确的相关处罚制度；②政府有落实处罚的具体措施；③相关社会团体（如中国生产力促进中心协会等行业协会等）有落实处罚的具体措施；④提出了给予处罚的重要性，但无具体奖励制度与落实措施。 依据上述 4 个得分点，本得分变量的具体得分规则如下： • 100 分：【满足上述得分点①②③】 • 75 分：【满足上述得分点①②③中的任意 2 个】 • 50 分：【满足上述得分点①②③中的任意 1 个】 • 25 分：【满足上述得分点④】 • 0 分：【无任何相关内容】
进一步改进生产效率提升实现减排效果的总结与进一步提升方案	政府部门的总结与提升方案	本得分变量有以下 5 个得分点：①政府部门召开有相关专题总结会议；②政府部门发布有相关总结文本；③政府部门发布的总结文本中明确有相关经验或教训；④政府部门发布的总结文本中明确了改进方案；⑤提到了政府部门总结与提升的重要性，但无明确的相关行动。 依据上述 5 个得分点，本得分变量的具体得分规则如下： • 100 分：【满足上述得分点①②③④】 • 80 分：【满足上述得分点①②③④中的任意 3 个】 • 60 分：【满足上述得分点①②③④中的任意 2 个】 • 40 分：【满足上述得分点①②③④中的任意 1 个】 • 20 分：【满足上述得分点⑤】 • 0 分：【无任何相关内容】
	行业协会的总结与提升方案	本得分变量有以下 5 个得分点：①相关行业协会召开有相关专题总结会议；②相关行业协会发布有相关总结文本；③相关行业协会发布的总结文本中明确有相关经验或教训；④相关行业协会发布的总结文本中明确了改进方案；⑤提到了行业协会总结与提升的重要性，但无明确的相关行动。 依据上述 5 个得分点，本得分变量的具体得分规则如下： • 100 分：【满足上述得分点①②③④】 • 80 分：【满足上述得分点①②③④中的任意 3 个】 • 60 分：【满足上述得分点①②③④中的任意 2 个】 • 40 分：【满足上述得分点①②③④中的任意 1 个】 • 20 分：【满足上述得分点⑤】 • 0 分：【无任何相关内容】

第四节　低碳城市建设在城市居民（Po）维度的诊断指标体系

城市居民的内涵包括人口规模和人口素质，这两方面都直接影响低碳城市建设的水平。随着城市居民的生活水平不断提高，人均日常生活所消耗的资源也在增加，因此，当人口规模增加，城市总资源的消耗量便会随之增加，进而使得城市的碳排放总量也相应增加。另一方面，城市居民对碳减排的意识和行为对碳排放总量也有显著影响。联合国环境规划署（United Nations Environment Programme，UNEP）在《2020年排放差距报告》中指出，全球约三分之二的碳排放都与家庭排放有关，这充分说明了培育低碳生活文化、改变居民的个人生活习惯在城市碳减排行动中的重要性。因此，为实现"碳达峰、碳中和"目标，碳减排活动需要向居民个体拓展，诊断和分析城市的低碳建设水平也必须结合城市居民的个人行为。

作为人口众多的发展中国家，中国城市居民在1992～2013年的人均碳排放量（包括生活用能、日常出行和隐含碳排放）增长了5倍，从1.72t增加到10.37t（王少剑等，2018）。未来我国城市社会经济将不断发展，城市居民生活端的消费需求会随之持续刚性增长。因此，通过改进城市居民的生活消费行为提升城市低碳建设水平将是实现中国"双碳"目标的重要途径，对减少社会碳排放总量、提高碳汇吸收能力起到驱动作用。

通过改进城市居民生活消费行为提升低碳城市建设水平也依赖于规划、实施、检查、结果和反馈五个环节的不断迭代。因此，本节将围绕 PDCOA 五个过程环节分析低碳城市建设在城市居民维度的具体内涵，构建相应的诊断指标体系。

一、城市居民维度规划环节的诊断指标体系

在城市居民维度的规划环节中，反映低碳城市建设水平的指标应该能表征人类日常生活的内涵。衣食住行作为人类日常生活的主要内容，也是居民低碳生活的关键要素，所以居民低碳生活应涵盖低碳衣着、低碳饮食、低碳居住、低碳出行。这里将低碳衣着与低碳饮食合并为低碳消费，从而形成低碳居住、低碳出行、低碳消费三方面内容去构建低碳城市建设在城市居民维度规划（P）环节中的评价指标，主要内容包括居民低碳居住节能习惯的规划、居民低碳出行习惯的规划、居民低碳消费习惯的规划。这些规划内容中的评价指标可以通过规划的目标、规划属性、规划依据及详尽程度综合反映。此环节中具体的指标、得分变量、得分规则详见表2.16。

表2.16　低碳城市建设在城市居民维度规划环节（Po-P）的诊断指标体系

指标	得分变量	得分规则
居民低碳居住节能习惯的规划	规划的居民低碳居住节能目标	本得分变量有以下3个得分点：①有多个与居民低碳居住节能相关的明确目标；②有单个与居民低碳居住节能相关的明确目标（如低碳示范机构数量、生活垃圾分类处理率等）；③有倡导居民低碳居住节能，但目标不明确。 依据上述3个得分点，本得分变量的具体得分规则如下： ● 100分：【满足上述得分点①】 ● 65分：【满足上述得分点②】 ● 35分：【满足上述得分点③】 ● 0分：【无任何相关内容】

指标	得分变量	得分规则
居民低碳居住节能习惯的规划	规划属性	本得分变量有以下 3 个得分点：①居民低碳居住节能目标列入城市国民经济和社会发展第十四个五年规划、2035 年远景目标纲要及其专项规划；②居民低碳居住节能目标列入城市政府工作部门单独或联合推行的行动规划；③居民低碳居住节能目标列入城市其他专项计划。 依据上述 3 个得分点，本得分变量的具体得分规则如下： ● 100 分：【满足上述得分点①】 ● 65 分：【满足上述得分点②】 ● 35 分：【满足上述得分点③】 ● 0 分：【无任何相关内容】
	规划依据	本得分变量有以下 3 个得分点：①参考中央级规划文件；②参考地方级规划文件；③参考城市发展基础条件。 依据上述 3 个得分点，本得分变量的具体得分规则如下： ● 100 分：【满足上述所有得分点】 ● 65 分：【满足上述 3 个得分点中的任意 2 个】 ● 35 分：【满足上述 3 个得分点中的任意 1 个】 ● 0 分：【无任何相关内容】
	引导居民低碳居住节能的工作方案的详尽程度	本得分变量有以下 5 个得分点：①制定有低碳示范区规划（包括乡镇/县域/社区等）；②制定有低碳示范机构规划（包括学校/医院/家庭等）；③制定有生活垃圾分类规划；④制定有节能器具规划（节能灯具、控温空调/地暖）；⑤制定有低碳居住节能节水宣传规划。 依据上述 5 个得分点，本得分变量的具体得分规则如下： ● 100 分：【满足上述所有得分点】 ● 80 分：【满足上述 5 个得分点中的任意 4 个】 ● 60 分：【满足上述 5 个得分点中的任意 3 个】 ● 40 分：【满足上述 5 个得分点中的任意 2 个】 ● 20 分：【满足上述 5 个得分点中的任意 1 个】 ● 0 分：【无任何相关内容】
居民低碳出行习惯的规划	规划的居民低碳出行目标	本得分变量有以下 3 个得分点：①有多个与居民低碳出行相关的明确目标；②有单个与居民低碳出行相关的明确目标（如绿色出行占比、公交出行占比、新能源公共交通车辆占比等）；③有倡导居民低碳出行，但目标不明确。 依据上述 3 个得分点，本得分变量的具体得分规则如下： ● 100 分：【满足上述得分点①】 ● 65 分：【满足上述得分点②】 ● 35 分：【满足上述得分点③】 ● 0 分：【无任何相关内容】
	规划属性	本得分变量有以下 3 个得分点：①居民低碳出行目标列入城市国民经济和社会发展第十四个五年规划、2035 年远景目标纲要及其专项规划；②居民低碳出行目标列入城市政府工作部门单独或联合推行的行动规划；③居民低碳出行目标列入城市其他专项计划。 依据上述 3 个得分点，本得分变量的具体得分规则如下： ● 100 分：【满足上述得分点①】 ● 65 分：【满足上述得分点②】 ● 35 分：【满足上述得分点③】 ● 0 分：【无任何相关内容】
	规划依据	本得分变量有以下 3 个得分点：①参考中央级规划文件；②参考地方级规划文件；③参考城市发展基础条件。 依据上述 3 个得分点，本得分变量的具体得分规则如下： ● 100 分：【满足上述所有得分点】 ● 65 分：【满足上述 3 个得分点中的任意 2 个】 ● 35 分：【满足上述 3 个得分点中的任意 1 个】 ● 0 分：【无任何相关内容】
	引导居民低碳出行的工作方案的详尽程度	本得分变量有以下 6 个得分点：①制定有城市步行及绿道（慢行系统）完善方案；②制定有公共自行车系统完善方案；③制定有公交汽（电）车系统完善方案；④制定有机动车充电设施完善方案；⑤制定有新能源汽车推广方案；⑥制定有低碳出行宣传规划。 依据上述 6 个得分点，本得分变量的具体得分规则如下： ● 100 分：【满足上述所有得分点】

续表

指标	得分变量	得分规则
居民低碳出行习惯的规划	引导居民低碳出行的工作方案的详尽程度	● 75分：【满足上述 6 个得分点中的任意 5 个】 ● 60分：【满足上述 6 个得分点中的任意 4 个】 ● 45分：【满足上述 6 个得分点中的任意 3 个】 ● 30分：【满足上述 6 个得分点中的任意 2 个】 ● 15分：【满足上述 6 个得分点中的任意 1 个】 ● 0分：【无任何相关内容】
居民低碳消费习惯的规划	规划的居民低碳消费习惯目标	本得分变量有以下 3 个得分点：①有多个与居民低碳消费相关的明确目标；②有单个与居民低碳消费相关的明确目标（如政府绿色采购占比等）；③倡导居民低碳消费，但目标不明确。 依据上述 3 个得分点，本得分变量的具体得分规则如下： ● 100分：【满足上述得分点①】 ● 65分：【满足上述得分点②】 ● 35分：【满足上述得分点③】 ● 0分：【无任何相关内容】
	规划属性	本得分变量有以下 3 个得分点：①居民低碳消费习惯目标列入城市国民经济和社会发展第十四个五年规划和 2035 年远景目标纲要及其专项规划；②居民低碳消费习惯目标列入城市政府工作部门单独或联合推行的行动规划；③居民低碳消费习惯目标列入城市其他专项计划。 依据上述 3 个得分点，本得分变量的具体得分规则如下： ● 100分：【满足上述得分点①】 ● 65分：【满足上述得分点②】 ● 35分：【满足上述得分点③】 ● 0分：【无任何相关内容】
	规划依据	本得分变量有以下 3 个得分点：①参考中央级规划文件；②参考地方级规划文件；③参考城市发展基础条件。 依据上述 3 个得分点，本得分变量的具体得分规则如下： ● 100分：【满足上述所有得分点】 ● 65分：【满足上述 3 个得分点中的任意 2 个】 ● 35分：【满足上述 3 个得分点中的任意 1 个】 ● 0分：【无任何相关内容】
	引导居民低碳消费的工作方案的详尽程度	本得分变量有以下 6 个得分点：①制定有城市限塑规划；②制定有倡行节俭的规划（光盘行动、无纸化办公、过度消费等）；③制定有耐耗品回收更新规划（家电、衣物、闲置品等）；④制定有减少一次性用品使用规划（餐具、卫浴用具等）；⑤制定有政府绿色采购计划（完善标准、加大力度、扩大范围、拓展线上渠道等）；⑥制定有低碳消费宣传规划。 依据上述 6 个得分点，本得分变量的具体得分规则如下： ● 100分：【满足上述所有得分点】 ● 75分：【满足上述 6 个得分点中的任意 5 个】 ● 60分：【满足上述 6 个得分点中的任意 4 个】 ● 45分：【满足上述 6 个得分点中的任意 3 个】 ● 30分：【满足上述 6 个得分点中的任意 2 个】 ● 15分：【满足上述 6 个得分点中的任意 1 个】 ● 0分：【无任何相关内容】

二、城市居民维度实施环节的诊断指标体系

反映居民参与在低碳城市建设管理过程的实施（D）环节中的表现水平主要体现在引导居民生活消费习惯低碳化的机制保障和引导居民生活消费习惯低碳化的资源保障两个方面。在本书中，碳普惠制度作为贯彻公众参与原则的具体体现，因此被作为重要的制度抓手来反映机制保障指标。另一方面，引导低碳生活消费的资金、人力、技术将作为反映资源保障指标的关键要素。此环节中具体的指标、得分变量、得分规则详见表 2.17。

表 2.17　低碳城市建设在城市居民维度实施环节（Po-D）的诊断指标体系

指标	得分变量	得分规则
引导居民生活消费习惯低碳化的机制保障	碳普惠制度的完善程度	本得分变量有以下 5 个得分点：①在社区（小区）层面，针对居民节约水电气、减少私家车使用或垃圾分类等低碳行为的碳普惠制度设计；②针对居民选择公共交通工具出行的碳普惠制度设计（对 BRT*、公交车、轨道交通、公共自行车、新能源汽车的减碳量量化，兑换碳积分）；③针对低碳产品消费者购买节能电视、冰箱、空调等电器或其他低碳认证产品的碳普惠制度设计；④有低碳居住、低碳出行或低碳消费的碳普惠制度设计，但不够详细明确；⑤提出了碳普惠制度的重要性，但未开展制度设计工作。 依据上述 5 个得分点，本得分变量的具体得分规则如下： ● 100 分：【满足上述得分点①②③】 ● 80 分：【满足上述得分点①②③中的任意 2 个】 ● 60 分：【满足上述得分点①②③中的任意 1 个】 ● 40 分：【满足上述得分点④】 ● 20 分：【满足上述得分点⑤】 ● 0 分：【无任何相关内容】
	相关政务流程的透明度和畅通度	本得分变量有以下 5 个得分点：①有关于碳普惠平台的应用指南或操作说明；②有碳普惠平台的管理办法；③有线下参与网点（如碳普惠超市）；④阅览相应政务文件内容无门槛；⑤提出了引导居民参与碳普惠的重要性，但无明确参与途径。 依据上述 5 个得分点，本得分变量的具体得分规则如下： ● 100 分：【满足上述得分点①②③④】 ● 80 分：【满足上述得分点①②③④中的任意 3 个】 ● 60 分：【满足上述得分点①②③④中的任意 2 个】 ● 40 分：【满足上述得分点①②③④中的任意 1 个】 ● 20 分：【满足上述得分点⑤】 ● 0 分：【无任何相关内容】
引导居民生活消费习惯低碳化的资源保障	引导低碳生活消费的专项资金投入力度	本得分变量有以下 4 个得分点：①有明确的资金管理办法；②有社会资本支持居民低碳生活消费；③有专项资金支持居民低碳生活消费；④提出了设置专项资金支持居民低碳生活消费，但无具体资金设立。 依据上述 4 个得分点，本得分变量的具体得分规则如下： ● 100 分：【满足上述得分点①②③】 ● 80 分：【满足上述得分点①②或①③】 ● 60 分：【满足上述得分点②③】 ● 40 分：【满足上述得分点②或③】 ● 20 分：【满足上述得分点④】 ● 0 分：【无任何相关内容】
	引导低碳生活消费的人力资源保障程度	本得分变量有以下 4 个得分点：①有推进居民低碳生活消费的协会（如促进碳普惠平台发展的协会）；②有负责推进居民低碳生活消费的政府工作专项小组（如碳普惠体系建设、实施及推广小组）；③有负责创新完善碳普惠体系的专家库；④未明确提出有工作小组，但有开展低碳生活典型案例选拔或碳普惠体系筹建等活动。 依据上述 4 个得分点，本得分变量的具体得分规则如下： ● 100 分：【满足上述得分点①②③】 ● 75 分：【满足上述得分点①②③中的任意 2 个】 ● 50 分：【满足上述得分点①②③中的任意 1 个】 ● 25 分：【满足上述得分点④】 ● 0 分：【无任何相关内容】
	引导低碳生活消费的技术条件保障程度	本得分变量有以下 4 个得分点：①有官方媒体账号推广低碳生活消费；②有微信小程序、支付宝应用或 App 试行碳普惠制；③平台能正常运行；④提出了维护运营碳普惠相关平台的重要性，但无具体实施方案。 依据上述 4 个得分点，本得分变量的具体得分规则如下： ● 100 分：【满足上述得分点②③】 ● 75 分：【满足上述得分点①③】 ● 50 分：【满足上述得分点①②中的任意 1 个】 ● 25 分：【满足上述得分点④】 ● 0 分：【无任何相关内容】

---

*：指快速公交系统（bus rapid transit）。

三、城市居民维度检查环节的诊断指标体系

居民参与在低碳城市建设管理过程的检查（C）环节中的水平表现可以从两方面内容诊断：检查居民低碳生活消费习惯的机制保障、检查居民低碳生活消费习惯的资源保障。检查（C）环节是城市居民的低碳水平建设实施（D）环节的进一步深化，因此在检查（C）环节，检查低碳生活消费的机制保障以及资金、人力、技术等资源保障的得分变量也将被细化至低碳居住、低碳出行、低碳消费三大方面进行考虑。此环节中具体的指标、得分变量、得分规则详见表 2.18。

表 2.18　低碳城市建设在城市居民维度检查环节（Po-C）的诊断指标体系

指标	得分变量	得分规则
检查居民低碳生活消费习惯的机制保障	对居民低碳生活消费的跟进检查机制	本得分变量有以下 3 个得分点：①有定期检查跟进低碳或近零碳社区（绿色社区）的工作机制；②有定期检查跟进低碳出行创建的工作机制；③有定期检查跟进城市低碳消费（如废旧物资循环利用体系建设、塑料污染督查）的工作机制。依据上述 3 个得分点，本得分变量的具体得分规则如下： ● 100 分：【满足上述所有得分点】 ● 65 分：【满足上述 3 个得分点中的任意 2 个】 ● 35 分：【满足上述 3 个得分点中的任意 1 个】 ● 0 分：【无任何相关内容】
检查居民低碳生活消费习惯的资源保障	检查居民低碳生活消费习惯所需的管理资金保障程度	本得分变量有以下 3 个得分点：①已设置检查跟进低碳或近零碳社区（绿色社区）建设的专项资金；②已设置检查跟进低碳出行的专项资金；③已设置检查跟进城市低碳消费的专项资金。依据上述 3 个得分点，本得分变量的具体得分规则如下： ● 100 分：【满足上述所有得分点】 ● 65 分：【满足上述 3 个得分点中的任意 2 个】 ● 35 分：【满足上述 3 个得分点中的任意 1 个】 ● 0 分：【无任何相关内容】
	检查居民低碳生活消费习惯的人力资源保障程度	本得分变量有以下 3 个得分点：①有负责检查跟进低碳或近零碳社区（绿色社区）建设的工作小组；②有负责检查跟进低碳出行的工作小组；③有负责检查跟进城市低碳消费的工作小组。依据上述 3 个得分点，本得分变量的具体得分规则如下： ● 100 分：【满足上述所有得分点】 ● 65 分：【满足上述 3 个得分点中的任意 2 个】 ● 35 分：【满足上述 3 个得分点中的任意 1 个】 ● 0 分：【无任何相关内容】
	检查居民低碳生活消费习惯的技术条件保障程度	本得分变量有以下 3 个得分点：①有低碳或近零碳社区（绿色社区）建设的评价技术方法或定期更新维护碳居住的碳普惠平台；②有低碳出行的评价技术方法或定期更新维护低碳出行的碳普惠平台；③有城市低碳消费的评价技术方法或定期更新维护低碳消费的碳普惠平台。依据上述 3 个得分点，本得分变量的具体得分规则如下： ● 100 分：【满足上述所有得分点】 ● 65 分：【满足上述 3 个得分点中的任意 2 个】 ● 35 分：【满足上述 3 个得分点中的任意 1 个】 ● 0 分：【无任何相关内容】

四、城市居民维度结果环节的诊断指标体系

从居民参与的角度去诊断低碳城市建设的结果（O）环节主要是评价居民低碳居住节

能习惯的引导结果、居民低碳出行习惯的引导结果、居民低碳消费习惯的引导结果三方面。此环节中具体的指标、得分变量、得分规则详见表2.19。

表 2.19　低碳城市建设在城市居民维度结果环节（Po-O）的诊断指标体系

指标	得分变量	得分规则
居民低碳居住节能习惯的引导结果	居民日人均用水量/升	本得分变量是定量的，其具体得分规则采用本书第三章的计算方法
	人均居民生活用电/(千瓦时/人)	本得分变量是定量的，其具体得分规则采用本书第三章的计算方法
	城市燃气普及率/%	本得分变量是定量的，其具体得分规则采用本书第三章的计算方法
居民低碳出行习惯的引导结果	轨道交通年客运总量/万人次	本得分变量是定量的，其具体得分规则采用本书第三章的计算方法
	公共汽（电）车年客运总量/万人次	本得分变量是定量的，其具体得分规则采用本书第三章的计算方法
	新能源汽车充电站数量/个	本得分变量是定量的，其具体得分规则采用本书第三章的计算方法
	城市人行道面积占道路面积比例/%	本得分变量是定量的，其具体得分规则采用本书第三章的计算方法
居民低碳消费习惯的引导结果	新能源汽车保有量/辆	本得分变量是定量的，其具体得分规则采用本书第三章的计算方法
	旧衣物回收水平	本得分变量是定量的，其具体得分规则采用本书第三章的计算方法
	光盘行动水平	本得分变量是定量的，其具体得分规则采用本书第三章的计算方法
	抑制一次性餐具使用的程度	本得分变量是定量的，其具体得分规则采用本书第三章的计算方法
	快递包装回收水平	本得分变量是定量的，其具体得分规则采用本书第三章的计算方法

五、城市居民维度反馈环节的诊断指标体系

由于引导居民低碳生活的主要方式多为自我约束和道德引导，因此居民参与在低碳城市建设管理过程的反馈（A）环节中的评价内容主要考虑是否奖励以及优化内容，没有考虑惩罚内容，以期充分挖掘居民方面的降碳潜力。此环节中具体的指标、得分变量、得分规则详见表2.20。

表 2.20　低碳城市建设在城市居民维度反馈环节（Po-A）的诊断指标体系

指标	得分变量	得分规则
对执行低碳生活消费习惯的居民给予激励措施	对居民低碳生活消费习惯的奖励	本得分变量有以下4个得分点：①有明确的政策激励措施（用碳积分来兑换一定的政府公共服务，如在公交地铁充值、公共图书馆图书借阅等）；②有明确的商业激励措施（用碳积分兑换一些产品或者服务优惠等）；③有明确的交易激励措施（碳积分具有的兑现、抵现、出售、转让、买卖、投资等功能）；④有提到居民通过低碳行为可获得奖励，但无明确的官方激励措施。 依据上述4个得分点，本得分变量的具体得分规则如下： ● 100分【满足上述所有得分点】 ● 75分【满足上述得分点①②③中的任意2个】 ● 50分【满足上述得分点①②③中的任意1个】 ● 25分【满足上述得分点④】 ● 0分【无任何相关内容】
对引导居民低碳生活消费习惯的创新优化方案	政府部门的创新优化方案	本得分变量有以下4个得分点：①有对居民低碳居住节能习惯的总结和创新方案；②有对居民低碳出行习惯的总结和创新方案；③有对居民低碳消费习惯的总结和创新方案；④有提出总结居民低碳生活消费习惯成果的重要性，但未出台具体的总结方案。 依据上述4个得分点，本得分变量的具体得分规则如下：

指标	得分变量	得分规则
对引导居民低碳生活消费习惯的创新优化方案	政府部门的创新优化方案	<ul><li>100 分：【满足上述得分点①②③】</li><li>75 分：【满足上述得分点①②③中的任意 2 个】</li><li>50 分：【满足上述得分点①②③中的任意 1 个】</li><li>25 分：【满足上述得分点④】</li><li>0 分：【无任何相关内容】</li></ul>

第五节　低碳城市建设在水域碳汇（Wa）维度的诊断指标体系

作为地球表层生态系统的关键组成，水域因其特殊的厌氧与还原条件而具备巨大的碳储存潜力，在全球碳循环过程中扮演着重要的角色。对城市而言，水域不仅提供了气候调节、维持自然景观和生物多样性等生态系统服务功能，同时对促进低碳城市建设具有重要意义。常见的水域类型包括湿地、海洋、河流、湖泊等，以湿地为例，尽管面积只占地球表面积的 4%～6%，但全球湿地碳储量达到了陆地生态系统的 12%～24%，是调节全球碳循环的重要构成。当然，不同的水域类型，受自然条件和碳汇过程差异的影响，其固碳能力存在显著差异。值得注意的是，自 20 世纪 70 年代以来，由于人类过度开发利用，联合国环境署指出全球湿地面积已缩减超过 30%，自然水域的碳汇功能正遭受严峻的威胁与挑战。

我国水域碳汇的保护形势同样不容乐观。根据 2014 年公布的第二次全国湿地资源调查结果（2009～2013 年），我国各类湿地总面积相较 2004 年公布的首次湿地调查结果（1995～2003 年）下降了 8.8%，而红树林等特殊水域生态系统，其面积从 20 世纪 50 年代的 4 万公顷下降到 2022 年的 2.7 万公顷。在此背景下，提升对城市水域的建设并发挥水域碳汇功能，分析城市在水域碳汇建设过程中的关键任务，考量水域发展规划、实施建设、检查机制、建设结果与建设反馈等五大过程环节的具体内容，对推动低碳城市建设、实现"碳中和"战略目标具有重要意义。

一、水域碳汇维度规划环节的诊断指标体系

水域碳汇维度的规划环节可以表征城市在低碳建设过程中的建设预期与计划能力，对水域碳汇建设具有指导意义。因此，水域碳汇维度在规划环节的低碳建设诊断指标体系，主要内容是围绕提升水域固碳能力的规划，基于城市在提升水域或湿地保护方面制定的规划文件，评价不同城市在增加水域碳汇能力方面的计划水平。具体来说，本环节指标的得分变量考虑了"水域面积提升与保护规划""规划的主要水域类型""规划属性""规划依据""规划项目的丰富度"。此环节中具体的指标、得分变量、得分规则详见表 2.21。

表 2.21 低碳城市建设在水域碳汇维度规划环节（Wa-P）的诊断指标体系

指标	得分变量	得分规则
提升水域固碳能力的规划	水域面积提升与保护规划	本得分变量有以下 4 个得分点：①明确有水域保护的相关规划；②明确水域保护的类型及面积；③明确水域面积提升的目标；④提出了水域保护要求，但无具体细节。 依据上述 4 个得分点，本得分变量的具体得分规则如下： • 100 分：【满足上述所有得分点】 • 75 分：【满足上述 4 个得分点中的任意 3 个】 • 50 分：【满足上述 4 个得分点中的任意 2 个】 • 25 分：【满足上述 4 个得分点中的任意 1 个】 • 0 分：【无任何相关内容】
	规划的主要水域类型	本得分变量有以下 4 个得分点：①新增水域类型主要为沼泽湿地；②新增水域类型主要为浅海滩涂；③新增水域类型主要为湖泊河流；④新增水域类型为其他。 依据上述 4 个得分点，本得分变量的具体得分规则如下： • 100 分：【满足上述得分点①】 • 80 分：【满足上述得分点②】 • 60 分：【满足上述得分点③】 • 40 分：【满足上述得分点④】 • 0 分：【无任何相关内容】
	规划属性	本得分变量有以下 5 个得分点：①在国民经济与社会发展"十四五"规划中有水域固碳相关内容；②有明确的"十四五"水体保护专项规划；③有明确的公园城市、园林城市规划；④有水体保护相关行动方案；⑤有其他相关规划。 依据上述 5 个得分点，本得分变量的具体得分规则如下： • 100 分：【满足上述所有得分点】 • 80 分：【满足上述 5 个得分点中的任意 4 个】 • 60 分：【满足上述 5 个得分点中的任意 3 个】 • 40 分：【满足上述 5 个得分点中的任意 2 个】 • 20 分：【满足上述 5 个得分点中的任意 1 个】 • 0 分：【无任何相关内容】
	规划依据	本得分变量有以下 5 个得分点：①列了规划所参考的上位规划；②列明了规划所参考的其他低碳专项规划；③列明了规划所参考的相关政策文件及行动方案；④列明了城市自身总体规划；⑤列明了参考城市自身发展基础，如城市自身特点和发展背景等。 依据上述 5 个得分点，本得分变量的具体得分规则如下： • 100 分：【满足上述所有得分点】 • 80 分：【满足上述 5 个得分点中的任意 4 个】 • 60 分：【满足上述 5 个得分点中的任意 3 个】 • 40 分：【满足上述 5 个得分点中的任意 2 个】 • 20 分：【满足上述 5 个得分点中的任意 1 个】 • 0 分：【无任何相关内容】
	规划项目的丰富度	本得分变量有以下 4 个得分点：①相关规划中标明了重大水域工程项目任务及实施方案；②列出了水域工程名单；③明确了水域工程项目投资力度；④提及了相关水域工程内容。 依据上述 4 个得分点，本得分变量的具体得分规则如下： • 100 分：【满足上述所有得分点】 • 75 分：【满足上述 4 个得分点中的任意 3 个】 • 50 分：【满足上述 4 个得分点中的任意 2 个】 • 25 分：【满足上述 4 个得分点中的任意 1 个】 • 0 分：【无任何相关内容】

二、水域碳汇维度实施环节的诊断指标体系

水域碳汇维度的实施环节代表了城市在低碳建设过程中提升水域碳汇的开展情况。在此环节，主要对城市围绕水域保护而开展的工作实施情况进行评价，从而诊断各城市在实施水域碳汇提升方面的水平。因此，本环节的具体指标包括"提升水域固碳能力的机制保障"与"提升水域固碳能力的资源保障"。在得分变量中，分别考虑了"相关规章制度的完善程度""相关政务流程的透明度和畅通度""专项资金投入力度""人力资源保

障程度""技术条件保障程度"。此环节中具体的指标、得分变量、得分规则详见表 2.22。

表 2.22　低碳城市建设在水域碳汇维度实施环节（Wa-D）的诊断指标体系

指标	得分变量	得分规则
提升水域固碳能力的机制保障	相关规章制度的完善程度	本得分变量有以下 5 个得分点：①有保障水域保护工作落实的地方性法规；②有保障水域管理工作落实的地方性法规；③有保障水域保护工作落实的行政公文；④有保障水域管理工作落实的行政公文。⑤提了水域保护的重要性，但未发布相关法规和行政公文。 依据上述 5 个得分点，本得分变量的具体得分规则如下： • 100 分：【满足上述得分点①②③④】 • 80 分：【满足上述得分点①②③④中的任意 3 个】 • 60 分：【满足上述得分点①②③④中的任意 2 个】 • 40 分：【满足上述得分点①②③④中的任意 1 个】 • 20 分：【满足上述得分点⑤】 • 0 分：【无任何相关内容】
	相关政务流程的透明度和畅通度	本得分变量有以下 5 个得分点：①线下有办理水域治理和生态保护事项的办事网点；②线下的相关办事网点有专员负责帮办；③电子政务平台清晰展示了水域治理和保护相关的专题专栏；④电子政务平台展示的相关内容访问途径无门槛限制；⑤提出了水域治理及保护的重要性，但无线上线下途径。 依据上述 5 个得分点，本得分变量的具体得分规则如下： • 100 分：【满足上述得分点①②③④】 • 80 分：【满足上述得分点①②③④中的任意 3 个】 • 60 分：【满足上述得分点①②③④中的任意 2 个】 • 40 分：【满足上述得分点①②③④中的任意 1 个】 • 20 分：【仅满足上述得分点⑤】 • 0 分：【无任何相关内容】
提升水域固碳能力的资源保障	专项资金投入力度	本得分变量有以下 5 个得分点：①专项资金投入占当年环保投入的比例≥20%；②专项资金投入占当年环保投入的比例≥15%；③专项资金投入占当年环保投入的比例≥10%；④专项资金投入占当年环保投入的比例≥5%；⑤专项资金投入占当年环保投入的比例<5%。 依据上述 5 个得分点，本得分变量的具体得分规则如下： • 100 分：【满足得分点①】 • 80 分：【满足得分点②】 • 60 分：【满足得分点③】 • 40 分：【满足得分点④】 • 20 分：【满足得分点⑤】
	人力资源保障程度	本得分变量有以下 4 个得分点：①有推进水域治理和保护的行业协会（如环境保护协会）；②有负责推进水域治理和保护的政府工作专项小组（如水域治理和保护建设、实施及推广小组）；③有负责创新完善水域治理和保护体系的专家小组；④未明确提出有工作小组，但有开展水域治理和保护活动。 依据上述 4 个得分点，本得分变量的具体得分规则如下： • 100 分：【满足上述得分点①②③】 • 75 分：【满足上述得分点①②③中的任意 2 个】 • 50 分：【满足上述得分点①②③中的任意 1 个】 • 25 分：【满足上述得分点④】 • 0 分：【无任何相关内容】
	技术条件保障程度	本得分变量有以下 4 个得分点：①有关于水域治理和保护的专家团队；②引进了水域治理和保护方面的各类技术设备；③引进了先进的水域治理技术；④提出水域治理技术条件保障的重要性，但无具体实施方案。 依据上述 4 个得分点，本得分变量的具体得分规则如下： • 100 分：【满足上述得分点的①②③】 • 75 分：【满足上述①②③得分点中的任意 2 个】 • 50 分：【满足上述①②③得分点中的任意 1 个】 • 25 分：【仅满足上述得分点④】 • 0 分：【无任何相关内容】

三、水域碳汇维度检查环节的诊断指标体系

在水域碳汇维度对低碳建设评价的检查环节中，需围绕城市在水域固碳能力提升中

的监督工作开展量化评分，以此反映城市在低碳建设过程中对水域碳汇提升工作的督察能力。本环节的第一个诊断指标为"监督水域固碳能力提升工作的机制保障"，其得分变量有"相关规章制度的完善程度"与"监督行为"；第二个诊断指标为"监督水域固碳能力提升工作的资源保障"，其得分变量包括"专项资金保障程度""人力资源保障程度""技术条件保障程度"。此环节中具体的指标、得分变量、得分规则详见表 2.23。

表 2.23　低碳城市建设在水域碳汇维度检查环节（Wa-C）的诊断指标体系

指标	得分变量	得分规则
监督水域固碳能力提升工作的机制保障	相关规章制度的完善程度	本得分变量有以下 5 个得分点：①有监督水域保护工作实施的地方性法规；②有监督水域管理工作落实的地方性法规；③有监督水域保护工作实施的行政公文；④有监督水域管理工作落实的行政公文。⑤提了及水域保护的重要性，但未发布相关法规和行政公文。 依据上述 5 个得分点，本得分变量的具体得分规则如下： • 100 分：【满足上述得分点①②③④】 • 80 分：【满足上述得分点①②③④中的任意 3 个】 • 60 分：【满足上述得分点①②③④中的任意 2 个】 • 40 分：【满足得分点①②③④中的任意 1 个】 • 20 分：【满足得分点⑤】 • 0 分：【无任何相关内容】
	监督行为	本得分变量有以下 3 个得分点：①以专栏形式向社会公布了相关监督行为；②以不定期形式向社会公布了相关监督行为；③提到了公布监督行为的重要性，但无具体的体现形式。 依据上述 3 个得分点，本得分变量的具体得分规则如下： • 100 分：【满足上述得分点①】 • 65 分：【满足上述得分点②】 • 35 分：【满足上述得分点③】 • 0 分：【无任何相关内容】
监督水域固碳能力提升工作的资源保障	专项资金保障程度	本得分变量有以下 3 个得分点：①已设置监督考核各行业水域治理和保护相关方面的专项资金；②设置了专项资金配套管理监督办法；③提出了设置监督考核专项资金的重要性，但无具体资金设立。 依据上述 3 个得分点，本得分变量的具体得分规则如下： • 100 分：【满足上述 3 个得分点中的①②】 • 65 分：【满足上述得分点①】 • 35 分：【满足上述得分点③】 • 0 分：【无任何相关内容】
	人力资源保障程度	本得分变量有以下 3 个得分点：①有市级负责水域治理及保护监督工作的相关领导小组；②有落实配套监督考核机制的工作专班；③提出了专人负责监督的重要性，但无具体人员安排。 依据上述 3 个得分点，本得分变量的具体得分规则如下： • 100 分：【满足上述得分点①②】 • 65 分：【满足上述得分点①或②】 • 35 分：【满足上述得分点③】 • 0 分：【无任何相关内容】
	技术条件保障程度	本得分变量有以下 4 个得分点：①有用于监督水域固碳能力提升工作的智慧城市实施监控平台；②有用于监督水域固碳能力提升工作的无人机及 3S* 技术；③有用于监督水域固碳能力提升工作的安全应急保障系统；④提到了为监督水域固碳能力提升工作而落实技术支撑的重要性，但无详细措施。 依据上述 4 个得分点，本得分变量的具体规则如下： • 100 分：【满足上述所有得分点】 • 75 分：【满足上述得分点①②③④中的任意 3 个】 • 50 分：【满足上述得分点①②③④中的任意 2 个】 • 25 分：【满足上述得分点①②③④中的任意 1 个】 • 0 分：【无任何相关内容】

---

*：3S 指全球定位系统（global position system，GPS），遥感（remote sensing，RS）和地理信息系统（geographic information system，GIS）。

四、水域碳汇维度结果环节的诊断指标体系

在水域碳汇维度的结果环节中，主要需对城市的水域固碳能力结果开展评价，量化不同城市在水域碳汇提升方面的表现水平。因此，本环节的具体指标为"水域固碳能力"，其得分变量中考虑了"水域的保护率""人均水域拥有量""新增的主要水域类型"。此环节中具体的指标、得分变量、得分规则详见表2.24。

表 2.24　低碳城市建设在水域碳汇维度结果环节（Wa-O）的诊断指标体系

指标	得分变量	得分规则
水域固碳能力	水域的保护率/%	本得分变量是定量的，其具体得分规则采用本书第三章的计算方法。
	人均水域拥有量/(m²/人)	本得分变量是定量的，其具体得分规则采用本书第三章的计算方法。
	新增的主要水域类型	本得分变量有以下 4 个得分点：①新增湿地类型为主要沼泽湿地；②新增湿地类型主要为浅海滩涂；③新增湿地类型主要为湖泊河流；④新增湿地类型为其他。 依据上述 4 个得分点，本得分变量的具体得分规则如下： ● 100 分：【满足上述得分点①】 ● 80 分：【满足上述得分点②】 ● 60 分：【满足上述得分点③】 ● 40 分：【满足上述得分点④】 ● 0 分：【无任何相关内容】

五、水域碳汇维度反馈环节的诊断指标体系

在水域碳汇维度的反馈环节，主要是围绕城市在水域碳汇建设过程的反馈工作开展量化评分，以此反映城市在低碳城市建设过程中对水域碳汇能力提升的纠正水平。本环节包括三个具体诊断指标，一是"对能提升水域固碳能力的主体给予激励措施"，其得分变量包括"基于绩效考核对政府相关部门的奖励"和"基于绩效考核对水域经营部门的奖励"；二是"对导致水域固碳能力降低的主体施以处罚措施"，其得分变量包括"基于绩效考核对政府相关部门的处罚"和"基于绩效考核对水域经营部门和破坏者的处罚"；三是"改进水域固碳能力的总结与进一步提升方案"，其得分变量包括"政府相关部门的总结与提升方案"和"水域管理和经营部门的总结与提升方案"。此环节中具体的指标、得分变量、得分规则详见表2.25。

表 2.25　低碳城市建设在水域碳汇维度反馈环节（Wa-A）的诊断指标体系

指标	得分变量	得分规则
对能提升水域固碳能力的主体给予激励措施	基于绩效考核对政府相关部门的奖励	本得分变量有以下 5 个得分点：①有明确的奖励制度；②有个人晋升机会；③有纳入年终考核；④有获得市级荣誉；⑤有纳入部门考核。 依据上述 5 个得分点，本得分变量的具体得分规则如下： ● 100 分：【满足上述所有得分点】 ● 80 分：【满足上述 5 个得分点中的任意 4 个】

续表

指标	得分变量	得分规则
对能提升水域固碳能力的主体给予激励措施	基于绩效考核对政府相关部门的奖励	• 60分：【满足上述 5 个得分点中的任意 3 个】 • 40分：【满足上述 5 个得分点中的任意 2 个】 • 20分：【满足上述 5 个得分点中的任意 1 个】 • 0分：【无任何相关内容】
	基于绩效考核对水域经营部门的奖励	本得分变量有以下 5 个得分点：①有明确的奖励制度；②有实施个人表彰；③有奖金补贴措施；④有获得市级荣誉；⑤有享受税收减免的机会。 依据上述 5 个得分点，本得分变量的具体得分规则如下： • 100分：【满足上述所有得分点】 • 80分：【满足上述得分点①②③④⑤中的任意 4 个】 • 60分：【满足上述得分点①②③④⑤中的任意 3 个】 • 40分：【满足上述得分点①②③④⑤中的任意 2 个】 • 20分：【满足上述得分点①②③④⑤中的任意 1 个】 • 0分：【无任何相关内容】
对导致水域固碳能力降低的主体施以处罚措施	基于绩效考核对政府相关部门的处罚	本得分变量有以下 5 个得分点：①有明确的处罚制度；②有实施个人问责；③有开展部门考核；④有奖金扣发制度；⑤有发布通报批评。 依据上述 5 个得分点，本得分变量的具体得分规则如下： • 100分：【满足上述所有得分点】 • 80分：【满足上述 5 个得分点中的任意 4 个】 • 60分：【满足上述 5 个得分点中的任意 3 个】 • 40分：【满足上述 5 个得分点中的任意 2 个】 • 20分：【满足上述 5 个得分点中的任意 1 个】 • 0分：【无任何相关内容】
	基于绩效考核对水域经营部门和破坏者的处罚	本得分变量有以下 5 个得分点：①有明确的处罚制度；②有实施个人问责；③有开展部门考核；④有奖金扣发制度；⑤有发布通报批评。依据上述 5 个得分点，本得分变量的具体得分规则如下： • 100分：【满足上述所有得分点】 • 80分：【满足上述 5 个得分点中的任意 4 个】 • 60分：【满足上述 5 个得分点中的任意 3 个】 • 40分：【满足上述 5 个得分点中的任意 2 个】 • 20分：【满足上述 5 个得分点中的任意 1 个】 • 0分：【无任何相关内容】
改进水域固碳能力的总结与进一步提升方案	政府相关部门的总结与提升方案	本得分变量有以下 5 个得分点：①定期发布总结；②定期发布提升方案；③不定期发布总结或提升方案；④定期召开总结或提升的会议；⑤不定期召开总结或提升的会议。 依据上述 5 个得分点，本得分变量的具体得分规则如下： • 100分：【满足上述得分点①②④】 • 80分：【满足上述得分点①②④中的任意 2 个】 • 60分：【满足上述得分点③④】 • 40分：【满足上述得分点③⑤】 • 20分：【仅满足上述得分点⑤】 • 0分：【无任何相关内容】
	水域管理和经营部门的总结与提升方案	本得分变量有以下 5 个得分点：①定期发布总结；②定期发布提升方案；③不定期发布总结或提升方案；④定期召开总结或提升的会议；⑤不定期召开总结或提升的会议。 依据上述 5 个得分点，本得分变量的具体得分规则如下： • 100分：【满足上述得分点①②④】 • 80分：【满足上述得分点①②④中的任意 2 个】 • 60分：【满足上述得分点③④】 • 40分：【满足上述得分点③⑤】 • 20分：【仅满足上述得分点⑤】 • 0分：【无任何相关内容】

第六节　低碳城市建设在森林碳汇（Fo）维度的诊断指标体系

森林通过植被的光合作用固定大气中的二氧化碳，产生碳汇效应。全球约有 50%的化石燃料消耗产生的碳排放被森林的固碳效应所抵消，即便考虑到人类对森林的破坏活动，森林的净碳汇量仍可抵消化石燃料碳排放的 14%左右。森林的碳汇功能表明，保护与提升森林固碳能力是诊断低碳城市建设水平的重要内容。

我国大部分国土处于北温带，是全球重要碳汇地，故而我国森林的碳汇能力不仅对实现"碳中和"这一重大国家战略起重要作用，也对维持全球碳平衡有重大意义。另一方面，我国目前仍是全球碳排放较高的国家，积极提升森林碳汇水平是向世界展示负责任大国形象的重要措施之一。因此，本节将分析森林碳汇建设在 PDCOA 五个过程环节中的关键内容，并以此为基础在森林碳汇维度构建诊断低碳城市建设水平的指标体系。

一、森林碳汇维度规划环节的诊断指标体系

保护并扩大森林面积是稳定并增强城市碳汇能力，促进"碳中和"的重要举措，因此，低碳城市的林业规划必须将森林面积视为重点目标，作为诊断低碳城市建设水平的指标内容。其二，影响森林固碳能力的关键要素还包括森林质量，例如成熟林占比不足等现象会直接降低森林的碳汇总量。其三，病虫害与火灾同样是损害森林碳汇功能的要素，尤其是特大火灾将会直接向大气中排放大量二氧化碳，极易令森林由碳汇转为碳源，且灾后次生演替的时间较长，令数年内森林的碳汇能力均难以复原。故而，提升森林管理与灾害防治水平也是低碳城市建设在森林碳汇维度规划环节的重要内容。提升森林管理质量主要包含加强森林抚育力度、提升森林蓄积量、降低低效林比重、控制对成熟林采伐等系列工作；灾害防治则指降低森林灾害发生率，控制灾害破坏力，完善防灾与应急体系等主要方面的工作。其四，为保证规划的约束力、科学性与可行性，规划属性、规划依据与规划项目的丰富度也应当被视为森林碳汇维度规划环节的必要内容。此环节中具体的指标、得分变量和得分规则详见表 2.26。

表 2.26　低碳城市建设在森林碳汇维度规划环节（Fo-P）的诊断指标体系

指标	得分变量	得分规则
提升森林固碳能力的规划	森林面积保护与提升的规划	本得分变量有以下 5 个得分点：①规划了森林面积的目标数值；②规划了森林覆盖率的目标数值；③规划了天然林面积的目标数值；④规划了公益林面积的目标数值；⑤提到保护与提升森林面积的重要性，但无定量目标。 依据上述 5 个得分点，本得分变量的具体得分规则如下： ● 100 分：【满足上述得分点①②③④】 ● 80 分：【满足上述得分点①②③④中的任意 3 个】 ● 60 分：【满足上述得分点①②③④中的任意 2 个】 ● 40 分：【满足上述得分点①②③④中的任意 1 个】 ● 20 分：【满足上述得分点⑤】 ● 0 分：【无任何相关内容】

指标	得分变量	得分规则
提升森林固碳能力的规划	森林质量保护与提升的规划	本得分变量有以下 5 个得分点：①规划了森林抚育面积的目标数值；②规划了森林蓄积量的目标数值；③规划了森林采伐限额的明确数值；④规划了低效林改造面积的目标数值；⑤提出保护与提升森林质量的重要性，但无定量目标。 依据上述 5 个得分点，本得分变量的具体得分规则如下： ● 100 分：【满足上述得分点①②③④】 ● 80 分：【满足上述得分点①②③④中的任意 3 个】 ● 60 分：【满足上述得分点①②③④中的任意 2 个】 ● 40 分：【满足上述得分点①②③④中的任意 1 个】 ● 20 分：【满足上述得分点⑤】 ● 0 分：【无任何相关内容】
	主要森林灾害防治的规划	本得分变量有以下 5 个得分点：①规划了森林火灾受害率的目标数值；②规划了林业有害生物成灾率的目标数值；③设定了森林防火体系建设的具体目标；④设定了林业有害生物防治体系（工程）建设的具体目标；⑤提到森林灾害防治规划的重要性，但无详细计划。 依据上述 5 个得分点，本得分变量的具体得分规则如下： ● 100 分：【满足上述得分点①②③④】 ● 80 分：【满足上述得分点①②③④中的任意 3 个】 ● 60 分：【满足上述得分点①②③④中的任意 2 个】 ● 40 分：【满足上述得分点①②③④中的任意 1 个】 ● 20 分：【满足上述得分点⑤】 ● 0 分：【无任何相关内容】
	森林植被碳储量保护与提升的规划	本得分变量有以下 2 个得分点：①明确了森林植被碳储量的目标数值；②提出了提升森林植被碳储量工作的重要性，但无定量目标。 依据上述 2 个得分点，本得分变量的具体得分规则如下： ● 100 分：【满足上述得分点①】 ● 50 分：【满足上述得分点②】 ● 0 分：【无任何相关内容】
	规划属性	本得分变量有以下 3 个得分点：①将提升森林固碳能力的规划纳入国民经济和社会发展第十四个五年规划；②将提升森林固碳能力的规划纳入国民经济和社会发展第十四个五年规划的专项规划；③将提升森林固碳能力的规划纳入其他专项行动规划。 依据上述 3 个得分点，本得分变量的具体得分规则如下： ● 100 分：【满足上述得分点①②或①③】 ● 75 分：【满足上述得分点①】 ● 50 分：【满足上述得分点②】 ● 25 分：【满足上述得分点③】 ● 0 分：【无任何相关内容】
	规划依据	本得分变量有以下 5 个得分点：①列明了参考的法律法规；②列明了参考的规范规程；③列明了参考的上位规划与相关规划；④列明了参考的各级各类相关政策文件；⑤列明了参考的本市的特征和社会经济发展状况。 依据上述 5 个得分点，本得分变量的具体得分规则如下： ● 100 分：【满足上述所有得分点】 ● 80 分：【满足上述 5 个得分点中的任意 4 个】 ● 60 分：【满足上述 5 个得分点中的任意 3 个】 ● 40 分：【满足上述 5 个得分点中的任意 2 个】 ● 20 分：【满足上述 5 个得分点中的任意 1 个】 ● 0 分：【无任何相关内容】
	规划项目的丰富度	本得分变量有以下 5 个得分点：①明确了林业重点项目的总投资；②明确了林业重点项目的资金来源；③明确了林业重点项目的进度安排；④明确了林业重点项目的落实区域；⑤明确了林业重点项目的主要任务。 依据上述 5 个得分点，本得分变量的具体得分规则如下： ● 100 分：【满足上述所有得分点】 ● 80 分：【满足上述 5 个得分点中的任意 4 个】 ● 60 分：【满足上述 5 个得分点中的任意 3 个】 ● 40 分：【满足上述 5 个得分点中的任意 2 个】 ● 20 分：【满足上述 5 个得分点中的任意 1 个】 ● 0 分：【无任何相关内容】

二、森林碳汇维度实施环节的诊断指标体系

从森林碳汇维度的实施环节，诊断低碳城市建设水平的目的是判断森林碳汇规划环节内容的落实程度，而相关机制与资源保障是构成实施环节诊断指标体系的关键要素。在机制保障中，第一需重视法规、规章、规范性文件与行政公文等组成的规章制度的完善程度，这些是为落实森林碳汇规划环节内容提供的显性保障。第二需强调与实施森林固碳能力提升措施相关的政务流程透明度与畅通度的支撑力，提升各级机关与各类社会主体办理森林碳汇相关业务的便捷度，夯实实施规划内容所需的各种保障。

在资源保障中，需要充分考虑实施森林碳汇规划内容所需的资金、人力与技术条件。因此，设立涵盖森林建设、管理、防灾等各方面的专项资金，确立各级林长并成立林业科研组织、编制有关森林建设管理防灾的规范规程等措施均是森林碳汇实施环节诊断指标体系的内容。此环节中具体的指标、得分变量和得分规则详见表2.27。

表 2.27　低碳城市建设在森林碳汇维度实施环节（Fo-D）的诊断指标体系

指标	得分变量	得分规则
落实森林固碳能力提升工作的机制保障	相关规章制度的完善程度	本得分变量有以下 5 个得分点：①有保障森林营造与养护工作落实的地方性法规、规章或规范性文件；②有保障森林防灾减灾工作落实的法规、规章或规范性文件；③有保障森林营造与养护工作落实的行政公文；④有保障森林防灾减灾工作落实的行政公文；⑤提到保障森林固碳能力提升工作落实的重要性，但无详细措施。 依据上述 5 个得分点，本得分变量的具体得分规则如下： ● 100 分：【满足上述得分点①②③④】 ● 80 分：【满足上述得分点①②③④中的任意 3 个】 ● 60 分：【满足上述得分点①②③④中的任意 2 个】 ● 40 分：【满足上述得分点①②③④中的任意 1 个】 ● 20 分：【满足上述得分点⑤】 ● 0 分：【无任何相关内容】
	相关政务流程的透明度和畅通度	本得分变量有以下 5 个得分点：①有可办理森林相关业务的电子政务平台；②电子政务平台有清晰的关于森林业务的办理指南；③森林相关政务属于马上办，一次办等便捷专项；④有可办理森林相关业务的线下政务服务大厅；⑤提出保障森林固碳能力提升工作落实的重要性，但无线上线下政务办理途径。 依据上述 5 个得分点，本得分变量的具体得分规则如下： ● 100 分：【满足上述得分点②③④】 ● 75 分：【满足上述得分点②③④中的任意 2 个】 ● 60 分：【满足上述得分点②③中的任意 1 个】 ● 45 分：【满足上述得分点①④或①②或①③】 ● 30 分：【满足上述得分点①或④】 ● 15 分：【满足上述得分点⑤】 ● 0 分：【无任何相关内容】
落实森林固碳能力提升工作的资源保障	专项资金投入力度	本得分变量有以下 4 个得分点：①有支撑森林面积提升工程的专项资金；②有支撑森林质量提升工程的专项资金；③有支撑森林灾害防治的专项资金；④提到为落实森林固碳能力提升工作提供资金保障的重要性，但无具体措施。 依据上述 4 个得分点，本得分变量的具体得分规则如下： ● 100 分：【满足上述得分点①②③】 ● 75 分：【满足上述得分点①②③中的任意 2 个】 ● 50 分：【满足上述得分点①②中的任意 1 个】 ● 25 分【满足上述得分点④】 ● 0 分：【无任何相关内容】

续表

指标	得分变量	得分规则
落实森林固碳能力提升工作的资源保障	人力资源保障程度	本得分变量有以下 5 个得分点：①设立有市总林长与市级林长；②市辖各区（县）设立有区（县）级林长；③设立有镇级林长；④设立有村级林长；⑤提出为落实森林固碳能力提升工作提供人力保障的重要性，但无具体措施。 依据上述 5 个得分点，本得分变量的具体规则如下： ● 100 分：【满足上述得分点①②③④】 ● 80 分：【满足上述得分点①②③】 ● 60 分：【满足上述得分点①②】 ● 40 分：【满足上述得分点①】 ● 20 分【满足上述得分点⑤】 ● 0 分：【无任何相关内容】
	技术条件保障程度	本得分变量有以下 4 个得分点：①本市有林业科学相关的研究与应用推广机构（如研究院所、高校系所等）；②本市有森林营造与养护相关的地方标准、规范（程）或技术导则；③本市有森林防灾减灾相关的地方标准、规范（程）或技术导则；④提出为落实森林固碳能力提升工作提供资源保障的重要性，但无具体措施。 依据上述 4 个得分点，本得分变量的具体得分规则如下： ● 100 分：【满足上述得分点①②③】 ● 75 分：【满足上述得分点①②③中的任意 2 个】 ● 50 分：【满足上述得分点①②③中的任意 1 个】 ● 25 分：【满足上述得分点④】 ● 0 分：【无任何相关内容】

三、森林碳汇维度检查环节的诊断指标体系

建立低碳城市在森林碳汇维度检查环节的诊断指标体系的目的，是检查森林碳汇规划与实施环节中各项工作的落实程度，检查环节的表现水平体现在机制保障与资源保障这两项内容上。对于机制保障，它的内涵首先体现在是否具有强约束力的法规、规章、规范性文件与行政公文上。其次，还需将监督行为的体现视为检查环节表现的重要内容，以此引导城市最大程度地保障森林碳汇建设相关的监督事项被执行。对于检查环节所需的资源保障，其内涵主要指为开展森林碳汇建设的监督工作提供资金、人力与技术支撑，故而这三项是低碳城市在森林碳汇维度检查环节诊断指标体系的重要内容。此环节中具体的指标、得分变量和得分规则详见表 2.28。

表 2.28　低碳城市建设在森林碳汇维度检查环节（Fo-C）的诊断指标体系

指标	得分变量	得分规则
监督森林固碳能力提升工作的机制保障	相关规章制度的完善程度	本得分变量有以下 5 个得分点：①本市有检查森林营造与养护工作落实程度的地方性法规；②本市有监督森林防灾减灾工作落实程度的地方性法规；③本市有检查森林营造与养护工作落实程度的行政公文；④本市有检查森林防灾减灾工作落实程度的行政公文；⑤提到检查森林固碳能力提升工作的重要性，但无法规、规章、规范性文件与行政公文保障监督落实。 依据上述 5 个得分点，本得分变量的具体得分规则如下： ● 100 分：【满足上述得分点①②③④】 ● 80 分：【满足上述得分点①②③④中的任意 3 个】 ● 60 分：【满足上述得分点①②③④中的任意 2 个】 ● 40 分：【满足上述得分点①②③④中的任意 1 个】 ● 20 分：【满足上述得分点⑤】 ● 0 分：【无任何相关内容】

指标	得分变量	得分规则
监督森林固碳能力提升工作的机制保障	监督行为	本得分变量有以下 3 个得分点：①相关监督行为体现为零散的公开信息（如散落在政务或行业协会网站各板块的公示、公告、通知、政务办理指南，官方媒体的某篇新闻报道等）；②相关监督行为体现为成体系的公开信息（如政府或行业协会网站专栏专题中的公示、公告、通知、政务办理指南，官方媒体的系列新闻报道等）；③提到了公布监督行为的重要性，但无具体的体现形式。 依据上述 3 个得分点，本得分变量的具体得分规则如下： ● 100 分【满足上述得分点②】 ● 65 分【满足上述得分点①】 ● 35 分【满足上述的得分点③】 ● 0 分【无任何相关内容】
监督森林固碳能力提升工作的资源保障	专项资金保障程度	本得分变量有以下 5 个得分点：①3%＜森林监督检查支出占财政支出的比例≤100%；②2%＜森林监督检查支出占财政支出的比例≤3%；③1%＜森林监督检查支出占财政支出的比例≤2%；④0＜森林监督检查支出占财政支出的比例≤1%；⑤森林监督检查支出占财政支出的比例＝0。 依据上述 5 个得分点，本得分变量的具体得分规则如下： ● 100 分【满足上述得分点①】 ● 75 分【满足上述得分点②】 ● 50 分【满足上述得分点③】 ● 25 分【满足上述得分点④】 ● 0 分【满足上述得分点⑤】
	人力资源保障程度	本得分变量有以下 4 个得分点：①有市级领导人牵头的监督小组；②有市政府部门负责人牵头的监督小组；③有政府监督小组；④提到为监督森林固碳能力提升工作而落实人力支撑的重要性，但无详细措施。 依据上述 4 个得分点，本得分变量的具体规则如下： ● 100 分【满足上述得分点①】 ● 75 分【满足上述得分点②】 ● 50 分【满足上述得分点③】 ● 25 分【满足上述得分点④】 ● 0 分【无任何相关内容】
	技术条件保障程度	本得分变量有以下 3 个得分点：①本市有用于监督森林固碳能力提升工作的政务通道（如电子政务网、监督电话、线下政务服务网点等）；②本市有用于监督森林固碳能力提升工作的基础设施（如无人机、遥感监测、智慧林业平台）；③提到监督森林固碳能力提升工作而落实技术支撑的重要性，但无详细措施。 据上述 3 个得分点，本得分变量的具体得分规则如下： ● 100 分【满足上述得分点①②】 ● 65 分【满足上述得分点①②中的任意 1 个】 ● 35 分【满足上述得分点③】 ● 0 分【无任何相关内容】

四、森林碳汇维度结果环节的诊断指标体系

　　森林碳汇维度的结果环节表征了一定时期内城市的森林碳汇水平，反映了城市为提升森林固碳能力而做的规划、实施、检查等努力的成效，是低碳城市建设水平的主要内容。因此，低碳城市在森林碳汇维度结果环节的诊断指标体系一方面需要体现森林固碳量，另一方面需要通过森林面积、质量与主要灾害受灾率体现森林建设、管理与灾害防治水平。此环节中具体的指标、得分变量和得分规则详见表 2.29。

五、森林碳汇维度反馈环节的诊断指标体系

　　作为承上启下的关键环节，反馈环节主要是对上一阶段的森林碳汇建设工作（包括

规划、实施、检查、结果）进行全面总结。一方面提炼有益的经验，激励表现优秀者，尽力将其力量发扬推广；另一方面，辨明工作中的失误，处罚表现不当者，力争问题不再重复出现。同时，反馈环节的工作还需以文本等较系统稳定的方式将总结和提升方案对外公布，以便提升对今后森林碳汇建设工作的指导力。因此，森林碳汇维度反馈环节的诊断指标体系要能反映：对相应主体给予奖励、施以处罚与公开总结文本等三项内容。此环节中具体的指标、得分变量和得分规则详见表 2.30。

表 2.29　低碳城市建设在森林碳汇维度结果环节（Fo-O）的诊断指标体系

指标	得分变量	得分规则
森林固碳能力	森林覆盖率/%	本得分变量有以下 6 个得分点：①35%＜森林覆盖率≤100%；②30%＜森林覆盖率≤35%；③20%＜森林覆盖率≤30%；④10%＜森林覆盖率≤20%；⑤0＜森林覆盖率≤10%；⑥森林覆盖率 = 0。 依据上述 6 个得分点，本得分变量的具体得分规则如下： • 100 分：【满足上述得分点①】 • 80 分：【满足上述得分点②】 • 60 分：【满足上述得分点③】 • 40 分：【满足上述得分点④】 • 20 分：【满足上述得分点⑤】 • 0 分：【满足上述得分点⑥】
	森林蓄积量/万 m³	本得分变量是定量的，其具体得分规则采用本书第三章的计算方法
	森林植被碳储量/万吨	本得分变量是定量的，其具体得分规则采用本书第三章的计算方法
	森林火灾受害率/‰	本得分变量是定量的，其具体得分规则采用本书第三章的计算方法
	林业有害生物成灾率/‰	本得分变量是定量的，其具体得分规则采用本书第三章的计算方法

表 2.30　低碳城市建设在森林碳汇维度反馈环节（Fo-A）的诊断指标体系

指标	得分变量	得分规则
对能提升森林固碳能力的主体给予激励措施	基于绩效考核对政府相关部门的奖励	本得分变量有以下 3 个得分点：①有明确的奖励制度；②有市政府实施奖励制度的体现（如公示奖励结果、公开奖励申报程序等）；③提出给予奖励的重要性，但无具体奖励制度与落实措施。 依据上述 3 个得分点，本得分变量的具体得分规则如下： • 100 分：【满足上述得分点①②】 • 65 分：【满足上述得分点①②中的任意 1 个】 • 35 分：【满足上述得分点③】 • 0 分：【无任何相关内容】
	基于绩效考核对林场经营者、施工方和相关第三方的奖励	本得分变量有以下 4 个得分点：①有明确的奖励制度；②有市政府实施奖励制度的体现（如公示奖励结果、公开奖励申报程序等）；③有本市相关合法社会团体（如行业协会等）实施奖励制度的体现；④提出了给予奖励的重要性，但无具体奖励制度与落实措施。 依据上述 4 个得分点，本得分变量的具体得分规则如下： • 100 分：【满足上述得分点①②③】 • 75 分：【满足上述得分点①②③中的任意 2 个】 • 50 分：【满足上述得分点①②③中的任意 1 个】 • 25 分：【满足上述得分点④】 • 0 分：【无任何相关内容】
对导致森林固碳能力降低的主体施以处罚措施	基于绩效考核对政府相关部门的处罚	本得分变量有以下 3 个得分点：①有明确的处罚制度；②有市政府实施处罚制度的体现（如公示处罚结果、公开处罚程序等）；③提出了施以处罚的重要性，但无具体处罚制度与落实措施。 依据上述 3 个得分点，本得分变量的具体得分规则如下： • 100 分：【满足上述得分点①②】 • 65 分：【满足上述得分点①②中的任意 1 个】 • 35 分：【满足上述得分点③】 • 0 分：【无任何相关内容】

指标	得分变量	得分规则
对导致森林固碳能力降低的主体施以处罚措施	基于绩效考核对林场经营者、施工方和相关第三方的处罚	本得分变量有以下 4 个得分点：①有明确的处罚制度；②有市政府实施处罚制度的体现（如公示处罚结果，公开处罚程序等）；③有本市相关合法社会团体（如行业协会等）实施处罚制度的体现；④提出了施以处罚的重要性，但无具体处罚制度与落实措施。 依据上述 4 个得分点，本得分变量的具体得分规则如下： ● 100 分：【满足上述得分点①②③】 ● 75 分：【满足上述得分点①②③中的任意 2 个】 ● 50 分：【满足上述得分点①②③中的任意 1 个】 ● 25 分：【满足上述得分点④】 ● 0 分：【无任何相关内容】
改进森林固碳能力的总结与进一步提升方案	政府部门的总结和提升方案	本得分变量有以下 5 个得分点：①政府部门召开有相关专题总结会议；②市政府或其下属部门发布有相关总结文本；③市政府或其下属部门发布的总结文本中，提及有相关经验与教训；④市政府或其下属部门发布的总结文本中，详细阐述了相关经验与教训；⑤市政府或其下属部门发布的总结文本中，明确了改进方案。 依据上述 5 个得分点，本得分变量的具体得分规则如下： ● 100 分：【满足上述得分点①④⑤】 ● 90 分：【满足上述得分点①③④或①③⑤】 ● 75 分：【满足上述得分点①④或①⑤】 ● 60 分：【满足上述得分点①③】 ● 45 分：【满足上述得分点①②或②④或②⑤】 ● 30 分：【满足上述得分点②③】 ● 15 分：【满足上述得分点①或②】 ● 0 分：【无任何相关内容】
	林业相关协会的总结和提升方案	本得分变量有以下 5 个得分点：①本市林业相关协会召开有相关专题总结会议；②本市林业相关协会发布有相关的总结文本；③本市林业相关协会发布的总结文本中，提及有相关经验与教训；④本市林业相关协会发布的总结文本中，详细阐述了相关经验与教训；⑤本市林业相关协会发布的总结文本中，明确了改进方案。 依据上述 5 个得分点，本得分变量的具体得分规则如下： ● 100 分：【满足上述得分点①④⑤】 ● 90 分：【满足上述得分点①③④或①③⑤】 ● 75 分：【满足上述得分点①④或①⑤】 ● 60 分：【满足上述得分点①③】 ● 45 分：【满足上述得分点①②或②④或②⑤】 ● 30 分：【满足上述得分点②③】 ● 15 分：【满足上述得分点①或②】 ● 0 分：【无任何相关内容】

第七节　低碳城市建设在绿地碳汇（GS）维度的诊断指标体系

城市绿地的碳汇功能是指分布在城市各处的绿地（或称绿色植被）可通过光合作用将大气中的二氧化碳固定在植物体内与土壤内，从而降低大气中的二氧化碳浓度。作为城市碳循环的重要组成部分，城市绿地中的植被、枯枝残叶以及土壤中均存储着大量的碳，是城市生态系统中的重要碳汇，对调节城市碳源碳汇的动态平衡、缓解城市高强度碳排和促进低碳城市建设有重要意义。因此，巩固与提升城市绿地的碳汇水平，是低碳城市建设的重要内容。

我国在 2020 年 12 月的中央经济工作会议和 2021 年 3 月的中央财经委员会第九次会议上先后指出，开展大规模国土绿化行动，提升生态系统碳汇能力是做好"双碳"工作的重要内容。传统上，对提升城市绿地生态效益与固碳能力不够重视。因此，转变园林美化功能为碳汇功能的城市绿地发展模式，保护并不断提升绿地的固碳能力，从而提升城市碳汇水平，促进"碳中和"目标的达成，对低碳城市建设具有重要意义。分析绿地碳汇水平的内涵，并基于此构建科学的诊断指标体系，是诊断低碳城市建设水平的重要内容。

一、绿地碳汇维度规划环节的诊断指标体系

城市绿地的碳汇能力由绿化面积、质量与管理水平直接控制。绿化质量包括植被类型与生理状态、群落的水平与垂直结构、绿地景观格局等要素，绿化管理水平则主要包括植被养护与灾害防治水平。因此，低碳城市建设在绿地规划环节的内涵必须包含绿地面积的保护与提升、绿地质量和管理水平的巩固与提高。另一方面，规划属性、规划依据与绿地项目的丰富度是体现低碳城市建设在绿地规划环节的约束力、科学性与可行性的重要内容。故而，这些内容被选为衡量城市在低碳城市建设的绿地碳汇维度规划环节表现的得分变量。此环节中具体的指标、得分变量、得分规则详见表2.31。

表2.31　低碳城市建设在绿地碳汇维度规划环节（GS-P）的诊断指标体系

指标	得分变量	得分规则
提升绿地固碳能力的规划	绿地面积保护与提升的规划	本得分变量有以下5个得分点：①有明确划分多层级的绿地系统规划；②有明确的绿地保护的类型及面积；③有明确的绿地面积提升目标；④有提出具体绿地建设要求；⑤提出了绿地保护的重要性，但无具体规划要求。 依据上述5个得分点，本得分变量的具体规则如下： • 100分：【满足上述得分点①②③④】 • 80分：【满足上述得分点①②③④中的任意3个】 • 60分：【满足上述得分点①②③④中的任意2个】 • 40分：【满足上述得分点①②③④中的任意1个】 • 20分：【仅满足上述得分点⑤】 • 0分：【无任何相关内容】
	绿地固碳质量提升规划	本得分变量有以下5个得分点：①明确构建多层次、完整的绿色生态网络；②通过绿地建设提出生态环境质量改善的目标；③明确提出优化群落类型与景观格局；④明确提出乔灌木覆盖率提升与树种规划要求；⑤提出了绿地固碳的重要性，但无具体规划要求。 依据上述5个得分点，本得分变量的具体规则如下： • 100分：【满足上述得分点①②③④】 • 80分：【满足上述得分点①②③④中的任意3个】 • 60分：【满足上述得分点①②③④中的任意2个】 • 40分：【满足上述得分点①②③④中的任意1个】 • 20分：【仅满足上述得分点⑤】 • 0分：【无任何相关内容】
	绿地管理水平提升规划	本得分变量有以下5个得分点：①明确提出城市绿线管理要求；②明确提出林木养护管理措施；③明确提出绿地系统病虫害防治规划；④明确提出绿地系统布局及防灾避险功能管理要求；⑤提出了绿地管理的重要性，但无具体规划要求。 依据上述5个得分点，本得分变量的具体规则如下： • 100分：【满足上述得分点①②③④】 • 80分：【满足上述得分点①②③④中的任意3个】 • 60分：【满足上述得分点①②③④中的任意2个】 • 40分：【满足上述得分点①②③④中的任意1个】 • 20分：【仅满足上述得分点⑤】 • 0分：【无任何相关内容】

指标	得分变量	得分规则
提升绿地固碳能力的规划	规划属性	本得分变量有以下 5 个得分点：①在国民经济与社会发展"十四五"规划中包含绿地系统相关内容；②有明确的"十四五"绿地系统专项规划；③有明确的公园城市、园林城市规划；④有其他相关规划；⑤有绿地系统相关行动方案。 依据上述 5 个得分点，本得分变量的具体规则如下： ● 100 分：【满足上述所有得分点】 ● 80 分：【满足上述得分点①②③④⑤中的任意 4 个】 ● 60 分：【满足上述得分点①②③④⑤中的任意 3 个】 ● 40 分：【满足上述得分点①②③④⑤中的任意 2 个】 ● 20 分：【满足上述得分点①②③④⑤中的任意 1 个】 ● 0 分：【无任何相关内容】
	规划依据	本得分变量有以下 4 个得分点：①明确了规划参考的法律法规；②明确了规划参考的技术规范、章程；③确立了规划参考的试行办法；④明确规划参考了园林城市、公园城市试点方案。 依据上述 4 个得分点，本得分变量的具体规则如下： ● 100 分：【满足上述所有得分点】 ● 75 分：【满足上述得分点①②③④中的任意 3 个】 ● 50 分：【满足上述得分点①②③④中的任意 2 个】 ● 25 分：【满足上述得分点①②③④中的任意 1 个】 ● 0 分：【无任何相关内容】
	绿地项目的丰富度	本得分变量有以下 4 个得分点：①相关规划中标明了重大绿地工程项目任务及进度；②明确了绿地工程项目投资力度；③明确了绿地工程项目落位；④明确了绿地工程项目预计回报结果。 依据上述 4 个得分点，本得分变量的具体规则如下： ● 100 分：【满足上述所有得分点】 ● 75 分：【满足上述得分点①②③④中的任意 3 个】 ● 50 分：【满足上述得分点①②③④中的任意 2 个】 ● 25 分：【满足上述得分点①②③④中的任意 1 个】 ● 0 分：【无任何相关内容】

二、绿地碳汇维度实施环节的诊断指标体系

为了保障城市绿地规划的实施，必须要有相应的机制和资源支持。充足的资金能够激励城市绿地的保护和利用，完善的专家团队能够为绿地固碳水平的提升提供技术支持。因此，低碳城市建设在绿地碳汇维度实施环节的内涵必须包含提升绿地固碳能力的机制保障和资源保障这两项。再有，相关规章制度的完善程度以及相关政务流程的透明度和畅通度是保障城市绿地规划实施的制度基石。故而，这些内容被设置为低碳城市建设的绿地碳汇维度实施环节表现的得分变量。此环节中具体的指标、得分变量、得分规则详见表 2.32。

表 2.32　低碳城市建设在绿地碳汇维度实施环节（GS-D）的诊断指标体系

指标	得分变量	得分规则
提升绿地固碳能力的机制保障	相关规章制度的完善程度	本得分变量有以下 4 个得分点：①有保障绿地保护工作落实的地方性法规；②有保障绿地管理工作落实的地方性法规；③有保障绿地保护工作落实的行政公文；④有保障绿地管理工作落实的行政公文。 依据上述 4 个得分点，本得分变量的具体规则如下： ● 100 分：【满足上述所有得分点】 ● 75 分：【满足上述得分点①②③④中的任意 3 个】 ● 50 分：【满足上述得分点①②③④中的任意 2 个】 ● 25 分：【满足上述得分点①②③④的任意 1 个】 ● 0 分：【无任何相关内容】

指标	得分变量	得分规则
提升绿地固碳能力的机制保障	相关政务流程的透明度和畅通度	本得分变量有以下 5 个得分点：①线下有办理绿地治理和保护事项的办事网点；②线下的相关办事网点有专员负责帮办；③电子政务平台清晰展示了绿地治理和保护相关的专题专栏；④电子政务平台展示的相关内容访问途径无门槛限制；⑤提出了绿地治理及保护的重要性，但无线上线下途径。 依据上述 5 个得分点，本得分变量的具体得分规则如下： ● 100 分：【满足上述得分点①②③④】 ● 80 分：【满足上述得分点①②③④中的任意 3 个】 ● 60 分：【满足上述得分点①②③④中的任意 2 个】 ● 40 分：【满足得分点①②③④中的任意 1 个】 ● 20 分：【仅满足上述得分点⑤】 ● 0 分：【无任何相关内容】
提升绿地固碳能力的资源保障	专项资金投入力度	本得分变量有以下 4 个得分点：①有社会资本支持绿地治理和保护；②有明确的资金管理办法；③有专项资金支持绿地治理和保护；④计划设置专项资金支持绿地治理和保护，但无具体资金设立。 依据上述 4 个得分点，本得分变量的具体得分规则如下： ● 100 分：【满足上述得分点①②③】 ● 75 分：【满足上述得分点②③】 ● 50 分：【满足上述得分点③】 ● 25 分：【满足上述得分点④】 ● 0 分：【无任何相关内容】
	人力资源保障程度	本得分变量有以下 4 个得分点：①有推进绿地治理和保护的行业协会（如园林绿化行业协会、环境保护协会等）；②有负责推进绿地治理和保护的政府工作专项小组；③有负责绿地系统修复的专家人才；④未明确提出有工作小组，但有开展绿地保护等活动。 依据上述 4 个得分点，本得分变量的具体得分规则如下： ● 100 分：【满足上述得分点①②③】 ● 75 分：【满足上述得分点①②③中的任意 2 个】 ● 50 分：【满足上述得分点①②③中的任意 1 个】 ● 25 分：【满足上述得分点④】 ● 0 分：【无任何相关内容】
	技术条件保障程度	本得分变量有以下 5 个得分点：①具有各等级资质园林绿化单位；②仅有乙、丙级资质的园林绿化单位；③仅有丙级资质的园林绿化单位；④有绿地保护及营建的技术导则与地方规范；⑤有相关园林城市建设的试点办法。 依据上述 5 个得分点，本得分变量的具体规则如下： ● 100 分：【满足上述得分点①④⑤】 ● 80 分：【满足上述得分点②④⑤】 ● 60 分：【满足上述得分点③④⑤】 ● 40 分：【满足上述得分点③④或③⑤】 ● 20 分：【满足上述得分点③④⑤中的任意 1 个】 ● 0 分：【无任何相关内容】

三、绿地碳汇维度检查环节的诊断指标体系

在实施城市绿地建设规划后，需要对城市绿地建设质量及管理水平等进行监督。绿地监督的水平主要体现在是否有监督机制进行约束以及是否有充足的资源保障监督，因此，低碳城市建设在绿地碳汇维度检查环节的内涵必须包含绿地固碳监督所需要的机制保障和资源保障。再有，监督行为能反映监督机制的完善程度，故而，也被选为衡量低碳城市建设在绿地碳汇维度检查环节表现的得分变量。此环节中具体的指标、得分变量、得分规则详见表 2.33。

表 2.33　低碳城市建设在绿地碳汇维度检查环节（GS-C）的诊断指标体系

指标	得分变量	得分规则
实施绿地固碳监督的机制保障	相关规章制度的完善程度	本得分变量有以下 4 个得分点：①有监督绿地保护工作落实的地方性法规；②有监督绿地管理工作落实的地方性法规；③有监督绿地保护工作落实的行政公文；④有监督绿地管理工作落实的行政公文。 依据上述 4 个得分点，本得分变量的具体规则如下： ● 100 分：【满足上述所有得分点】 ● 75 分：【满足上述得分点①②③④中的任意 3 个】 ● 50 分：【满足上述得分点①②③④中的任意 2 个】 ● 25 分：【满足上述得分点①②③④中的任意 1 个】 ● 0 分：【无任何相关内容】
	监督行为	本得分变量有以下 3 个得分点：①相关监督行为体现为零散的公开信息（如散落在政务或行业协会网站各板块的公示、公告、通知、政务办理指南，官方媒体的某篇新闻报道等）；②相关监督行为包含了成体系的公开信息（如政府或行业协会网站专栏专题中的公示、公告、通知、政务办理指南，官方媒体的系列新闻报道等）；③提到了公布监督行为的重要性，但无具体的体现形式。 依据上述 3 个得分点，本得分变量的具体得分规则如下： ● 100 分：【满足上述得分点②】 ● 65 分：【满足上述得分点①】 ● 35 分：【满足上述得分点③】 ● 0 分：【无任何相关内容】
实施绿地固碳监督的资源保障	专项资金保障程度	本得分变量有以下 4 个得分点：①有设立专项资金监督绿地治理和保护；②有监督绿地保护和治理工作的专项资金监管办法；③有设立工程资金监管绿地保护与治理项目；④提到设置专项资金监督绿地治理和保护的重要性，但无具体资金设立。 依据上述 4 个得分点，本得分变量的具体规则如下： ● 100 分：【满足上述得分点①②③】 ● 75 分：【满足上述得分点①②③中的任意 2 个】 ● 50 分：【满足上述得分点①②③中的任意 1 个】 ● 25 分：【满足上述得分点④】 ● 0 分：【无任何相关内容】
	人力资源保障程度	本得分变量有以下 5 个得分点：①有由省市级领导人牵头组成的落实监督小组；②有由政府多部门负责人牵头组成的监督小组；③有由政府单一部门负责人牵头组成的监督小组；④有由政府单一部门内园林绿化、林业管理、城镇建设等多部门负责人牵头组成的监督小组；⑤有由当地园林绿化局内园林绿化处负责人牵头的监督小组。 依据上述 5 个得分点，本得分变量的具体规则如下： ● 100 分：【满足上述得分点①】 ● 80 分：【满足上述得分点②】 ● 60 分：【满足上述得分点③】 ● 40 分：【满足上述得分点④】 ● 20 分：【满足上述得分点⑤】 ● 0 分：【无任何相关内容】
	技术条件保障程度	本得分变量有以下 4 个得分点：①有用于监督绿地固碳能力提升工作的智慧城市实施监控平台；②有用于监督绿地固碳能力提升工作的无人机及 3S（GPS、RS、GIS）技术；③有用于监督绿地固碳能力提升工作的安全应急保障系统；④提到了为监督绿地固碳能力提升工作而落实技术支撑的重要性，但无详细措施。 依据上述 4 个得分点，本得分变量的具体规则如下： ● 100 分：【满足上述得分点①②③】 ● 75 分：【满足上述得分点①②③中的任意 2 个】 ● 50 分：【满足上述得分点①②③中的任意 1 个】 ● 25 分：【满足上述得分点④】 ● 0 分：【无任何相关内容】

四、绿地碳汇维度结果环节的诊断指标体系

城市绿地碳汇能力一方面受绿地面积直接影响，绿地面积不足、植物绿量不够，会

极大地减弱绿地的碳汇能力。另一方面，在绿地面积相同的条件下，植被类型与各种类占比对绿地的碳汇能力有直接影响。相较于灌木、草本和藤本等几种主要植物，乔木的平均固碳能力是最强的，灌木次之。因此，低碳城市建设在绿地碳汇维度的结果环节主要包含建成区绿地率、人均绿地面积、人均公园绿地面积以及速生且本土树种占比等内容，以此来评价低碳城市建设过程中绿地固碳水平的结果。此环节中具体的指标、得分变量、得分规则详见表2.34。

表 2.34　低碳城市建设在绿地碳汇维度结果环节（GS-O）的诊断指标体系

指标	得分变量	得分规则
绿地固碳能力	建成区绿地率/%	本得分变量是定量的，其具体得分规则采用本书第三章的计算方法
	人均绿地面积/m^2	本得分变量是定量的，其具体得分规则采用本书第三章的计算方法
	人均公园绿地面积/m^2	本得分变量是定量的，其具体得分规则采用本书第三章的计算方法
	速生且本土树种占比/%	本得分变量是定量的，其具体得分规则采用本书第三章的计算方法

五、绿地碳汇维度反馈环节的诊断指标体系

绿地碳汇维度反馈环节是对低碳城市建设在绿地碳汇维度的表现的全面总结及归纳，其内涵包括对能提升绿地固碳能力的主体给予激励措施，对导致绿地固碳能力降低的主体施以处罚措施，以及提出对绿地固碳能力的总结与进一步提升方案。另外，根据评价主体不同，分为政府和相关第三方主体（园林设计单位、施工方等）。故而，上述这些内容被选为衡量低碳城市建设的绿地碳汇维度反馈环节表现的得分变量，以此有效推动对绿地固碳能力的激励，为进一步提升城市绿地碳汇能力总结经验和实施新的措施奠定基础。此环节中具体的指标、得分变量、得分规则详见表2.35。

表 2.35　低碳城市建设在绿地碳汇维度反馈环节（GS-A）的诊断指标体系

指标	得分变量	得分规则
对能提升绿地固碳能力的主体给予激励措施	基于绩效考核对政府相关部门的奖励	本得分变量有以下3个得分点：①有明确的相关奖励制度；②上级部门有落实奖励的具体措施；③提出了给予奖励的重要性，但无具体奖励制度与落实措施。 依据上述3个得分点，本得分变量的具体得分规则如下： ● 100分：【满足上述得分点①②】 ● 65分：【满足上述得分点①②中的任意1个】 ● 35分：【满足上述得分点③】 ● 0分：【无任何相关内容】
	基于绩效考核对园林设计单位、施工方等相关主体的奖励	本得分变量有以下4个得分点：①有明确的相关奖励制度；②政府有落实奖励的具体措施；③相关合法社会团体（如行业协会等）有落实奖励的具体措施；④提出了给予奖励的重要性，但无具体奖励制度与落实措施。 依据上述4个得分点，本得分变量的具体得分规则如下： ● 100分：【满足上述得分点①②③】 ● 75分：【满足上述得分点①②③中的任意2个】 ● 50分：【满足上述得分点①②③中的任意1个】 ● 25分：【满足上述得分点④】 ● 0分：【无任何相关内容】

续表

指标	得分变量	得分规则
对导致绿地固碳能力降低的主体施以处罚措施	基于绩效考核对政府相关部门的处罚	本得分变量有以下 3 个得分点：①有明确的相关处罚制度；②上级部门有落实处罚的具体措施；③提出了施以处罚的重要性，但无具体处罚制度与落实措施。 依据上述 3 个得分点，本得分变量的具体得分规则如下： ● 100 分：【满足上述得分点①②】 ● 65 分：【满足上述得分点①②中的任意 1 个】 ● 35 分：【满足上述得分点③】 ● 0 分：【无任何相关内容】
	基于绩效考核对园林设计单位、施工方等相关主体的处罚	本得分变量有以下 4 个得分点：①有明确的相关处罚制度；②政府有落实处罚的具体措施；③相关合法社会团体有落实处罚的具体措施；④提出了给予处罚的重要性，但无具体处罚制度与落实措施。 依据上述 4 个得分点，本得分变量的具体得分规则如下： ● 100 分：【满足上述得分点①②③】 ● 75 分：【满足上述得分点①②③中的任意 2 个】 ● 50 分：【满足上述得分点①②③中的任意 1 个】 ● 25 分：【满足上述得分点④】 ● 0 分：【无任何相关内容】
绿地固碳能力的总结与进一步提升方案	政府部门的总结与提升方案	本得分变量有以下 5 个得分点：①政府部门召开了有关绿地治理和保护的总结会议；②政府部门发布了相关的总结文本；③政府部门发布的总结文本中提出有相关经验；④政府部门发布的总结文本中提出有相关教训；⑤政府部门发布的总结文本中，明确了改进方案。 依据上述 5 个得分点，本得分变量的具体得分规则如下： ● 100 分：【满足上述所有得分点】 ● 80 分：【满足上述 5 个得分点中的任意 4 个】 ● 60 分：【满足上述 5 个得分点中的任意 3 个】 ● 40 分：【满足上述 5 个得分点中的任意 2 个】 ● 20 分：【满足上述 5 个得分点中的任意 1 个】 ● 0 分：【无任何相关内容】
	园林绿化行业协会的总结和提升方案	本得分变量有以下 5 个得分点：①园林绿化行业协会召开了相关专题总结会议；②园林绿化行业协会发布了相关的总结文本；③园林绿化行业协会发布的总结文本中，明确有相关经验；④园林绿化行业协会发布的总结文本中，明确了相关教训；⑤园林绿化行业协会发布的总结文本中，明确了改进方案。 依据上述 5 个得分点，本得分变量的具体得分规则如下： ● 100 分：【满足上述所有得分点】 ● 80 分：【满足上述 5 个得分点中的任意 4 个】 ● 60 分：【满足上述 5 个得分点中的任意 3 个】 ● 40 分：【满足上述 5 个得分点中的任意 2 个】 ● 20 分：【满足上述 5 个得分点中的任意 1 个】 ● 0 分：【无任何相关内容】

第八节　低碳城市建设在低碳技术（Te）维度的诊断指标体系

人类社会正面临着全球气候变暖、可持续发展受阻的严峻挑战，这与人类活动及其排放大量二氧化碳等温室气体密切相关。因此，减少碳排放以应对气候变化已是国际社会的共识与共同义务。但人类的生产生活势必会排放二氧化碳，尤其是发展中国家，发展社会经济仍然是国家长期建设的重要目标。故而，如何在保持人类社会经济发展的同时，减少碳排放、增加碳汇是人类共同关注的问题。解决这一问题的重要途径之一是发展一系列可促进能源高效利用、平衡经济发展和环境可持续的各种低碳技术。目前，欧盟、美国、日本、世界能源署等世界主要国家和国际组织已纷纷将发展低碳技术纳入气候变化应对行动方案中，科技创新已经成为国际公认的实现碳达峰、碳中和目标的保障。

我国人口基数庞大，过去几十年的改革开放使我国极大地提升了经济和社会发展水平，但同时也排放了大量温室气体，进而产生了一系列严峻的环境问题。面对这一现实背景，发展和应用低碳技术，借此平衡经济社会发展与节能减排势在必行。城市作为知识与技术的集中地，具备研发与应用新技术的天然优势，提升城市低碳技术创新水平，对提高能源利用效率、推动高碳产业转型、促进"双碳"目标实现意义重大。因此，城市低碳技术的研发和应用是诊断低碳城市建设水平的重要内容。

一、低碳技术维度规划环节的诊断指标体系

为使低碳技术成为低碳城市建设的可靠生产力，必须科学地规划低碳技术的研发和应用。我国许多城市和地区发布了科创领域碳达峰行动方案，或在"十四五"规划中提出节能低碳领域的技术创新路径，为技术减排提供路线、目标和具体措施。发展低碳技术的过程也是研发和应用推广低碳技术的过程，如果技术研发和推广的广度和力度不够，浅尝辄止，很可能达不到预期的效果。因此，在低碳技术的规划（P）环节中需要设置对规划方案进一步拓展和细化的评价指标，从而帮助评价低碳城市建设的整体水平。此环节中具体的指标、得分变量、得分规则详见表 2.36。

表 2.36　低碳城市建设在低碳技术维度规划环节（Te-P）的诊断指标体系

指标	得分变量	得分规则
低碳技术研发的规划	规划中包含低碳技术研发内容的范围	本得分变量有以下 4 个得分点：①提出开展低碳技术研发的计划；②提出建设低碳技术研发创新平台；③提出低碳技术研发的目标；④培养或引进相关专业人才。 依据上述 4 个得分点，本得分变量的具体得分规则如下： ● 100 分：【满足上述所有得分点】 ● 75 分：【满足上述 4 个得分点中的任意 3 个】 ● 50 分：【满足上述 4 个得分点中的任意 2 个】 ● 25 分：【满足上述 4 个得分点中的任意 1 个】 ● 0 分：【无任何相关内容】
	规划中包含低碳技术研发内容的详细程度	本得分变量有以下 4 个得分点：①明确低碳技术研发的重点行业或领域；②确定低碳技术研发实验室或创新平台的名称、所在区域、技术类型或合作委托单位；③设定量化的低碳技术研发目标；④细化研发低碳技术的具体类型、路线、效果或罗列工程项目。 依据上述 4 个得分点，本得分变量的具体得分规则如下： ● 100 分：【满足上述所有得分点】 ● 75 分：【满足上述 4 个得分点中的任意 3 个】 ● 50 分：【满足上述 4 个得分点中的任意 2 个】 ● 25 分：【满足上述 4 个得分点中的任意 1 个】 ● 0 分：【无任何相关内容】
低碳技术应用的规划	规划中包含低碳技术应用内容的范围	本得分变量有以下 4 个得分点：①提出开展低碳技术应用和推广的计划；②编制或发布低碳技术推广目录；③提出低碳技术应用的目标；④提出开展低碳技术应用示范的要求。 依据上述 4 个得分点，本得分变量的具体得分规则如下： ● 100 分：【满足上述所有得分点】 ● 75 分：【满足上述 4 个得分点中的任意 3 个】 ● 50 分：【满足上述 4 个得分点中的任意 2 个】 ● 25 分：【满足上述 4 个得分点中的任意 1 个】 ● 0 分：【无任何得分内容】

续表

指标	得分变量	得分规则
低碳技术应用的规划	规划中包含低碳技术应用内容的详细程度	本得分变量有以下 4 个得分点：①明确低碳技术应用的重点行业或领域；②细化应用低碳技术的具体类型、路线、效果或罗列工程项目；③设定量化的低碳技术应用目标；④确定低碳技术应用示范区的名称、所在区域、技术类型或合作依托单位。 依据上述 4 个得分点，本得分变量的具体得分规则如下： ● 100 分：【满足上述所有得分点】 ● 75 分：【满足上述 4 个得分点中的任意 3 个】 ● 50 分：【满足上述 4 个得分点中的任意 2 个】 ● 25 分：【满足上述 4 个得分点中的任意 1 个】 ● 0 分：【无任何相关内容】
支持低碳技术发展的规划	规划中包含支持低碳技术发展的措施	本得分变量有以下 4 个得分点：①提出鼓励或支持低碳技术发展的计划；②设置相应责任或牵头单位；③设置科研奖励、税收减免、股权分红、资金补助等专项支持措施；④设置非专项支持措施。 依据上述 4 个得分点，本得分变量的具体得分规则如下： ● 100 分：【满足上述所有得分点】 ● 75 分：【满足上述 4 个得分点中的任意 3 个】 ● 50 分：【满足上述 4 个得分点中的任意 2 个】 ● 25 分：【满足上述 4 个得分点中的任意 1 个】 ● 0 分：【无任何相关内容】

二、低碳技术维度实施环节的诊断指标体系

波特假说（Porter hypothesis）认为严格的环境法规可能会促使公司参与清洁技术的创新和环境改善，同时技术的创新可以提升公司的生产力和竞争力。许多研究表明环境法规迫使或激励企业寻求技术创新以减少污染和能耗。明确的规章制度和公文条例可以为发展低碳技术提供机制保障。另外，研发资金是低碳技术创新的关键要素，足够的资金是促进低碳技术发展的重要激励手段，资金是否充足将决定低碳技术创新及应用的广度和深度。除了资金支持，人力、相关技术及服务机构的支持也是不可或缺的保障举措。因此，在实施（D）环节需要考虑"相关规章制度的完善程度""相关政务流程的透明度和畅通度""专项资金投入力度""人力资源保障程度""科学研究和技术服务业企业法人单位数"这些得分变量。此环节中具体的指标、得分变量、得分规则详见表 2.37。

表 2.37 低碳城市建设在低碳技术维度实施环节（Te-D）的诊断指标体系

指标	得分变量	得分规则
低碳技术发展的机制保障	相关规章制度的完善程度	本得分变量有以下 3 个得分点：①各级相关政府部门有低碳技术发展的法规条例、实施办法或行动方案；②有征集先进低碳技术试点项目的通知；③有发布低碳技术推广、成果转化目录或清单。 依据上述 3 个得分点，本得分变量的具体得分规则如下： ● 100 分：【满足上述所有得分点】 ● 65 分：【满足上述 3 个得分点中的任意 2 个】 ● 35 分：【满足上述 3 个得分点中的任意 1 个】 ● 0 分：【无任何相关内容】
	相关政务流程的透明度和畅通度	本得分变量有以下 3 个得分点：①实施办法、征集通知中明确了线下管理、服务处室（或地址）或负责专员；②实施办法、征集通知中明确了办事联系方式；③科技服务、管理单位有相关办事指南。 依据上述 3 个得分点，本得分变量的具体得分规则如下： ● 100 分：【满足上述所有得分点】 ● 65 分：【满足上述 3 个得分点中的任意 2 个】 ● 35 分：【满足上述 3 个得分点中的任意 1 个】 ● 0 分：【无任何相关内容】

指标	得分变量	得分规则
低碳技术发展的资源保障	专项资金投入力度	本得分变量有以下 3 个得分点：①有政府专项资金支持推进低碳技术发展；②明确政府专项资金的具体金额；③政府专项资金有配套的资金管理办法。 依据上述 3 个得分点，本得分变量的具体得分规则如下： ● 100 分：【满足上述所有得分点】 ● 65 分：【满足上述 3 个得分点中的任意 2 个】 ● 35 分：【满足上述 3 个得分点中的任意 1 个】 ● 0 分：【无任何相关内容】
	人力资源保障程度	本得分变量有以下 3 个得分点：①有推进低碳技术发展的市属行业团体、科学技术协会；②有负责推进低碳技术发展的市属政府领导或工作小组；③有支持低碳技术发展的市属服务或研究单位。 依据上述 3 个得分点，本得分变量的具体得分规则如下： ● 100 分：【满足上述所有得分点】 ● 65 分：【满足上述 3 个得分点中的任意 2 个】 ● 35 分：【满足上述 3 个得分点中的任意 1 个】 ● 0 分：【无任何相关内容】
	科学研究和技术服务业企业法人单位数	本得分变量是定量的，其具体得分规则采用本书第三章的计算方法与公式

三、低碳技术维度检查环节的诊断指标体系

有效的检查（C）是督促低碳技术发展相关规划和措施有效实施的保障。但是技术的研发和应用涉及知识产权相关规定，部分环节需要严格保密。因此，本环节的得分变量包括相关规章制度的完善程度和人力资源保障程度。此环节中具体的指标、得分变量、得分规则详见表 2.38。

表 2.38 低碳城市建设在低碳技术维度检查环节（Te-C）的诊断指标体系

指标	得分变量	得分规则
监督低碳技术发展的机制保障	相关规章制度的完善程度	本得分变量有以下 3 个得分点：①有低碳技术研发应用的专项监督管理办法；②有监督管理企业或科研机构低碳技术研发应用的地方标准或通则；③有面向所有技术的监督管理办法。 依据上述 3 个得分点，本得分变量的具体得分规则如下： ● 100 分：【满足上述所有得分点】 ● 65 分：【满足上述 3 个得分点中的任意 2 个】 ● 35 分：【满足上述 3 个得分点中的任意 1 个】 ● 0 分：【无任何相关内容】
监督低碳技术发展的资源保障	人力资源保障程度	本得分变量有以下 3 个得分点：①有或在征集评估低碳相关技术水平的专家库；②有负责监督低碳技术研发应用水平的专项监察管理机构；③有负责科技监督评价体系建设和科技评估管理相关工作的机构。 依据上述 3 个得分点，本得分变量的具体得分规则如下： ● 100 分：【满足上述所有得分点】 ● 65 分：【满足上述 3 个得分点中的任意 2 个】 ● 35 分：【满足上述 3 个得分点中的任意 1 个】 ● 0 分：【无任何相关内容】

四、低碳技术维度结果环节的诊断指标体系

过去许多相关研究把绿色专利数量（绿色发明数量和绿色实用新型专利数量）作为

评价低碳技术创新结果的指标。但该指标仅考虑到低碳技术的研发情况，并未囊括技术的应用推广情况。所以在低碳技术维度的结果（O）环节中，还必须考虑"绿色全要素生产率（%）"和"获得的绿色专利数量与碳排放量的比值（%）"这两个指标，以评价低碳技术的应用推广效果。其中，"绿色全要素生产率"能反映低碳经济发展效果，"获得的绿色专利数量与碳排放量的比值"能反映减少碳排放的效果。此外，考虑到不同规模体量的城市可能拥有数量悬殊的专利，因而增加得分变量"获得的绿色发明数量占发明总数的比例（%）"和"获得的绿色实用新型专利数量占实用新型专利数量总数的比例（%）"，以规避城市规模体量对评价结果的影响。此环节中具体的指标、得分变量、得分规则详见表2.39。

表 2.39　低碳城市建设在低碳技术维度结果环节（Te-O）的诊断指标体系

指标	得分变量	得分规则
低碳技术研发成果	获得的绿色发明数量/个	本得分变量是定量的，其具体得分规则采用本书第三章的计算方法
	获得的绿色实用新型专利数量/个	本得分变量是定量的，其具体得分规则采用本书第三章的计算方法
	获得的绿色发明数量占发明总数的比例/%	本得分变量是定量的，其具体得分规则采用本书第三章的计算方法
	获得的绿色实用新型专利数量占实用新型专利数量总数的比例/%	本得分变量是定量的，其具体得分规则采用本书第三章的计算方法
低碳技术应用效果	绿色全要素生产率/%	本得分变量是定量的，其具体得分规则采用本书第三章的计算方法
	获得的绿色专利（绿色发明及绿色实用新型）数量与碳排放量的比值/%	本得分变量是定量的，其具体得分规则采用本书第三章的计算方法

五、低碳技术维度反馈环节的诊断指标体系

低碳技术维度在反馈（A）环节主要表现在是否有提出奖励和改进等指标上。这些指标不仅对推进低碳技术发展有激励作用，还为今后的低碳技术进一步发展总结经验和寻找措施奠定基础。此环节中具体的指标、得分变量、得分规则详见表2.40。

表 2.40　低碳城市建设在低碳技术维度反馈环节（Te-A）的诊断指标体系

指标	得分变量	得分规则
对有效推进低碳技术发展的主体给予激励措施	基于绩效考核对政府相关部门的奖励	本得分变量有以下4个得分点：①本市有低碳技术相关的专项奖励制度；②有面向所有技术的非专项奖励制度；③有低碳技术相关的专项奖励结果；④有面向所有技术的非专项奖励结果。 依据上述4个得分点，本得分变量的具体得分规则如下： ● 100分：【满足上述所有得分点】 ● 75分：【满足上述4个得分点中的任意3个】 ● 50分：【满足上述4个得分点中的任意2个】 ● 25分：【满足上述4个得分点中的任意1个】 ● 0分：【无任何相关内容】
	基于绩效考核对相关科研和服务机构的奖励	本得分变量有以下4个得分点：①本市有低碳技术相关的专项奖励制度；②本市有面向所有技术的非专项奖励制度；③本市有低碳技术相关的专项奖励结果；④本市有面向所有技术的非专项奖励结果。 依据上述4个得分点，本得分变量的具体得分规则如下： ● 100分：【满足上述所有得分点】 ● 75分：【满足上述4个得分点中的任意3个】

续表

指标	得分变量	得分规则
对有效推进低碳技术发展的主体给予激励措施	基于绩效考核对相关科研和服务机构的奖励	● 50 分：【满足上述 4 个得分点中的任意 2 个】 ● 25 分：【满足上述 4 个得分点中的任意 1 个】 ● 0 分：【无任何相关内容】
推进低碳技术发展能力的总结与进一步提升方案	政府相关部门的总结与提升方案	本得分变量有以下 4 个得分点：①政府主管部门召开有低碳技术发展专题的总结会议；②政府主管部门发布有低碳技术发展专题的总结文本；③政府主管部门发布的科技发展、生态环境等其他总结文本中对低碳技术发展进行总结；④政府主管部门发布的总结文本或专题会议中提出有低碳技术发展的改进方案。 依据上述 4 个得分点，本得分变量的具体得分规则如下： ● 100 分：【满足上述所有得分点】 ● 75 分：【满足上述 4 个得分点中的任意 3 个】 ● 50 分：【满足上述 4 个得分点中的任意 2 个】 ● 25 分：【满足上述 4 个得分点中的任意 1 个】 ● 0 分：【无任何相关内容】
	相关科研和服务机构的总结与提升方案	本得分变量有以下 3 个得分点：①相关行业团体、科学技术协会召开有低碳技术发展专题的总结会议；②相关行业团体、科学技术协会发布有低碳技术发展的总结文本；③相关行业团体、科学技术协会发布的总结文本或专题会议中提出有低碳技术发展的改进方案或进行了经验分享。 依据上述 3 个得分点，本得分变量的具体得分规则如下： ● 100 分：【满足上述所有得分点】 ● 65 分：【满足上述 3 个得分点中的任意 2 个】 ● 35 分：【满足上述 3 个得分点中的任意 1 个】 ● 0 分：【无任何相关内容】

第三章　低碳城市建设水平诊断计算方法

第一节　低碳城市建设水平计算的理论框架

基于本书第一章阐述的低碳城市建设水平形成机理，低碳城市建设水平（low carbon city performance，LCCP）应体现在八个维度（d）上：能源结构（En）、经济发展（Ec）、生产效率（Ef）、城市居民（Po）、水域碳汇（Wa）、森林碳汇（Fo）、绿地碳汇（GS）、低碳技术（Te）。在每一维度下的低碳建设水平都是通过不断迭代管理过程中的五个环节（s）实现的：计划（P）、实施（D）、检查（C）、结果（O）和反馈（A），各维度自成一个管理过程循环。

基于本书第二章建立的低碳城市建设水平诊断指标体系，八个维度下的每个环节（s）都包括若干个能反映所属维度特征性质的指标（i），这些指标的取值由相应的得分变量（j）决定。

基于上述逻辑，低碳城市建设水平计算的理论框架由 5 级参数构成，5 级参数层层递进，各级参数的定义如下：

V：第一级，低碳城市建设水平综合值，LCCP；

d：第二级，某一低碳城市建设维度，d 属于特定集合 $\overline{D} = \{En,Ec,Ef,Po,Wa,Fo,GS,Te\}$；

s：第三级，某一维度的某一环节，s 属于特定集合 $\overline{S} = \{P,D,C,O,A\}$；

i：第四级，某一维度某一环节包括的指标，$i = 1, 2, 3, \cdots, n$；

j：第五级，指标 i 包括的得分变量，$j = 1, 2, 3, \cdots, m$。

以上诊断低碳城市建设水平的 5 级参数结构可以用图 3.1 表示。

第二节　低碳城市建设水平的计算模型

从上一节的计算理论框架中可以知道，低碳城市建设水平的计算由"城市层-维度层-环节层-指标层-得分变量层"五级参数构成。本节将由上至下对每一级参数的计算模型进行阐释。

一、城市总体尺度的低碳建设水平值计算模型

在城市的低碳建设中，八个维度的表现是同等重要的，故应对它们同等视之。因此，城市总体尺度的低碳建设水平值可以用以下公式表示：

$$V = \frac{\sum\limits_{d} V_d}{8} = \frac{V_{En} + V_{Ec} + V_{Ef} + V_{Po} + V_{Wa} + V_{Fo} + V_{GS} + V_{Te}}{8} \tag{3.1}$$

上式中，V 表示城市在报告年度的低碳建设水平综合值；V_d 表示城市在八个维度 $d\{En, Ec, Ef, Po, Wa, Fo, GS, Te\}$ 的年度低碳建设水平值。

低碳建设水平是体现在由碳源与碳汇两个部分组成的碳循环过程中的，因此，除了计算城市整体的低碳建设水平外，还需要基于碳源与碳汇视角，分别计算对应的城市低碳建设水平，相关计算公式如下所示：

$$V_{So} = \frac{V_{En} + V_{Ec} + V_{Ef} + V_{Po}}{4} \tag{3.2}$$

$$V_{Si} = \frac{V_{Wa} + V_{Fo} + V_{GS}}{3} \tag{3.3}$$

其中，V_{So} 表示城市在碳源视角下的年度低碳建设水平值；V_{Si} 表示城市在碳汇视角下的年度低碳建设水平值。

二、维度尺度的城市低碳建设水平值计算模型

城市在低碳建设八个维度上的水平是由五个建设过程环节的表现值决定的，因此，维度尺度的城市低碳建设水平值用下列公式计算：

$$V_d = \frac{\sum_s V_{d_s}}{5} = \frac{V_{d_P} + V_{d_D} + V_{d_C} + V_{d_O} + V_{d_A}}{5} \tag{3.4}$$

式中，V_{d_s} 表示城市在 d 维度 $s\{P, D, C, O, A\}$ 环节的低碳表现水平值，包括计划环节表现值（V_{d_P}）、实施环节表现值（V_{d_D}）、检查环节表现值（V_{d_C}）、结果环节表现值（V_{d_O}）和反馈环节表现值（V_{d_A}）。

三、环节尺度的城市低碳建设水平值计算模型

环节尺度的城市低碳建设水平值（V_{d_s}）用公式（3.5）～公式（3.9）计算：

1）P 环节

$$V_{d_P} = \alpha_d \frac{\sum_{i=1}^{n} V_{d_{P_i}}}{n} \tag{3.5}$$

2）D 环节

$$V_{d_D} = \frac{\sum_{i=1}^{n} V_{d_{D_i}}}{n} \tag{3.6}$$

3）C 环节

$$V_{d_C} = \frac{\sum_{i=1}^{n} V_{d_{C_i}}}{n} \tag{3.7}$$

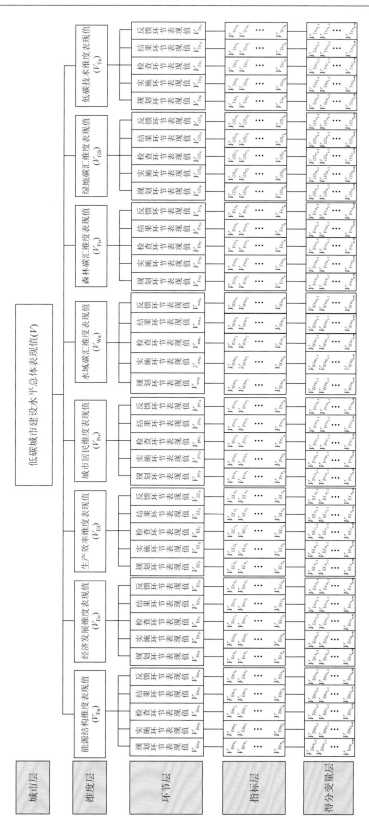

图 3.1 低碳城市建设水平 5 级参数结构图

4）O 环节

$$V_{d_O} = \alpha_d \frac{\sum_{i=1}^{n} V_{d_{O_i}}}{n} \qquad (3.8)$$

5）A 环节

$$V_{d_A} = \frac{\sum_{i=1}^{n} V_{d_{A_i}}}{n} \qquad (3.9)$$

式中，$V_{d_{s_i}}$ 是环节 s 中指标 i 的得分值；n 是指环节 s 中指标 i 的个数，n 值在不同维度不同环节中有所不同；α_d 是城市各低碳建设维度 d 在 P 环节和 O 环节上的修正系数，其原理阐释见本章第三节。

四、指标尺度的低碳建设水平值计算模型

在指标尺度上，城市低碳建设水平的值（$V_{d_{s_i}}$）用下列公式计算：

$$V_{d_{s_i}} = \frac{\sum_{j=1}^{m} V_{d_{s_{i-j}}}}{m} \qquad (3.10)$$

式中，$V_{d_{s_{i-j}}}$ 是在 s 环节中指标 i 里面的得分变量 j 的取值；m 指得分变量 j 的个数，得分变量个数 m 会因不同的指标有所差异。

将公式（3.10）应用到各具体环节时，可以得到各管理环节下各指标的计算公式，如公式（3.11）～公式（3.15）所示：

1）P 环节下指标 i 值的计算公式如下：

$$V_{d_{P_i}} = \frac{\sum_{j=1}^{m} V_{d_{P_{i-j}}}}{m} \qquad (3.11)$$

2）D 环节下指标 i 值的计算公式如下：

$$V_{d_{D_i}} = \frac{\sum_{j=1}^{m} V_{d_{D_{i-j}}}}{m} \qquad (3.12)$$

3）C 环节下指标 i 值的计算公式如下：

$$V_{d_{C_i}} = \frac{\sum_{j=1}^{m} V_{d_{C_{i-j}}}}{m} \qquad (3.13)$$

4）O 环节下指标 i 值的计算公式如下：

$$V_{d_{O_i}} = \frac{\sum_{j=1}^{m} V_{d_{O_{i-j}}}}{m} \qquad (3.14)$$

5）A 环节下指标 i 值的计算公式如下：

$$V_{d_{A_i}} = \frac{\sum_{j=1}^{m} V_{d_{A_{i-j}}}}{m} \qquad (3.15)$$

五、得分变量尺度的低碳建设水平值计算模型

评价指标的取值是受多方面因素影响的，这些影响因素被称作得分变量（j）。不同的评价指标包括不同性质和个数的得分变量，这些得分变量既有定量属性的，也有定性属性的，需进行统一处理，以便于计算。

（一）定量属性的得分变量

在本书中，低碳城市建设水平的取值采用百分制，定量属性的得分变量需做 0～100 分的标准化处理。为排除定量得分变量在城市间自然数据中的极端异常值，本研究对最大值和最小值的取值进行了处理，具体方法是：最大值根据 $\min\left[\bar{x}_j + 3\sigma, \max(x_j)\right]$ 计算得出，最小值根据 $\max\left[\bar{x}_j - 3\sigma, \min(x_j)\right]$ 计算得出，其中 $\bar{x}_j$ 表示得分变量 j 在一组城市间的平均值，σ 表示这一组数据的标准差。

在此处理后，正向变量（变量的取值越大越好）和负向变量（变量的取值越小越好）的标准化处理如下所述。

1）正向得分变量的标准化计算采用下列公式：

$$V_{d_{s_{i-j}}} = \begin{cases} 100, & x_j > x_h \\ \dfrac{x_j - x_l}{x_h - x_l} \times 100, & x_l < x_j \leq x_h \\ 0, & x_j \leq x_l \end{cases} \qquad (3.16)$$

式中，x_j 是得分变量 j 的取值。x_h 是得分变量 j 的最大值，即最优值，有两种方法获取 x_h 值：①如果有相关标准规定了得分变量 j 的基准或最优值，x_h 值直接取该基准（最优）值；②如果没有相关标准，则 $x_h = \min\left[\bar{x}_j + 3\sigma, \max(x_j)\right]$。$x_l$ 是得分变量 j 的最小值，即最差值，有两种方法获取 x_l 值：①如果有相关标准规定了得分变量 j 的最小值，x_l 值直接取该最小值；②如果没有相关标准，则 $x_l = \max\left[\bar{x}_j - 3\sigma, \min(x_j)\right]$。

2）负向得分变量取值计算采用下列公式：

$$V_{d_{s_{i-j}}} = \begin{cases} 100, & x_j \leq x_l \\ \dfrac{x_h - x_j}{x_h - x_l} \times 100, & x_l < x_j \leq x_h \\ 0, & x_j > x_h \end{cases} \qquad (3.17)$$

式中，x_j 是得分变量 j 的取值。x_l 是得分变量 j 的最小值，即最优值，有两种方法获取 x_l

值：①如果有相关标准规定了得分变量 j 的基准或最优值，x_l 值直接取该基准（最优）值；②如果没有相关标准，则 $x_l = \max\left[\overline{x}_j - 3\sigma, \min(x_j)\right]$。$x_h$ 是得分变量 j 最大值，即最差值，有两种方法获取 x_h 值：①如果有相关标准规定了得分变量 j 的最大值，x_h 值直接取该最大值；②如果没有相关标准，则 $x_h = \min\left[\overline{x}_j + 3\sigma, \max(x_j)\right]$。

（二）定性属性的得分变量

定性属性得分变量的得分规则详见本书第二章中的表 2.1～表 2.40。

第三节 基于城市特征的低碳城市建设水平修正系数

一、低碳城市建设水平修正系数的内涵

影响城市低碳建设水平的要素包括主观要素和客观要素。主观要素反映的是城市管理者与市民从事的各种社会经济活动，这些要素对低碳建设水平的影响是可以通过管理者和居民的行为改变的。客观要素也可称为城市的客观条件特征，是由自然资源分布、气候、地形、经济基础、社会背景等条件决定的。我国幅员辽阔，不同城市的碳排放现状、历史累积排放量以及资源能源禀赋、地域分工和发展阶段等情况不同，形成了不同的城市特征。这些城市特征直接影响城市的低碳建设结果，有的城市特征对低碳建设产生约束效应，例如重化工业城市、资源型城市等。有的城市特征对低碳建设产生优势效应，例如生态资源禀赋好的城市。为了促进公平，基于《联合国气候变化框架公约》中的"共同但有区别的责任"原则，各城市在低碳建设责任的范围、大小、手段以及承担责任的时间先后顺序等方面应该是有区别的，应该结合各个城市的基本情况予以区别对待。

主观要素和客观要素都会影响城市的碳循环过程，进而影响城市的低碳建设水平。因此，在低碳城市建设过程中，城市实际表现出的低碳水平是由其客观要素与主观要素共同决定的。但本质上，低碳城市建设水平（LCCP）主要是希望反映由人类各种生产生活等主观行为所产生的低碳效应和结果，对低碳城市建设水平进行诊断的主要目的是判断城市管理者和居民在从事各种社会经济活动中所付出的努力程度及其带来的低碳水平高低，确保人类各种生产生活的改变可以有效提升城市的低碳建设水平。但一般来说，人类是无法或很难在短时间内改变城市的客观条件特征的，换句话说，客观条件限制所导致的低碳水平效果不能反映人类的主导性效果。所以在城市间进行低碳建设水平诊断时不应该"一刀切"，应该将客观条件所导致的低碳城市建设约束效应或优势效应分离出去，这部分水平效果不应被计入 LCCP 中。

因此，在计算得出低碳城市建设水平得分后，需要乘以一个修正系数（α）来消除在城市间因客观条件差异所产生的结果，从而真实地反映各城市管理者和居民在实践各种

生产生活活动中创造的低碳城市建设水平。所以在本书的计算中，引入了修正系数对低碳城市建设水平得分进行修正，消除客观条件影响。

对于存在有利客观条件的城市，比如资源丰富、自然条件好的城市，由于这些有利客观条件对城市实际的低碳水平（LCCP）具有天然的促进作用，进而使得在城市管理者和居民付出同样智慧和努力的前提下，这些具有有利客观条件的城市将会显现出好一些的低碳建设水平。其实这种"好一些"现象是与有利的客观条件的影响有关的，不完全是这个城市的管理者和居民付出了更多努力而带来的。因此对处于有利客观条件的城市需要赋予数值小于 1 的修正系数。通过应用该小于 1 的修正系数，LCCP 就可以反映这类具有有利客观条件的城市管理者和居民通过各种社会经济活动带来的真实低碳城市建设水平。

同理，对于存在不利客观条件的城市，比如重工业城市、资源匮乏城市，这些不利的客观条件对城市的低碳水平具有天然的抑制作用，进而使得在城市管理者和居民付出同样智慧和努力的前提下，这些城市将会显现出差一些的低碳建设水平。其实这种"差一些"现象有不利的客观条件的影响存在，不完全是这个城市的管理者和居民付出了更少努力导致的。因此对处于不利客观条件的城市需要赋予数值大于 1 的修正系数，来保证 LCCP 值能反映这类具有不利客观条件的城市的管理者和居民创造的真实低碳城市建设水平。

二、低碳城市建设水平修正系数构建的机理

本书第二章中的低碳城市建设水平形成机理指明，城市的低碳建设水平体现在 8 个维度：能源结构、经济发展、生产效率、城市居民、水域碳汇、森林碳汇、绿地碳汇、低碳技术。不同城市间在这 8 个维度上的自然客观条件存在差异，因此，为了消除客观条件对低碳城市建设水平的影响，修正系数将应用于低碳城市建设的所有维度。

城市的低碳建设水平虽然是通过在每个低碳建设维度上不断迭代规划（P）、实施（D）、检查（C）、结果（O）和反馈（A）这五个过程环节实现的，但城市客观条件主要影响的是 P、O 两个环节，因此，修正系数只需要被应用在这两个环节。首先对于 P 环节，不同城市在低碳建设上的目标、重点方向、建设路径等内容不应该是千篇一律的，应该根据城市客观条件采取针对性的策略，制定符合自身实际的低碳建设规划方案。换言之，城市之间的低碳建设规划方案本身就应该是具有差异性的，这种差异是合理的，但在固定的评价准则下，这种合理差异性会转变为城市之间在规划环节的低碳建设水平差异，令低碳城市建设水平评价结果产生误差。因此，评价城市在低碳建设规划环节的表现时，需要采用修正系数消除这种误差。其次对于 O 环节，城市客观条件影响的效果会直接体现在低碳城市建设的结果上。比如，相较于旅游型等其他类型的城市，资源型城市对煤炭和其他化石能源的依赖度相对较高，即使制定了相对更合理有效的能源转型规划，也很难在短时间内实现理想的低碳化能源结构。因此，评价城市在低碳建设结果环节的表现时，也需要采用修正系数消除客观条件对城市低碳建设水平的影响。对于实施、检查和反馈环节，主要是根据规划环节制定的大方向来开展具体工作，城市客观条件对这些

低碳建设环节的影响力较小，并且这种较小的影响力可以被应用在 P 环节的修正系数消除上。因此，在这三个环节，不需要采用修正系数。综上，在本书中，修正系数将应用在各维度的规划和结果环节上。换言之，城市在 P、O 环节的低碳建设水平最终得分 V_{d_p} 和 V_{d_o} 是初始得分乘以修正系数所得，即为公式（3.5）与公式（3.8）所示。

修正系数虽然适用于低碳城市建设的每个维度，但每个城市在不同低碳建设维度（能源结构、经济发展、生产效率、城市居民、水域碳汇、森林碳汇、绿地碳汇、低碳技术）上的客观条件是不一样的，因此需要针对 8 个低碳城市建设维度选择 8 个能反映城市客观条件的城市特征指标，从而得出应用在不同维度的低碳城市建设水平修正系数。

（1）关于能源结构维度的城市特征指标：城市具有的客观条件特征主要为对化石能源等非清洁能源的依赖度，体现其在低碳建设中进行能源结构转型的现实难度。在能源结构方面，非化石能源占一次能源消费比重是多数省市在"十三五"和"十四五"规划中都提及的发展指标，并且是约束性的指标。因此，"非化石能源占一次能源消费比重"被选为能源维度的城市特征指标。这是一个负向的特征指标，城市在该指标上的值相对越高，表明该城市的能源结构转型难度相对越低，进行低碳建设的难度相对越小，因此应该赋予一个相对低的修正系数；反之亦然。

（2）关于经济发展维度的城市特征指标：城市在经济发展方面的客观条件特征主要为碳排放强度，反映了经济增长与碳排放增长之间的关系，表征当前城市经济规模和产业结构对高碳产业的依赖度。因此，"单位 GDP 碳排放量"被选为经济发展维度的城市特征指标。这是一个正向指标，城市在该指标上的值越高，表明该城市的经济发展对高碳产业的依赖度相对越高，经济结构转型的难度相对越高，进行低碳建设的难度相对越大，因此应该赋予一个相对高的修正系数；反之亦然。

（3）关于生产效率维度的城市特征指标：城市在生产效率方面的客观条件主要体现为各种要素组合下的生产技术条件和水平，因此，"全要素生产率"被选为生产效率维度的城市特征指标。这是一个负向指标，城市在该指标上的值越高，表明该城市的生产技术条件相对越先进和发达，低碳建设效率相对越高，进行低碳建设的难度相对越小，因此应该赋予一个相对低的修正系数；反之亦然。

（4）关于城市居民维度的城市特征指标：城市在居民维度的客观条件特征主要反映在城市居民的文化程度和素养，这些特征能反映转变城市居民低碳生活方式的难度。一般来说，居民受教育水平越高，越容易转变为低碳生活方式，因此，"平均受教育年限"被选为居民维度的城市特征指标。这是一个负向指标，城市在该指标上的值相对越高，表明该城市的居民低碳生活方式转变难度相对较小，进行低碳建设的难度相对越小，因此应该赋予一个相对低的修正系数；反之亦然。

（5）关于水域碳汇维度的城市特征指标：城市在水域碳汇方面的客观条件特征主要体现在水资源总量，即水域碳汇的自然资源禀赋，这种自然条件能表征城市提升水域碳汇能力的难易程度。因此，"水域面积占城市行政区面积比例"被选为水域碳汇维度的城市特征指标，这是一个负向指标，城市在该指标上的值相对越高，表明该城市水域碳汇基础相对越好，提升水域碳汇能力建设的难度相对较低，进行低碳建设的难度相对越小，因此应该赋予一个相对低的修正系数；反之亦然。

（6）关于森林碳汇维度的城市特征指标：城市在森林碳汇维度的客观条件特征是建设森林的自然气候条件，包括温度、大气、降水量等气象因子，这种条件决定了植被生长与存活的难易程度。鉴于各气象因子之间具有内在关联性，本书参考 2019 年发布的国家标准《国家森林城市评价指标》（GB/T 37342—2019），选择"年降水量"作为城市森林碳汇维度的客观条件特征指标。这是一个负向指标，城市在该指标上的值相对越高，表明该城市建设森林碳汇的难度相对越小，因此应该赋予一个相对低的修正系数；反之亦然。

（7）关于绿地碳汇维度的城市特征指标：绿地与森林碳汇建设的本质都是保护并提升植被的生长与生存水平，影响二者的城市客观条件是高度类似的。因此，本书采用"年降水量"作为绿地碳汇维度的城市客观条件特征指标，表征城市在这一客观条件特征下建设绿地碳汇的难易程度。

（8）关于低碳技术维度的城市特征指标：城市在低碳技术方面具有的客观条件特征是城市开发和应用低碳技术的能力，表征城市科技发展水平支撑城市低碳建设的能力。在该维度，本书采用"每万人发明专利拥有量"作为城市客观条件特征指标。这是一个负向指标，城市在该指标上的值相对越高，表明该城市科技发展支撑城市低碳建设的能力相对越大，城市低碳建设的难度相应越小，因此应该赋予一个相对低的修正系数；反之亦然。

通过上面的分析与讨论，构建低碳城市建设水平修正系数的各类参数及其性质可以总结于表 3.1 中。

表 3.1　基于城市客观条件特征的低碳城市建设水平修正系数构成表

	不同低碳城市建设维度的修正系数							
	α_{En}	α_{Ec}	α_{Ef}	α_{Po}	α_{Wa}	α_{Fo}	α_{GS}	α_{Te}
城市具有的客观条件特征	对非清洁能源的依赖度	碳排放强度	生产技术水平	转变为低碳生活的难度	水资源总量	森林碳汇建设条件	绿地碳汇建设条件	低碳技术开发应用能力
反映客观条件特征的指标（K）	非化石能源占一次能源消费比重 K_{En}/%	单位 GDP 碳排放量 K_{Ec}/(吨/万元)	全要素生产率 K_{Ef}/%	平均受教育年限 K_{Po}/年	水域面积占城市行政区面积比例 K_{Wa}/%	年降水量 K_{Fo}/mm	年降水量 K_{GS}/mm	每万人发明专利拥有量 K_{Te}/件
基于客观条件的修正系数（α）属性	负向	正向	负向	负向	负向	负向	负向	负向
修正系数（α）取值特征	α 随特征指标值的升高而减小	α 随特征指标值的升高而增大	α 随特征指标值的升高而减小	α 随特征指标值的升高而减小	α 随特征指标值的升高而减小	α 随特征指标值的升高而减小	α 随特征指标值的升高而减小	α 随特征指标值的升高而减小

三、基于城市特征的低碳城市建设水平修正系数计算

按照本节前面论述的城市特征修正系数机理，在对一组样本城市进行低碳城市建设水平诊断时，应该根据低碳建设的客观条件对不同的城市赋予不同的修正系数，对处于

有利客观条件的城市赋予数值小于 1 的修正系数，对处于不利客观条件的城市赋予数值大于 1 的修正系数，以此来避免"一刀切"现象，保证诊断的低碳城市建设水平值（low carbon city performance value，LCCPV）能相对真实地反映由城市管理者和居民创造的低碳城市建设水平。具体的修正系数计算如下：

1）正向修正系数

$$\alpha_d = \frac{\ln k_{d-j}}{\mathrm{Median}(\ln k_{d-j})} \tag{3.18}$$

2）负向修正系数

$$\alpha_d = \frac{\mathrm{Median}(\ln k_{d-j})}{\ln k_{d-j}} \tag{3.19}$$

式中，α_d 表示应用在维度 d 的 P、O 环节上的修正系数；$\ln k_{d-j}$ 表示 j 城市在维度 d 的特征指标值的对数。对数处理不会改变一组数据间的相对关系，但压缩了变化区间的尺度，使数据更加平稳，可以用于消除自然数据组中间的极端差异现象。需注意的是，某些维度的特征指标值是小于自然对数（e）的数值，在这种情况下会导致对数结果为负数，因此，对于这类特征指标，在进行对数处理之前，需要先将其乘以 100，确保所有的 $\ln k_{d-j}$ 均为正值。$\mathrm{Median}(\ln k_{d-j})$ 表示在维度 d 所有城市的特征指标对数值的中位数。通过应用中位数可以实现：①对于正向指标，对特征指标对数值在中位数以上的城市赋予大于 1 的修正系数，对特征指标对数值在中位数以下的城市赋予小于 1 的修正系数；②对于负向指标，对特征指标对数值在中位数以下的城市赋予大于 1 的修正系数，对特征指标对数值在中位数以上的城市赋予小于 1 的修正系数。最后，考虑到修正系数应该在一定合理范围内，本书采用（$\mu-\sigma$）和（$\mu+\sigma$）分别作为修正系数的下限和上限，μ 和 σ 分别表示一组样本城市在各维度的特征指标对数值的均值和标准差。

第二部分
我国低碳城市建设水平诊断报告

第四章　我国样本城市低碳建设的实证数据

第一节　样本城市选取

为了在城市间进行低碳建设的水平比较，本研究的实证对象选择了具有代表性的城市。这些城市是一个区域的政治、经济、文化、贸易中心，往往也是化石能源消耗和碳排放集中区，是迫切需要开展低碳城市建设的重点城市。本研究共选了 36 个城市，包括 4 个直辖市、15 个副省级市和 17 个非副省级省会城市（表 4.1），其空间分布如图 4.1。

表 4.1　2022 年低碳城市建设水平诊断实证分析样本城市

序号	城市名称	城市类型	二氧化碳排放量[①]/万吨	常住人口[②]/万人	行政区划面积[③]/平方公里	GDP[②]/亿元
1	北京	直辖市	13214	2189	16410	36103
2	天津	直辖市	18314	1387	11967	14084
3	石家庄	非副省级省会城市	10513	1124	15848	5935
4	太原	非副省级省会城市	6564	532	6988	4153
5	呼和浩特	非副省级省会城市	7584	345	17186	2801
6	沈阳	副省级市	6683	907	12860	6572
7	大连	副省级市	7836	745	13739	7030
8	长春	副省级市	6766	907	20594	6638
9	哈尔滨	副省级市	6737	1001	53076	5184
10	上海	直辖市	24399	2488	6341	38701
11	南京	副省级市	11600	932	6587	14818
12	杭州	副省级市	8197	1197	16853	16106
13	宁波	副省级市	9069	942	9816	12409
14	合肥	非副省级省会城市	5639	937	11445	10046
15	福州	非副省级省会城市	6023	832	12255	10020
16	厦门	副省级市	1752	518	1701	6384
17	南昌	非副省级省会城市	2874	626	7195	5746
18	济南	副省级市	8171	924	10244	10141
19	青岛	副省级市	7106	1011	11293	12401
20	郑州	非副省级省会城市	6381	1262	7446	12004

① 数据来源：中国城市二氧化碳排放数据集（2020）

② 数据来源：《中国城市统计年鉴 2021》

③ 数据来源：北京数据为行政区面积，来源于北京市人民政府官网，长春、杭州、深圳的数据来源于《中国城市建设统计年鉴 2021》，其余城市来源于《中国城市统计年鉴 2021》。

续表

序号	城市名称	城市类型	CO$_2$排放量/万吨	常住人口/万人	行政区划面积/平方公里	GDP/亿元
21	武汉	副省级市	8366	1233	8569	15616
22	长沙	非副省级省会城市	4111	1006	11816	12143
23	广州	副省级市	8343	1874	7434	25019
24	深圳	副省级市	4542	1763	1997	27670
25	南宁	非副省级省会城市	3328	875	22245	4726
26	海口	非副省级省会城市	866	289	2297	1792
27	重庆	直辖市	18816	3209	82402	25003
28	成都	副省级市	4908	2095	14335	17717
29	贵阳	非副省级省会城市	4055	599	8043	4312
30	昆明	非副省级省会城市	2878	846	21013	6734
31	西安	副省级市	4646	1296	10758	10020
32	兰州	非副省级省会城市	4696	437	13192	2887
33	西宁	非副省级省会城市	3374	247	7607	1373
34	银川	非副省级省会城市	13551	286	9025	1964
35	乌鲁木齐	非副省级省会城市	6299	405	13788	3337
36	拉萨	非副省级省会城市	460	87	29518	678

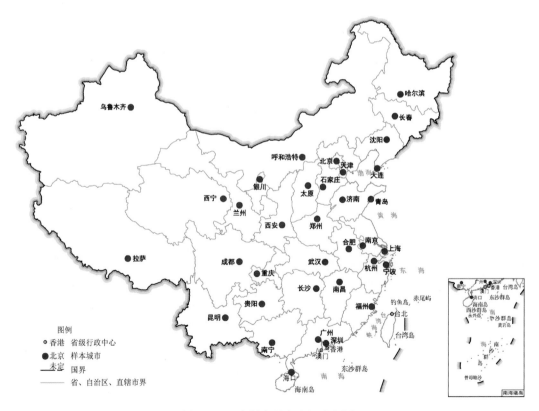

图 4.1　36 个样本城市空间分布图

第二节　数据来源与处理

一、数据来源

针对本书第二章构建的诊断指标体系中八个维度（能源结构、经济发展、生产效率、城市居民、水域碳汇、森林碳汇、绿地碳汇、低碳技术）在五个环节（规划、实施、检查、结果和反馈）中的指标及其得分变量收集相应得分数据。由于得分变量中既有定量变量，也有定性变量，故各维度各个环节的数据来源也多有不同。规划、实施、检查和反馈环节的得分变量多为定性变量，其数据来源主要为样本城市的政府文件（如各类法规条例、行政公文、规划文件、总结报告等）和新闻报道等。结果环节的得分变量多为定量变量，其数据来源主要为各类统计年鉴（如《中国城市统计年鉴》和《中国基本单位统计年鉴》等）和数据库等。样本城市不同维度的各个环节数据来源详见表 4.2。

表 4.2　样本城市不同维度的各个环节数据来源

维度	环节	数据来源
能源结构（En）	规划（P）	① 规划文件：样本城市的国民经济和社会发展第十四个五年规划及 2035 年远景目标纲要、"十四五"时期能源发展专项规划等。
	实施（D）	① 管理办法：样本城市的节约能源管理办法、可再生能源开发利用管理办法、能效提升示范项目管理办法、可再生能源发展专项资金管理暂行办法、节能减排专项资金管理办法、节能减排财政政策综合示范城市综合奖励资金管理办法、淘汰落后产能专项资金管理办法等。 ② 工作方案：样本城市的能源资源节约行动方案、节能减排综合实施方案、碳达峰行动方案、节能减排和应对气候变化重点工作安排、节能减排财政政策综合示范城市工作方案等。 ③ 行动通知：样本城市关于进一步支持光伏发电系统推广应用的通知、节能减排补助资金预算通知等。 ④ 实施意见：样本城市关于加快节能环保产业发展的实施意见。 ⑤ 办事指南：样本城市的政府官网、发展和改革委员会官网、财政局官网等发布的办事指南。 ⑥ 实施细则：样本城市的节能减排实施细则等。 ⑦ 条例规定：样本城市对节能法律、法规和节能标准执行情况的行政检查条例等。 ⑧ 其他行政公文：样本城市的节能专项资金补助项目、节能减排补助资金预算、政府部门预算等。
	检查（C）	① 管理办法：样本城市的能源监督管理办法、节约能源监察和检测管理办法、节能监察管理办法等。 ② 工作方案：样本城市的节能监察工作方案等。 ③ 行动通知：样本城市关于开展年全市重点用能企业工业节能监察工作通知、节约能源资源考核工作的通知等。
	结果（O）	① "人均能源二氧化碳排放"数据通过《中国城市二氧化碳排放数据集（2020）》中的"能源二氧化碳排放"除以《中国统计年鉴 2020》中的"人口数"得到。 ② "单位 GDP 能源二氧化碳排放"数据通过《中国城市二氧化碳排放数据集（2020）》中的"能源二氧化碳排放"除以《中国统计年鉴 2020》中的"地区生产总值"得到。 ③ "非化石能源占一次能源消费比重"数据来自样本城市发布的能源专项规划、"十四五"国民经济规划文件以及政府官网或官媒发布的新闻。 ④ "规上工业中燃煤占能源消费比重"数据通过样本城市统计年鉴中的规模以上工业燃煤量除以能源消费总量计算得到。
	反馈（A）	① 政府官网信息：样本城市政府官网发布的年度工作总结报告文本、总结会议、新闻发布会等。 ② 其他总结文本：样本城市能源行业协会、节能行业协会官网发布的年度工作总结报告文本、总结会议、新闻发布会等。

续表

维度	环节	数据来源
经济发展（Ec）	规划（P）	① 规划文件：样本城市的国民经济和社会发展第十四个五年规划及 2035 年远景目标纲要、"十四五"时期生态环境保护规划、应对气候变化"十四五"规划、绿色建筑专项规划、"十四五"现代综合交通运输体系发展规划、"十四五"产业体系发展规划纲要、"十四五"新能源汽车产业发展规划等。 ② 规划方案：样本城市关于加快推进绿色低碳循环发展经济体系的规划方案、样本城市低碳城市试点工作规划方案等。
	实施（D）	① 规划文件：样本城市的国民经济和社会发展第十四个五年规划及 2035 年远景目标纲要。 ② 工作方案：样本城市关于加快推进绿色低碳循环发展经济体系的实施方案、"十四五"时期制造业绿色低碳发展行动方案、推进节能低碳和循环经济标准化实施方案、碳排放权交易试点工作实施方案、污水处理费征收使用管理办法、生活垃圾收费标准一览表等。 ③ 政府政务平台：样本城市人民政府官网公开的办事流程、各类新闻资讯等相关信息。
	检查（C）	① 工作计划：样本城市节能监察工作计划。 ② 行动方案：样本城市环评与排污许可监管行动方案。 ③ 实施方案：样本城市的循环经济实施方案、碳达峰实施方案、环境保护模范城市实施方案、控制温室气体排放工作的实施意见、低碳试点工作实施方案、节能减排发展行动实施方案、低碳发展建设生态城市的实施意见等。 ④ 条例规定：样本城市的生活垃圾管理条例、绿色建筑管理条例、大气污染防治条例、清洁生产条例、绿色转型促进条例、建筑节能条例、节约能源条例、扬尘污染防治条例、环境污染防治规定、碳排放管理的若干规定、建筑节能管理规定、大气污染防治管理规定等。 ⑤ 管理办法：样本城市的节能减排及环境保护专项资金管理办法、环境保护资金管理使用办法、建筑节能管理办法、机动车排气污染防治管理办法、扬尘污染防治管理办法、节约能源管理办法等。 ⑥ 行动通知：样本城市关于节能减排工作领导小组的通知、循环经济示范点中后期监管工作的通知、节能减排工作专项督察方案的通知、节能审查办法的通知、环境保护监督管理工作责任规定的通知、工业园区环境保护管理办法的通知、节能监察工作的通知等。 ⑦ 年度预决算：样本城市的生态环境局预算公开信息文本、污染减排监管支出、环境监测站年度决算、节能（监察）中心预决算等。 ⑧ 政府官网信息：样本城市监管工作信息公开及专题专栏、节能监察领导班子、节能减排中心、节能监察支队、监督低碳经济（减排）相关工作的政务网或线下政务网点等通知和公示。 ⑨ 其他网站平台：天眼查、爱企查、交通监控平台、数字化城市管理平台、数字化交通行政执法监管平台、能源综合管理服务平台、智能交通大数据平台、智能交通综合管控平台等。
	结果（O）	① "第三产业增加值与第二产业增加值之比"数据来自《中国城市统计年鉴》。 ② "泰尔指数"数据通过《中国城市统计年鉴》中的"产值"和各样本城市统计年鉴中的就业人口计算得出，具体计算过程详见本章第二节"特殊变量计算"。 ③ "单位工业增加值的碳排放量"数据通过《1997—2019 年 290 个中国城市碳排放清单》中的"城市层面碳排放总量"除以《中国统计年鉴》中的"地区生产总值"得到。 ④ "单位 GDP 碳排放量"数据来自中国城市二氧化碳排放数据集（2020）（http://www.cityghg.com/a/data/2022/0212/207.html）。 ⑤ "人均碳排放量"数据来自《1997—2019 年 290 个中国城市碳排放清单》。 ⑥ "战略性新兴产业增加值占 GDP 比重""人均绿色建筑面积""非化石能源的产值占 GDP 比重"数据无法从公开渠道获取，这些得分变量在本书中不计入评价结果中。
	反馈（A）	① 办法与细则：样本城市的节能减排评选表彰暂行办法、评价考核办法、行政处罚裁量基准等。 ② 工作方案：样本城市关于低碳经济的行动方案、工作方案、实施方案、"十四五"规划文件等。 ③ 政府官网信息：样本城市政府官网发布的节能减排先进集体和先进个人拟表彰对象名单，行政处罚决定书，对与低碳经济相关的考核结果的通报等通知和公示；样本城市政府网站发布的政府或社会团体对重点行业头部企业的奖励和惩罚结果；样本城市政府网站发布的开展低碳经济相关会议的资讯；样本城市重点行业头部企业发布的开展低碳经济相关会议的资讯等。 ④ 规划文件：样本城市的"十四五"规划文件。 ⑤ 其他总结文本：重点行业头部企业发布的低碳产业相关总结文本等。
生产效率（Ef）	规划（P）	① 规划文件：样本城市的国民经济和社会发展第十四个五年规划及 2035 年远景目标纲要、"十四五"时期应对气候变化、"十四五"节能规划、"十四五"能源发展规划、"十四五"绿色低碳循环发展规划、"十四五"绿色转型发展规划、低碳发展规划、"十四五"建筑节能和绿色建筑发展规划、"十四五"节能环保产业集群发展规划等。

维度	环节	数据来源
生产效率（Ef）	实施（D）	① 工作方案：样本城市的低碳试点工作方案、制造业绿色低碳发展行动方案、"十四五"节能减排工作实施方案、"十四五"节能减排综合实施方案、加快建立健全绿色低碳循环发展经济体系实施方案、既有居住建筑节能改造实施方案、公共建筑节能改造实施细则、推动工业经济绿色发展实施方案、清洁生产实施方案、治理大气污染专项行动实施方案、打赢蓝天保卫战三年行动计划实施方案、工业结构调整专项行动方案、推动降碳及发展低碳产业工作方案、优化产业结构促进城市绿色低碳发展行动方案和政策措施、优化能源结构促进城市绿色低碳发展行动方案和政策措施、低碳城市管理云平台项目工作方案、实现 2025 年碳排放方案、创建节能减排财政政策综合示范城市节能工作实施方案、推动清洁能源产业一体化配套发展工作方案等。 ② 条例规定：样本城市的碳达峰碳中和促进条例、节约能源条例、低碳发展促进条例、绿色转型促进条例、生态环境保护条例、民用建筑节能条例、生态文明建设促进条例、建筑节能条例、文化和旅游局公共机构节能管理制度等。 ③ 管理办法：样本城市的节能管理办法、公共机构节能办法、节约能源办法、重点用能单位节能管理办法等。 ④ 其他行政公文：样本城市的关于加快推进绿色低碳循环发展经济体系的若干措施、关于组织推荐城市重点节能减排技术的通知、控制温室气体排放工作的实施意见、关于加快绿色循环低碳交通运输发展的实施意见、关于加快绿色循环低碳交通运输发展的实施意见、提升环境空气质量专项行动任务分解表、工业节能工作指导意见、关于征集重点低碳技术的通知、关于组织申报省级低碳试点的通知、关于加强工业节能有关工作的通知等。
	检查（C）	① 管理办法：样本城市的节能监察办法、节能监督工作要点、节能提效相关专项资金管理办法等。 ② 其他行政公文：样本城市关于开展节能监察工作的通知、开展节能服务机构专项监察的通知、关于强化监督的函、关于强化资源保护监督管理的提案、关于明确环境卫生监督管理事权的通知等。 ③ 政务服务平台：样本城市的节能监测服务平台、低碳相关研究中心、各高校官网关于低碳研究的平台等的相关信息。 ④ 政府官网信息：节能协会官网、节能检查中心官网、人民政府官网、节能信息网等发布的相关通知及文件。
	结果（O）	① "单位 GDP 碳排放量变化率"数据来自《中国净零碳城市发展报告》等。 ② "万元 GDP 固体废物综合利用率"数据来自《中国城市统计年鉴》等。 ③ "居民出行单程平均通勤时间"和"建成区人均建设用地面积"数据来自《全国主要城市通勤时耗监测报告》等。 ④ "建成区人均地下空间面积"数据来自《中国城市地下空间发展蓝皮书》等。
	反馈（A）	① 政府官网信息：样本城市的政府官方网站、政务服务网、能源局官方网站发布的相关通知及文件。 ② 行业协会官网信息：样本城市科学技术委员会、生产力促进中心等官方网站发布的相关通知及文件。
城市居民（Po）	规划（P）	① 规划文件：样本城市的城市国民经济和社会发展第十四个五年规划及 2035 年远景目标纲要、城市"十四五"时期生态环境保护规划、城市"十四五"综合交通运输体系规划等。
	实施（D）	① 工作方案：样本城市的碳普惠制工作实施方案及其方法学、应对气候变化工作计划、低碳资金管理办法等。 ② 政府官网信息：样本城市官网发布的关于低碳生活消费的讲话、碳普惠超市情况、政企合作信息、政协建议等。 ③ 小程序：样本城市与低碳生活消费相关的小程序，目前有绿色生活季、津碳行、河北碳普惠、三晋绿色生活、全面低碳、碳易行、低碳星球益起低碳生活、碳惠通、碳惠天府、低碳黔行、西宁碳积分等。 ④ 公众号：样本城市与低碳生活消费相关的公众号，包括城市生态环境、城市低碳等。 ⑤ App：样本城市与低碳生活消费相关的 App，目前有随申行绿色出行、青碳行、我的宁夏、我的南京等。
	检查（C）	① 评价方案：样本城市与低碳社区、低碳出行、低碳消费、碳普惠制度相关的评价方案。 ② 工作方案：样本城市低碳社区创建、绿色社区创建、生活垃圾分类、塑料污染治理、废旧物资循环体系建设等工作方案。 ③ 政府官网信息：样本城市官网发布的低碳生活消费的宣传新闻、民意调查、工作推进会等。 ④ 小程序：样本城市与低碳生活消费相关的小程序，目前有绿色生活季、津碳行、河北碳普惠、三晋绿色生活、全面低碳、碳易行、低碳星球益起低碳生活、碳惠通、碳惠天府、低碳黔行、西宁碳积分等。 ⑤ App：样本城市与低碳生活消费相关的 App，目前有随申行绿色出行、青碳行、我的宁夏、我的南京等。

续表

维度	环节	数据来源
城市居民（Po）	结果（O）	① "居民日人均用水量""燃气普及率""人行道面积占道路面积比例"数据来自《中国城市建设年鉴》。 ② "城市人均居民生活用电"数据通过各样本城市统计年鉴中的"城乡居民生活用电"和《中国城市年鉴》中的"常住人口"计算得到。 ③ "轨道交通年客运总量"数据来自《中国第三产业统计年鉴》。 ④ "公共汽（电）车年客运总量"来自《中国城市年鉴》。 ⑤ "建成新能源汽车充电站""新能源汽车保有量"数据来自DAAS（达示）数据库。 ⑥ "旧衣物回收水平""光盘行动水平""抑制一次性餐具使用程度""快递包装回收水平"数据利用百度关键词搜索，以百度资讯数表示。
	反馈（A）	① 总结文本：样本城市官网发布的与低碳社区、低碳出行、低碳消费相关的工作情况或总结、优秀案例、宣传活动总结等。 ② 以上相关小程序或App。
水域碳汇（Wa）	规划（P）	① 规划文件：样本城市"十四五"时期生态环境保护专项规划、生态空间与市容"十四五"规划、自然资源利用和保护"十四五"规划、"十四五"应对气候变化规划、海绵城市建设规划、国民经济和社会发展"十四五"规划、"十四五"重点流域水生态环境保护规划、海洋生态环境保护规划、湿地保护"十四五"规划、各地生态建设与环境保护规划。
	实施（D）	① 工作方案：样本城市的低碳城市试点建设方案、水生态文明建设试点方案、水安全保障总体规划实施方案、水生态建设实施方案、水域综合治理三年行动计划、生态河湖行动计划、流域保护治理及修复专项攻坚战实施方案、城市内河管理办法实施细则、入海段流域水环境综合治理与可持续发展试点实施方案、近岸海域水污染防治攻坚战实施方案、环境治理实施方案、生态文明建设实施方案等。 ② 条例规定：样本城市的近岸海域环境保护规定、湖泊保护条例、水域市容环境卫生管理条例、河道管理条例、地面水水域环境功能划类规定、城市园林绿化工程管理规定等。 ③ 管理办法：样本城市的水域保护管理办法、水域治安管理条例、低碳城市建设管理办法、环境保护专项资金管理办法等。 ④ 其他行政公文：样本城市的水生态文明建设试点通知、加强水域保护及治理通知、加强自然资源保护通知、关于实施城市"双修（生态修复，城市修补）"试点的通知等。 ⑤ 政府官网信息：样本城市环境保护相关部门（如园林局、城市管理局、自然资源局等）官方网站、环境保护协会相关网站以及官方媒体等发布的相关办事指南、工作进展等。
	检查（C）	① 条例规定：样本城市的水污染防治条例、水资源管理条例、湿地保护条例、生态保护与修复条例、饮用水水源保护条例、水保护条例、河道管理条例、水环境保护条例、生态环境保护监督管理责任规定等。 ② 工作方案：样本城市的聚焦攻坚加快推进水环境治理工作实施方案、生态环境治理修复与保护工程方案、水污染防治方案、深入打好城市黑臭水体治理攻坚战实施方案、地表水环境质量改善和饮用水水源地环境问题整治百日攻坚行动工作方案、河长制督查督办工作方案、年度全市水行政执法监督检查活动实施方案、城市生活饮用水水源保护和污染防治办法等。 ③ 行动通知：样本城市的湿地保护修复工作的通知、实行最严格水资源管理制度的实施意见、关于打赢水污染防治攻坚战的意见、年度生态环境工作要点的通知、关于开展大气和水环境综合整治专项督查工作的通知、关于加强全市水生态环境问题巡查督办工作的通知等。 ④ 政府官网信息：样本城市不断强化环境执法监管、扎实推进水环境综合治理、多部门联合督导检查水生态环境、检查调度水环境提升工作、开展年度集中式饮用水水源保护区专项督查行动；生态环境保护督察组向市水务局反馈督察情况、生态环境局生态环境保护督察整改、生态环境局开展水污染防治专项资金项目督查工作、生态环境部门开展水环境安全专项执法检查、水利局开展水行政执法监督工作；组织水行政执法监督检查工作；河长办开展河湖环境明察暗访工作等新闻资讯。 ⑤ 监督专栏：样本城市的生态环境局、水务局官网的监督专栏。
	结果（O）	① "水域的保护率"数据来自各样本城市的生态环境公报、百度搜索中的新闻资讯等。 ② "人均水域拥有量"数据来自样本城市的统计年鉴、生态环境部门对所在城市的水域总体情况介绍、第二次湿地普查结果以及学术文献中的统计研究结果。 ③ "新增的主要水域类型"数据来自样本城市的生态环境公报或城市生态环境部门的官方网站信息。
	反馈（A）	① 条例规定：样本城市的水污染防治条例、水资源管理条例、湿地保护条例、生态保护与修复条例、饮用水水源保护条例、水保护条例、水环境保护条例等。 ② 工作方案：样本城市的水污染防治工作方案、环境保护局行政奖励裁量基准、年度水利建设工作综合评价办法、关于实行最严格水资源管理制度的实施意见、生态环境局行政执法事项清单等。

维度	环节	数据来源
水域碳汇（Wa）	反馈（A）	③ 总结文本：样本城市的生态环境局的工作完成情况报告、生态环境状况公报、水环境治理工作总结、生态环境保护督察报告等。 ④ 政府官网信息：样本城市官网发布的水务工作先进集体和先进个人的决定、河长制工作先进集体和先进个人的决定、事业单位工作人员嘉奖公示、城区水系综合治理工作先进集体和先进个人拟表彰对象的公示、涉水行政处罚决定书、表彰民间河湖长、全市典型环境违法案件查处情况的通报等；样本城市官网发布的召开水污染治理及水生态修复专委会会议、企业年度表彰大会暨职工代表大会、水污染防治工作领导小组会议、年度考核总结表彰大会等专题会议的通知；公布年度城镇污水处理奖励资金、年度环境违法典型案例；领导干部被通报；纪委问责治水不力人员；涉水其他公司被处罚；治水工作者受市表扬等。
森林碳汇（Fo）	规划（P）	① 规划文件：样本城市的林业发展"十四五"规划、林草保护发展"十四五"规划、生态环境保护"十四五"规划、自然资源保护和利用"十四五"规划等。 ② 规划方案：样本城市的园林绿化行业落实"双碳"目标的工作指导意见、碳达峰实施方案等。
	实施（D）	① 条例规定：样本城市的森林资源保护管理条例、森林防火（消防）条例、林地管理条例、森林资源管理条例（办法）、林地保护（管理）办法、公益林保护条例、生态林管理条例、生态公益林条例、森林资源保护发展责任制办法、全民义务植树办法、平原天然林保护条例、林业和园林有害生物防治管理办法、林业改革发展补助资金使用管理和绩效管理办法、林业发展资金管理办法、林业资源管理与生态保护修复资金管理办法等。 ② 应急预案：样本城市发布的突发林业有害生物事件应急预案、森林火灾应急预案等。 ③ 行动通知：样本城市发布的关于加强和规范"十四五"期间林木采伐管理的通知、林地保护与利用规划的通知、清收林地停耕还林的通告、林业有害生物成灾率指标的通知、加大造林力度提高林木覆盖水平三年行动计划的通知、建立森林资源保护管理配合协作工作机制的通知、森林防火禁火的通告、天然林保护修复制度实施方案的通知、科学绿化实施方案的通知、关于下达2022 年市级林业专项资金的通知、关于印发沈阳市林业改革发展资金管理实施细则的通知、关于做好市级林业水利专项资金管理的通知；关于扎实推进林业有害生物工作的通知、关于全面建立林长制目标如期实现的通知等。 ④ 工作方案：样本城市发布的重点区域绿化工作实施方案、关于切实加强林业园林有害生物防控工作的实施意见、关于科学绿化的实施意见、林区升级改造实施方案等。 ⑤ 其他行政公文：样本城市发布的草原防火命令；林业工作要点；封山育林的管理规定等。 ⑥ 政务服务平台：样本城市林业局（自然资源局、公园城市建设管理局）官网的政务公开板块。
	检查（C）	① 行动通知：案例城市林业局（自然资源局、公园城市建设管理局）发布的打击制售假劣林草种苗和侵犯植物新品种权专项行动的通知；关于对城市树木伐移、绿地占用事项的监管工作情况进行检查的通知；林木种苗质量监督抽查通报等。 ② 行政清单：案例城市林业局（自然资源局、公园城市建设管理局）发布的行政执法事项清单；行政监督检查事项清单；"双随机（随机抽取检查对象，随机选派执法检查人员）"抽查事项清单。 ③ 政务服务平台：案例城市林业局（自然资源局、公园城市建设管理局）的信息公开板块。
	结果（O）	① "森林覆盖率"数据来自样本城市的林业发展"十四五"规划。 ② "森林蓄积量"数据来自样本城市的林业发展"十四五"规划。 ③ "森林植被碳储量"依据全国森林植被碳储量、全国森林总蓄积量与各城市森林蓄积量推算，详见本章第二节"特殊变量计算"。 ④ "森林火灾受害率"数据来自样本城市的林业发展"十四五"规划；国家林业和草原局发布的《"十四五"林业草原保护发展规划纲要》。 ⑤ "林业有害生物成灾率"数据来自样本城市的林业发展"十四五"规划；国家林业和草原局发布的《"十四五"林业草原保护发展规划纲要》。
	反馈（A）	① 政府官网信息：样本城市市政府及下属部门（林业局、自然资源局、公园城市建设管理局）或行业协会官网发布的表彰全市林业系统优秀护林员的公告、表彰林业系统（绿化工作）先进集体和先进个人的公告、绿化美化先进集体或先进个人推荐名单公示、林业科学技术奖获奖名单的公示、表彰林业生态市建设先进集体和先进个人名单公示、关于表彰"森林单位（社区）"名单的公示、关于行政处罚结果的公示；样本城市市政府（林业局、自然资源局、公园城市建设管理局）发布的市级罚没事项清单、行政执法事项清单、行政处罚决定书、行政处罚项目表等；样本城市召开林业工作会议、召开园林绿化局局长办公会、召开全市森林防火工作会议、通报国土绿化工作完成情况、召开2022 年半年工作座谈会、召开2022 年森林防火工作总结暨森林资源督查和植树造林工作会议、召开全市林草工作会议等。 ② 权责清单：样本城市林业局或自然资源局的权责事项基本信息（权责清单、职权信息表）。

维度	环节	数据来源
森林碳汇（Fo）	反馈（A）	③ 行动通知：样本城市市政府或林业局关于下达林长制考核奖励及林业增绿增效行动综合奖补资金的通知；关于全市造林绿化工作会议的通知。 ④ 办事指南：样本城市关于申报植树造林、保护森林以及森林管理等方面成绩显著的单位或者个人奖励的政务办理指南；关于申报在植树造林（义务植树）工作中做出显著成绩的单位和个人的行政奖励的政务办理指南；关于表彰和奖励在林业科学研究、成果转移转化中作出突出贡献的集体和个人的政务办理指南；关于申报森林防火先进集体与个人表彰的政务办理指南；关于申报及时报告有害生物灾害的单位和个人的奖励的政务办理指南；申报退耕还林工作先进集体和先进个人的奖励等。 ⑤ 总结文本：样本城市林业局（自然资源局、公园城市建设管理局）发布的 2021 年工作总结和 2022 年工作计划；近三年林业和草原工作要点等。 ⑥ 政务服务平台：样本城市的政务服务网内设板块（对违法采伐林木的行政处罚）；行政处罚服务大厅；"双随机、一公开（随机抽取检查对象，随机选派执法检查人员，抽查情况及查处结果及时向社会公开）"行政抽查记录等。
绿地碳汇（GS）	规划（P）	① 规划文件：样本城市的生态环境保护"十四五"规划、城乡建设"十四五"规划、住房和城乡建设"十四五"规划、林业生态建设"十四五"规划、生态空间与市容"十四五"规划、自然资源利用和保护"十四五"规划、"十四五"新型城镇化规划、应对气候变化"十四五"规划、林业与园林发展"十四五"规划、绿地系统专项规划、生态文明建设规划、林草保护发展规划等。 ② 规划方案：样本城市的低碳城市试点方案、园林城市试点方案、生态城市试点方案、花园城市试点方案、碳达峰碳中和实施方案、环境治理行动方案、绿地系统专项治理行动方案、温室气体减排和大气污染治理协同控制三年行动计划等。 ③ 条例规定：样本城市的城市绿化管理条例、城市市容管理办法、低碳发展促进条例、碳达峰中和发展条例、城市绿线管理办法、规划区林地、湿地、草地保护办法等。 ④ 其他行政公文：样本城市的海绵城市绿地建设指引、低碳城市试点建设指南、花园城市试点建设指南、城市绿色低碳发展行动指南等。
	实施（D）	① 工作方案：样本城市的低碳城市试点建设方案、花园城市试点建设方案、园林城市试点建设方案、绿地行动实施方案、生态环境保护实施方案、环境治理实施方案、生态文明建设实施方案等。 ② 条例规定：样本城市的城市绿化条例、城镇园林绿化条例、保护城市重点公共绿地的规定、永久性绿地管理规定、城市园林绿化工程管理规定等。 ③ 管理办法：样本城市的城市绿化管理办法、园林城市管理办法、低碳城市建设管理办法、绿地系统专项资金管理办法、环境保护专项资金管理办法等。 ④ 其他行政公文：样本城市的园林城市试点通知、加强公园绿地保护通知、加强自然资源保护通知、关于实施城市"双修"（生态修复及城市修补）试点的通知、关于城市绿地治理相关通知等。 ⑤ 办事指南：数据主要来源于样本城市园林相关部门（如园林局、城市管理局、自然资源局等）官方网站等。 ⑥ 其他网站平台：协会企业查询网站（如爱企查、天眼查等）、政务 App、园林环保协会相关网站等。
	检查（C）	① 条例规定：样本城市的城市绿化管理条例、城市园林绿化条例、保护城市重点公共绿地规定、城市绿地树种规划设计规范、城市绿地占用事中事后监督管理办法、植树造林绿化管理条例、绿化行政许可审核若干规定等。 ② 管理办法：样本城市的园林绿化工程质量和安全监督管理办法、城市绿化监督检查实施办法、建设工程项目配套绿地面积审核管理办法等。 ③ 其他行政公文：样本城市的人民政府官网、城市园林相关部门（如园林局、城市管理局、自然资源局等）、园林环保协会相关网站以及官方媒体发布的绿化建设项目检查验收办法的通知、城市绿化建设管理规定（试行）的通知、园林绿化工程质量和安全监督管理办法的通知、绿化督查通知等。
	结果（O）	① "建成区绿地率""人均公园绿地面积"数据来自《中国城市统计年鉴 2020》。 ② "人均绿地面积"数据根据样本城市绿地面积及城市常住人口换算而来，"速生且本土树种占比"数据作为衡量绿地碳汇结果的重要指标，其代表了绿地碳汇质量的好坏，但由于数据无法获得，该指标在本书中不计入评价结果中。
	反馈（A）	① 总结文本：样本城市的园林部门工作总结暨年度绩效管理自查情况的报告、园林部门年度工作总结表彰暨工作部署大会报告。 ② 政府官网信息：样本城市的园林绿化相关主体年度年中工作会议、绿地检查考评结果通报会、全市城市园林绿化工作推进会、城市园林绿化养护巡查质量分析会、园林绿化管理先进单位的通报、对绿化先进集体和先进个人拟表彰名单的公示、风景园林协会科技进步奖、优秀园林工程项目获奖结果的通报、关于表彰创建园林绿化先进城市（城区）和创建园林城市先进集体、优秀市长（区长）、先进个人的通报等。 ③ 办法标准：样本城市的城市园林绿化管护考核办法、园林绿化养护管理考核评分标准等。

续表

维度	环节	数据来源
低碳技术（Te）	规划（P）	① 规划文件：样本城市的科技创新"十四五"规划、生态环境保护"十四五"规划、应对气候变化"十四五"规划等。 ② 规划方案：样本城市的低碳试点工作方案、碳达峰碳中和实施方案、科创领域碳达峰行动方案、推动降碳及发展低碳产业工作方案、严格能效约束推动重点领域节能降碳工作行动方案、优化能源结构促进城市绿色低碳发展行动方案、温室气体减排和大气污染治理协同控制三年行动计划等。 ③ 条例规定：样本城市的碳达峰碳中和促进条例、低碳发展促进条例等。 ④ 其他行政公文：样本城市的科学技术研究与发展计划项目申报指南、绿色发展行动指南、《厦门市加快健全绿色低碳循环发展经济体系工作方案》、优化能源结构促进城市绿色低碳发展政策措施的通知等。
	实施（D）	① 工作方案：样本城市的低碳试点工作方案、碳达峰碳中和实施方案、科创领域碳达峰行动方案、推动降碳及发展低碳产业工作方案、严格能效约束推动重点领域节能降碳工作行动方案、优化能源结构促进城市绿色低碳发展行动方案、温室气体减排和大气污染治理协同控制三年行动计划等。 ② 条例规定：样本城市的碳达峰碳中和促进条例、低碳发展促进条例等。 ③ 管理办法：样本城市的节能专项资金管理暂行办法、促进绿色转型专项资金使用管理办法、节能减排（应对气候变化）专项资金管理办法、专项资金项目专项审计通用原则和标准、招商引资促进实体企业绿色发展扶持办法等。 ④ 其他行政公文：样本城市政府官网、科学技术局官网、科研机构与协会官网发布的关于征集先进低碳技术试点项目的通知、节能低碳技术产品推荐目录、征集节能减排与低碳技术成果的通知、关于完整准确全面贯彻新发展理念做好碳达峰碳中和工作的实施意见、科学技术研究与发展计划项目申报指南等。 ⑤ 办事指南：样本城市的科学技术局官网。 ⑥ 科学研究和技术服务业企业法人单位数：《中国基本单位统计年鉴》。 ⑦ 其他网站平台：天眼查、爱企查等上的相关人力资源信息。
	检查（C）	① 条例规定：样本城市的科技创新条例、节约能源条例等。 ② 工作方案：样本城市的科技监督和评估体系建设工作方案、年度节能监察工作要点等。 ③ 管理办法：样本城市的科技计划项目管理办法、科技计划项目监督与评估工作管理办法、节能低碳产品认证管理办法、区域节能评价审查管理暂行办法、绿色制造试点示范管理暂行办法等。 ④ 办法标准：样本城市的企业低碳运行管理通则、绿色企业评价规范等。 ⑤ 其他网站平台：天眼查、爱企查等上的相关人力资源信息。
	结果（O）	① "发明和实用新型专利"数据来自中国研究数据服务平台（Chinese Research Data Services Platform，CNRDS）得到。 ② "绿色全要素生产率"数据通过本章第二节"特殊变量计算"得到。 ③ "获得的绿色专利（绿色发明及绿色实用新型）数量与碳排放量的比值"通过中国研究数据服务平台（CNRDS）得到绿色专利数量除以《中国城市二氧化碳排放数据集（2020）》中的"二氧化碳排放"。
	反馈（A）	① 办法与细则：样本城市的节能减排先进集体和先进个人评选表彰暂行办法、科学技术奖励办法实施细则、"科技奖"表彰办法、科学技术奖励办法、科学技术奖励规定实施细则、科学技术奖申报指南等。 ② 条例规定：样本城市的科学技术奖励条例等。 ③ 政府官网信息：样本城市的节能减排先进集体和先进个人拟表彰对象名单、重点实验室工程技术研究中心绩效考评结果及名单、优秀科技工作者评选表彰活动的通知、年度科学技术奖励项目及市科技创新奖的通报、生态环境技术进步奖申报工作的通知、经济社会发展贡献奖（科技创新）先进集体和先进个人拟推荐名单公示、年度全区工业和科技工作先进单位的通报、生态文明建设工作进展情况的通报、科技系统拟表彰先进集体和先进个人公示、科学技术进步奖拟获奖项目公示等；样本城市召开优秀科技工作者表彰大会、双碳发展论坛、数字碳中和高峰论坛、碳达峰碳中和工作调研座谈会、节能低碳技术对接交流会、年度总结表彰会、节能降碳创新研讨会暨节能新技术新装备推介会、"碳达峰碳中和"工作座谈会；专家和机构的采访等。 ④ 总结文本：样本城市生态环境局的年度工作总结、工业和信息化局年度工作总结、科学技术局的年度工作总结、科技进步报告等。

二、数据搜集原则

本书搜集数据基于以下原则：

（1）时效性原则。本书采用的数据是最新有效数据，以满足诊断评价的需求。本研究具体在搜集数据时，样本城市的结果环节最新数据多在 2020 年之后。而在计划、实施、检查和反馈环节的最新有效数据在不同样本城市间是不同的，因为不同城市更新数据的频率不一样，但搜集的数据是近期的。

（2）权威性原则。不同统计平台由于统计方法的不同，导致所得到的有关社会、经济、环境、科技等方面的数据存在一定差异，本书使用的数据主要以政府官网和统计年鉴中的数据为准。

（3）全面性原则。如果所使用的数据缺失，可能导致所得结果出现偏差，不利于反映低碳城市建设的真实情况。基于此，本书优先选择数据完整的政府官网和统计年鉴中的数据，如果这些数据源中的数据不全或不满足数据要求，则采用其他统计平台的数据。若仍然存在数据缺失，则通过插值法或其他数据预处理方法以补全。数据缺失值处理办法详见本章第二节。

三、特殊变量计算

本书中存在不能直接搜集而需要由多个数据应用特殊算法计算才能得到评分的得分变量，对这些得分变量需要进行计算方法上的处理和说明。

（一）经济发展维度的结果环节得分变量"泰尔指数"

泰尔指数是由泰尔（Theil）于 1967 年提出的，一般学者将之用于产业结构合理性的研究，其计算公式如下：

$$\mathrm{TL} = \sum_{i=1}^{n}\left(\frac{Y_i}{Y}\right)\ln\left(\frac{Y_i}{L_i}\bigg/\frac{Y}{L}\right) \tag{4.1}$$

式中，泰尔指数 TL 表示结构偏离度；Y 表示产值；L 表示就业；i 表示产业，Y/L 表示生产率。根据古典经济学假设，经济最终处于均衡状态时各产业生产率水平相同。因此当经济处于均衡状态，$Y_i/L_i = Y/L$，此时 TL = 0；而当泰尔指数不为 0 时，表明产业结构偏离了均衡状态，产业结构不合理，数值越大，偏离均衡状态越严重。

（二）森林碳汇维度的结果环节得分变量"森林植被碳储量"

森林植被碳储量是指森林中各类植被通过光合作用固定在体内的二氧化碳总量，是森林固碳能力的重要体现之一。森林蓄积量作为森林面积与质量的复合体现，对森林植被碳储量具有重要影响，因此，使用如下公式计算森林植被碳储量：

$$S_c = S_n \times \frac{\mathrm{FV}_c}{\mathrm{FV}_n}$$

式中，S_c 表示城市森林植被碳储量，亿吨；S_n 表示全国森林植被碳储量，亿吨；FV_c 表示城市森林蓄积量，亿立方米；FV_n 表示全国森林蓄积量，亿立方米。全国森林植被碳储量（92 亿吨）与全国森林总蓄积量（175 亿立方米）的取值来源于国家林业和草原局官方网站公布的相关数据[①]。

（三）低碳技术维度的结果环节得分变量"绿色全要素生产率"

绿色全要素生产率（green total factor productivity，GTFP）也被称为环境全要素生产率，从绿色投入视角可以将其定义为绿色技术的生产效率。绿色全要素生产率是在传统的全要素生产率基础上，综合考虑资源与环境质量，衡量在投入一定生产要素的情况下期望产出（经济产出）增加且非期望产出（环境污染）减少的指标。绿色全要素生产率体现了绿色发展的内涵，更符合当前经济和社会发展的需求（陈亚男，2016；刘雪莹，2021）。

本书中所用的绿色全要素生产率参考彭小辉和王静怡（2022）以及智煜（2022）的方法，采用非期望产出的基于松弛变量的方向性距离函数（slack-based measure，SBM）和全局曼奎斯特-卢恩伯格（global Malmquist-Luenberger，GML）指数测算绿色全要素生产率。SBM 计算公式如下：

$$\overrightarrow{D_0}(x, y, b, g) = \max\left\{\beta : (y, b) + \beta g \in P(x)\right\} \tag{4.2}$$

式中，$g = (y, -b)$ 表示产出增长的方向向量；β 表示方向性距离函数值。

城市 i 在第 t 年的 SBM 计算公式如下：

$$S_V^t\left(x^{t,k^t}, y^{t,k^t}, b^{t,k^t}, g^x, g^y, g^b\right) = \max_{s^x, s^y, s^b} \frac{\dfrac{1}{N}\sum\limits_{n=1}^{N}\dfrac{s_n^x}{g_n^x} + \dfrac{1}{M+L}\left(\sum\limits_{m=1}^{M}\dfrac{s_m^y}{g_m^y} + \sum\limits_{l=1}^{L}\dfrac{s_l^b}{g_l^b}\right)}{2} \tag{4.3}$$

$$\sum_{k=1}^{K} z_k^t x_{kn}^t + s_n^x = x_{kn}^t, \forall n \tag{4.4}$$

$$\sum_{k=1}^{K} z_k^t y_{km}^t - s_m^y = y_{km}^t, \forall m \tag{4.5}$$

$$\sum_{k=1}^{K} z_k^t b_{kl}^t + s_l^b = b_{kl}^t, \forall l \tag{4.6}$$

$$\sum_{k=1}^{K} z_k^t = 1, z_k^t \geqslant 0, \forall k; s_n^x \geqslant 0, \forall n; s_m^y \geqslant 0, \forall m; s_l^b \geqslant 0, \forall l \tag{4.7}$$

[①] 数据来源：http://www.forestry.gov.cn/main/61/20210207/041704351693742.html
http://www.forestry.gov.cn/main/216/20210615/145354484186543.html

其中，S_V^t 为规模报酬可变条件下的方向性距离函数。$(x^{t,k'}, y^{t,k'}, b^{t,k'})$ 为城市的生产要素投入、期望与非期望产出向量。(g^x, g^y, g^b) 为方向向量，其正方向为投入和非期望产出缩减，期望产出扩张。(s_n^x, s_m^y, s_l^b) 表示投入、期望产出和非期望产出的松弛向量。

t 到 $t+1$ 时期的 GML 指数计算公式如下：

$$\mathrm{GML}_t^{t+1} = \frac{1 + \overrightarrow{D_0^G}(x^t, y^t, b^t, g^t)}{1 + \overrightarrow{D_0^G}(x^{t+1}, y^{t+1}, b^{t+1}, g^{t+1})} \qquad (4.8)$$

其中，$\overrightarrow{D_0^G}$ 为全局方向性距离函数；g 为方向向量。以 GML 指数表示 GTFP，GML 指数大于 1 时表示 GTFP 增长得到改善。相反，当 GML 指数小于 1 时，表示 GTFP 下降。

用于计算绿色全要素生产率的投入指标为劳动投入、资本投入和能源投入。劳动投入选取各城市年末从业人员数来衡量。资本投入选取固定资本存量。能源投入选取全年市辖区用电量来衡量。期望产出指标选取各城市实际 GDP。各城市工业废水排放量、工业二氧化碳排放量和工业烟尘排放量作为非期望产出。计算绿色全要素生产率的数据主要来源于《中国城市统计年鉴》、《中国区域统计年鉴》和《中国统计年鉴》。

（四）样本城市的客观条件特征值"全要素生产率"

全要素生产率（total factor productivity，TFP）是指生产单位作为一个系统时，其各个要素的综合生产率，测算公式为产出总量与全部资源投入量的比值。全要素生产率用于刻画生产活动在一定时间内对人力、物力、财力等资源开发利用的效率，即表达一种资源配置效率，是用于衡量生产效率的重要指标，本书选择该值作为生产效率维度的各城市客观条件特征值。

全要素生产率的估算方法可以归纳为两类，一是增长会计法，二是经济计量法。考虑到本书中主要考虑节能降碳技术效率提升的影响，因此选择运用经济计量法中的潜在产出法（potential output，PO）对 2020 年各城市的全要素生产率进行测算，计算公式如下：

$$GA = GY - \alpha GL + \beta GK \qquad (4.9)$$

其中，GA 为全要素生产率；GY 为经济增长率；GL 为劳动增加率；GK 为资本增长率；α 为劳动份额；β 为资本份额。

四、数据缺失值处理

（一）经济发展维度数据缺失值处理

由于南宁、兰州、西宁、乌鲁木齐、拉萨在"第一、第二、第三产业就业人员"上缺失 2020 年的数据，因此这五个城市的泰尔指数得分变量不纳入计算。另外"战略性新兴产业增加值占 GDP 比重"、"人均绿色建筑面积"以及"非化石能源产值占 GDP 比重"这 3 个得分变量因数据无法从公开渠道获取，暂仅纳入指标体系构建，不参与计算。

（二）城市居民维度数据缺失值处理

由于海口、西宁、银川、拉萨无轨道交通，故其轨道交通年客运总量定为缺失值，不参与计算；其他的缺失值按照相应样本城市 2015 年到 2019 年的数据，通过线性插值方法补缺。

第三节 计算修正系数的城市特征值数据

基于本书第三章中对城市特征修正系数构建机理的阐述，并在每一维度下选择一个能反映城市客观条件的城市特征指标。本书搜集得到样本城市的城市客观条件特征值如表 4.3 所示。

表 4.3 2022 年样本城市的城市客观条件特征值

城市	城市客观条件特征值（2022）（k_d）						
	非化石能源占一次能源消费比重[1]/%	单位 GDP 碳排放[2]/(吨/万元)	全要素生产率[3]/%	平均受教育年限[4]/年	水域面积占行政区面积比例[5]/%	年降水量[6]/mm	每万人发明专利拥有量[7]/件
北京	10.40	0.37	0.73	12.64	2.26	527.10	74.14
天津	7.70	1.30	1.12	11.29	24.84	571.00	54.22
石家庄	5.00	1.77	0.98	10.76	0.05	551.40	18.22
太原	6.50	1.58	0.22	11.84	2.75	542.90	22.74
呼和浩特	11.20	2.71	0.03	11.30	1.94	367.20	15.86
沈阳	8.60	1.02	0.67	11.39	1.69	658.00	23.23
大连	10.00	1.11	0.64	10.82	28.66	714.30	23.64
长春	9.50	1.02	0.08	10.69	4.88	663.50	19.11
哈尔滨	9.00	1.30	0.74	11.16	2.35	423.00	15.52
上海	18.00	2.46	0.93	11.81	1.92	1164.50	55.93
南京	6.50	0.78	0.39	11.76	5.23	1090.00	81.76
杭州	16.30	0.51	1.00	10.41	11.40	1721.00	77.13
宁波	20.00	0.73	0.41	9.42	6.20	1480.00	64.16
合肥	6.30	0.56	0.39	10.80	10.37	1523.00	43.84

① 数据来源：样本城市发布的能源专项规划、"十四五"国民经济规划文件以及政府官网或官媒发布的新闻。

② 数据来源：中国城市二氧化碳排放数据集（2020）http://www.cityghg.com/toCauses？id = 4。

③ 数据来源：详见本章第二节"特殊变量计算"。

④ 数据来源：各样本城市的第七次全国人口普查公报。

⑤ 数据来源：样本城市的生态环境公报、全国第二次湿地普查结果。

⑥ 数据来源：《中国城市统计年鉴》。

⑦ 数据来源：中国研究数据服务平台（CNRDS）。

续表

城市	城市客观条件特征值（2022）(k_d）						
	非化石能源占一次能源消费比重/%	单位GDP碳排放/(吨/万元)	全要素生产率/%	平均受教育年限/年	水域面积占行政区面积比例/%	年降水量/mm	每万人发明专利拥有量/件
福州	21.60	0.60	0.88	10.39	17.38	1403.00	31.26
厦门	22.00	0.27	0.90	11.17	18.97	1143.20	56.98
南昌	13.60	0.50	0.37	11.01	17.50	1600.00	28.52
济南	2.90	0.81	0.90	10.97	2.92	548.70	44.29
青岛	8.00	0.57	0.15	10.83	12.39	662.10	57.02
郑州	11.20	0.53	0.95	11.76	7.71	576.00	39.82
武汉	15.60	0.54	0.03	11.96	19.12	1269.00	47.69
长沙	17.70	0.34	0.25	11.52	2.89	1350.00	32.74
广州	29.00	0.33	0.04	11.61	10.71	1623.60	83.05
深圳	29.00	0.16	0.24	11.86	23.33	1932.00	125.86
南宁	25.00	0.70	0.45	10.64	2.86	1110.70	13.49
海口	17.40	0.48	0.48	11.40	2.19	1220.00	20.90
重庆	25.00	0.75	0.66	9.80	2.51	1184.10	17.21
成都	44.20	0.28	0.20	10.85	2.01	1229.60	31.18
贵阳	21.10	0.94	0.32	10.76	2.00	1156.20	25.99
昆明	42.00	0.43	0.82	11.03	2.97	850.10	21.74
西安	10.00	0.46	0.03	11.85	3.96	648.30	35.70
兰州	13.00	1.63	0.50	11.33	0.29	300.00	21.20
西宁	47.00	2.46	0.87	10.20	0.08	500.00	13.17
银川	13.70	6.90	0.32	11.01	5.90	182.60	15.09
乌鲁木齐	17.00	1.89	0.50	11.57	0.94	199.60	14.38
拉萨	45.00	0.68	0.48	9.55	3.83	435.00	15.75

第四节　能源结构（En）维度诊断指标实证数据

一、能源结构维度规划环节

　　按照"维度-环节-指标-得分变量"四个层级，对第二章第一节能源结构维度规划环节的得分变量进行编码，如表4.4所示。在能源结构维度的规划环节中，共有3个指标、12个得分变量。依据表2.1设定的得分规则，结合数据来源表中的"规划"相关文件，得出36个样本城市在能源结构维度规划环节得分变量值，具体的各样本城市的得分变量得分情况如表4.5所示。

根据表 4.5 的得分变量值可以看出，各样本城市在"非化石能源发展和应用的规划""能源技术和装备的发展规划"指标的规划内容、规划属性、规划依据以及规划项目的丰富度这些得分变量的得分总体都相对较低，而"降低能源强度的规划"指标的得分变量的得分则相对较高。这说明样本城市在降低能源强度的规划方面总体做了较多的工作，而在非化石能源发展和应用的规划、能源技术和装备的发展规划方面还有待进一步优化。

表 4.4 能源结构维度规划环节指标的得分变量编码

环节	指标	得分变量	编码
规划（En-P）	非化石能源发展和应用的规划	规划内容	$En\text{-}P_{1\text{-}1}$
		规划属性	$En\text{-}P_{1\text{-}2}$
		规划依据	$En\text{-}P_{1\text{-}3}$
		规划项目的丰富度	$En\text{-}P_{1\text{-}4}$
	能源技术和装备的发展规划	规划内容	$En\text{-}P_{2\text{-}1}$
		规划属性	$En\text{-}P_{2\text{-}2}$
		规划依据	$En\text{-}P_{2\text{-}3}$
		规划项目的丰富度	$En\text{-}P_{2\text{-}4}$
	降低能源强度的规划	规划内容	$En\text{-}P_{3\text{-}1}$
		规划属性	$En\text{-}P_{3\text{-}2}$
		规划依据	$En\text{-}P_{3\text{-}3}$
		规划项目的丰富度	$En\text{-}P_{3\text{-}4}$

表 4.5 各样本城市在能源结构维度规划环节得分变量值

城市	得分变量值											
	$En\text{-}P_{1\text{-}1}$	$En\text{-}P_{1\text{-}2}$	$En\text{-}P_{1\text{-}3}$	$En\text{-}P_{1\text{-}4}$	$En\text{-}P_{2\text{-}1}$	$En\text{-}P_{2\text{-}2}$	$En\text{-}P_{2\text{-}3}$	$En\text{-}P_{2\text{-}4}$	$En\text{-}P_{3\text{-}1}$	$En\text{-}P_{3\text{-}2}$	$En\text{-}P_{3\text{-}3}$	$En\text{-}P_{3\text{-}4}$
北京	80	100	60	80	100	100	60	80	80	100	60	80
天津	100	100	40	100	100	100	40	100	100	100	40	80
石家庄	60	80	40	80	80	80	40	80	100	100	60	80
太原	60	100	40	60	60	100	40	60	60	100	40	80
呼和浩特	60	60	40	60	40	80	40	40	40	60	40	40
沈阳	60	60	40	60	40	40	40	40	80	60	40	100
大连	60	60	40	60	60	60	40	60	60	60	40	80
长春	60	40	40	60	40	40	40	40	40	40	40	40
哈尔滨	40	40	40	60	40	40	40	60	60	60	40	60
上海	80	80	40	100	80	100	40	100	100	100	40	80

续表

城市	得分变量值											
	En-P$_{1-1}$	En-P$_{1-2}$	En-P$_{1-3}$	En-P$_{1-4}$	En-P$_{2-1}$	En-P$_{2-2}$	En-P$_{2-3}$	En-P$_{2-4}$	En-P$_{3-1}$	En-P$_{3-2}$	En-P$_{3-3}$	En-P$_{3-4}$
南京	60	80	40	60	60	80	40	60	60	80	40	80
杭州	80	100	100	100	100	100	100	80	100	100	100	100
宁波	60	80	60	80	80	80	60	80	60	80	60	60
合肥	40	40	40	60	60	60	40	40	80	60	40	80
福州	40	40	40	60	40	40	40	40	60	60	40	60
厦门	40	40	40	40	60	40	40	40	60	60	40	60
南昌	60	60	80	60	40	40	80	40	80	60	80	80
济南	60	60	60	60	80	60	60	60	80	80	60	100
青岛	80	80	80	80	80	80	80	80	60	60	80	60
郑州	40	40	80	60	60	60	80	40	60	60	80	80
武汉	60	60	40	60	60	60	40	60	60	60	40	60
长沙	80	80	60	100	80	80	60	80	80	80	60	80
广州	60	60	60	80	80	60	60	60	60	60	60	60
深圳	60	60	20	80	100	80	20	100	80	80	20	100
南宁	40	40	60	60	40	40	60	40	60	60	60	60
海口	40	40	20	80	40	40	20	40	60	40	20	60
重庆	100	80	60	80	80	80	60	80	80	80	60	80
成都	80	80	100	80	60	60	100	60	80	80	100	80
贵阳	80	60	40	80	80	60	40	60	60	60	40	60
昆明	20	20	20	20	20	20	20	20	40	40	40	60
西安	40	40	20	40	40	40	20	60	40	40	20	40
兰州	20	20	20	20	20	20	20	20	20	20	20	20
西宁	20	20	40	20	40	40	40	40	40	20	40	40
银川	20	20	20	20	40	40	20	40	20	20	20	20
乌鲁木齐	40	40	20	40	20	20	20	20	40	40	20	40
拉萨	40	40	20	40	40	40	20	40	40	40	20	40

二、能源结构维度实施环节

按照"维度-环节-指标-得分变量"四个层级，对第二章第一节能源结构维度实施环节的得分变量进行编码，如表4.6所示。在能源结构维度的实施环节中，共有2个指标、

5 个得分变量。依据表 2.2 设定的得分规则，结合数据来源表中实施环节的相关文件，得出 36 个样本城市在能源结构维度实施环节得分变量值，具体的各样本城市的得分变量得分情况如表 4.7 所示。

根据表 4.7 的得分变量值可以看出，各样本城市在"实施能源生产和消费改革的机制保障"指标的得分变量的得分比较高，特别是其中的"相关政务流程的透明度和畅通度"得分变量；而"实施能源生产和消费改革的资源保障"指标的得分变量的得分则相对较低，尤其是"专项资金投入力度"明显不足。这说明样本城市在实施能源生产和消费改革的机制保障方面总体表现较好，而在实施能源生产和消费改革的资源保障方面还有待进一步提高。

表 4.6　能源结构维度实施环节指标的得分变量编码

环节	指标	得分变量	编码
实施 （En-D）	实施能源生产和消费改革的机制保障	相关规章制度的完善程度	$En\text{-}D_{1\text{-}1}$
		相关政务流程的透明度和畅通度	$En\text{-}D_{1\text{-}2}$
	实施能源生产和消费改革的资源保障	专项资金投入力度	$En\text{-}D_{2\text{-}1}$
		人力资源保障程度	$En\text{-}D_{2\text{-}2}$
		技术条件保障程度	$En\text{-}D_{2\text{-}3}$

表 4.7　各样本城市在能源结构维度实施环节得分变量值

城市	得分变量值				
	$En\text{-}D_{1\text{-}1}$	$En\text{-}D_{1\text{-}2}$	$En\text{-}D_{2\text{-}1}$	$En\text{-}D_{2\text{-}2}$	$En\text{-}D_{2\text{-}3}$
北京	100	100	75	80	100
天津	80	100	75	80	100
石家庄	80	20	75	60	60
太原	20	20	25	60	80
呼和浩特	20	100	75	80	60
沈阳	60	20	75	80	80
大连	40	60	75	60	100
长春	60	100	25	20	60
哈尔滨	40	100	25	20	60
上海	60	100	100	80	100
南京	60	100	50	60	100
杭州	80	100	75	60	80
宁波	60	100	75	60	80
合肥	40	100	50	40	60

续表

城市	得分变量值				
	En-D$_{1-1}$	En-D$_{1-2}$	En-D$_{2-1}$	En-D$_{2-2}$	En-D$_{2-3}$
福州	40	100	25	20	20
厦门	60	100	25	20	40
南昌	80	100	75	20	20
济南	20	100	25	20	60
青岛	40	100	50	80	60
郑州	40	100	50	80	40
武汉	60	100	50	60	60
长沙	40	100	75	60	40
广州	40	100	50	80	60
深圳	40	100	25	20	40
南宁	20	100	25	60	40
海口	40	100	25	80	20
重庆	40	100	75	20	60
成都	20	100	50	20	20
贵阳	60	100	100	80	80
昆明	20	100	50	60	40
西安	60	60	50	60	40
兰州	40	100	25	20	40
西宁	40	20	25	40	40
银川	60	100	25	40	40
乌鲁木齐	40	100	25	40	40
拉萨	20	80	50	20	40

三、能源结构维度检查环节

　　按照"维度-环节-指标-得分变量"四个层级，对第二章第一节能源结构维度检查环节的得分变量进行编码，见表 4.8。在能源结构维度的检查环节中，共有 2 个指标、6 个得分变量。依据表 2.3 设定的得分规则，结合数据来源表中检查环节的相关文件，得出36 个样本城市在能源结构维度检查环节得分变量值，具体的各样本城市的得分变量得分情况如表 4.9 所示。

　　根据表 4.9 的得分变量值可以看出，各样本城市在"能源生产和消费改革监督的机制保障"这一指标上的平均得分比较低，尤其是"监督行为"和"对能源碳排放的考核制度"这些得分变量明显存在薄弱和不足；而在"能源生产和消费改革监督的资源保障"这一指标上的平均得分则相对较高。这说明样本城市对能源生产和消费改革监督的资源保障总体表现较好，而对能源生产和消费改革监督的机制保障还有待进一步完善。

表 4.8　能源结构维度检查环节指标的得分变量编码

环节	指标	得分变量	编码
检查 （En-C）	能源生产和消费改革监督的机制保障	相关规章制度的完善程度	En-C$_{1-1}$
		监督行为	En-C$_{1-2}$
		对能源碳排放的考核制度	En-C$_{1-3}$
	能源生产和消费改革监督的资源保障	专项资金保障程度	En-C$_{2-1}$
		人力资源保障程度	En-C$_{2-2}$
		技术条件保障程度	En-C$_{2-3}$

表 4.9　各样本城市在能源结构维度检查环节得分变量值

城市	得分变量值					
	En-C$_{1-1}$	En-C$_{1-2}$	En-C$_{1-3}$	En-C$_{2-1}$	En-C$_{2-2}$	En-C$_{2-3}$
北京	75	65	60	65	100	50
天津	50	65	60	30	65	25
石家庄	25	0	20	65	65	25
太原	25	65	20	65	65	25
呼和浩特	25	65	20	65	65	25
沈阳	25	0	60	30	65	25
大连	50	0	20	30	100	25
长春	25	100	20	30	65	25
哈尔滨	25	65	20	30	30	25
上海	50	65	60	65	65	50
南京	50	100	20	65	100	25
杭州	50	65	20	30	65	75
宁波	50	65	20	30	65	50
合肥	75	65	20	65	65	25
福州	25	65	20	65	65	25
厦门	25	30	20	30	30	25
南昌	50	100	20	30	65	25
济南	50	100	20	30	65	25

城市	得分变量值					
	En-C$_{1-1}$	En-C$_{1-2}$	En-C$_{1-3}$	En-C$_{2-1}$	En-C$_{2-2}$	En-C$_{2-3}$
青岛	50	65	20	65	65	25
郑州	75	65	20	65	65	25
武汉	25	0	60	65	65	25
长沙	50	0	20	30	30	25
广州	50	65	40	30	65	50
深圳	50	100	60	30	30	50
南宁	25	65	20	30	30	50
海口	25	0	20	30	65	25
重庆	50	0	40	30	65	50
成都	25	0	20	30	30	25
贵阳	25	65	20	30	30	50
昆明	50	65	20	65	65	25
西安	50	0	20	65	65	25
兰州	25	65	20	30	65	25
西宁	50	0	20	30	30	25
银川	50	65	20	30	65	25
乌鲁木齐	50	65	20	65	65	50
拉萨	25	0	20	30	30	25

四、能源结构维度结果环节

按照"维度-环节-指标-得分变量"四个层级，对第二章第一节能源结构维度结果环节的得分变量进行编码，如表4.10所示。在能源结构维度的结果环节中，共有1个指标、4个得分变量。依据表2.4设定的得分规则，结合数据来源表中结果环节的相关文件，得出36个样本城市在能源结构维度结果环节的得分变量值，具体的各样本城市的得分变量得分情况如表4.11所示。

根据表4.11的得分变量值可以看出，各样本城市在"能源生产和消费改革水平"指标上的得分总体较好，其中"人均能源二氧化碳排放""单位GDP能源二氧化碳排放"这两个得分变量的得分相对较高，而"非化石能源占一次能源消费比重""规上工业中燃煤占能源消费比重"变量的得分则相对较低。这说明样本城市的能源生产和消费改革水平表现的结构性差异较大，还需进一步提高非化石能源占一次能源消费比重，降低工业中燃煤占能源消费比重。

表 4.10　能源结构维度结果环节指标的得分变量编码

环节	指标	得分变量	编码
结果 （En-O）	能源生产和消费改革水平	人均能源二氧化碳排放	$En\text{-}O_{1\text{-}1}$
		单位 GDP 能源二氧化碳排放	$En\text{-}O_{1\text{-}2}$
		非化石能源占一次能源消费比重	$En\text{-}O_{1\text{-}3}$
		规上工业中燃煤占能源消费比重	$En\text{-}O_{1\text{-}4}$

表 4.11　各样本城市在能源结构维度检查环节得分变量值

城市	得分变量值				城市	得分变量值			
	$En\text{-}O_{1\text{-}1}$	$En\text{-}O_{1\text{-}2}$	$En\text{-}O_{1\text{-}3}$	$En\text{-}O_{1\text{-}4}$		$En\text{-}O_{1\text{-}1}$	$En\text{-}O_{1\text{-}2}$	$En\text{-}O_{1\text{-}3}$	$En\text{-}O_{1\text{-}4}$
北京	91.25	97.73	17.01	96.20	青岛	90.50	95.24	11.56	76.25
天津	64.76	75.47	10.88	85.29	郑州	92.52	94.29	18.82	64.01
石家庄	83.36	74.42	4.76	0.00	武汉	86.43	93.22	28.80	66.01
太原	66.68	68.73	8.16	45.23	长沙	97.53	99.23	33.56	65.48
呼和浩特	35.75	43.03	18.82	2.84	广州	95.91	98.80	59.18	39.40
沈阳	81.45	80.50	12.93	12.12	深圳	96.94	100	59.18	58.76
大连	73.97	80.26	16.10	82.31	南宁	99.83	96.74	50.11	36.99
长春	80.86	80.15	14.97	27.02	海口	100	97.83	32.88	100
哈尔滨	84.73	75.73	13.83	18.56	重庆	90.59	90.45	50.11	37.49
上海	77.49	91.09	34.24	93.83	成都	99.47	98.95	93.65	90.59
南京	71.24	88.57	8.16	83.91	贵阳	89.66	88.45	41.27	31.66
杭州	95.30	98.52	30.39	57.73	昆明	96.97	96.43	88.66	76.24
宁波	72.33	86.02	38.78	73.36	西安	99.48	98.52	16.10	30.71
合肥	94.05	96.37	7.71	3.60	兰州	78.10	74.65	22.90	64.84
福州	80.27	89.05	42.40	39.83	西宁	81.80	73.90	100.00	71.69
厦门	95.95	98.42	43.31	37.86	银川	0	0	24.49	84.72
南昌	94.18	95.24	24.26	70.23	乌鲁木齐	54.43	60.01	31.97	26.80
济南	81.90	88.68	0	74.69	拉萨	98.23	97.41	95.46	35.33

五、能源结构维度反馈环节

　　按照"维度-环节-指标-得分变量"四个层级，对第二章第一节能源结构维度反馈环节的得分变量进行编码，见表 4.12。在能源结构维度的反馈环节中，共有 3 个指标、6 个得分变量。依据表 2.5 设定的得分规则，结合数据来源表中反馈环节的相关文件，得出 36 个样本城市在能源结构维度反馈环节的得分变量值，具体的各样本城市的得分变量得分情况如表 4.13 所示。

根据表 4.13 的得分变量值可以看出，各样本城市在"对在改进能源生产与消费中产生减排效果的主体给予激励措施"指标的得分变量的得分相对较好。而在"对在改进能源生产与消费中未产生减排效果的主体施以处罚措施""改进能源生产与消费提升减排效果的总结与进一步提升方案"指标的得分变量的得分则相对较低，尤其是"基于绩效考核对政府相关部门的处罚""政府部门的总结与提升方案""行业协会的总结与提升方案"这些得分变量的得分明显较低。这说明样本城市在改进能源生产与消费中更加注重对激励措施的考量，而对处罚措施特别是对政府相关部门的处罚措施的重视程度不够；此外，政府和行业协会对改进能源生产与消费提升减排效果的总结与进一步提升方案也相对较少，有待进一步完善和公开。

表 4.12　能源结构维度反馈环节指标的得分变量编码

环节	指标	得分变量	编码
反馈（En-A）	对在改进能源生产与消费中产生减排效果的主体给予激励措施	基于绩效考核对政府相关部门的奖励	En-A$_{1-1}$
		基于绩效考核对企业和其他主体的奖励	En-A$_{1-2}$
	对在改进能源生产与消费中未产生减排效果的主体施以处罚措施	基于绩效考核对政府相关部门的处罚	En-A$_{2-1}$
		基于绩效考核对企业和其他主体的处罚	En-A$_{2-2}$
	改进能源生产与消费提升减排效果的总结与进一步提升方案	政府部门的总结与提升方案	En-A$_{3-1}$
		行业协会的总结与提升方案	En-A$_{3-2}$

表 4.13　各样本城市在能源结构维度反馈环节得分变量值

城市	得分变量值					
	En-A$_{1-1}$	En-A$_{1-2}$	En-A$_{2-1}$	En-A$_{2-2}$	En-A$_{3-1}$	En-A$_{3-2}$
北京	75	80	0	80	40	40
天津	75	60	80	80	0	20
石家庄	50	40	40	20	40	0
太原	100	80	0	70	80	0
呼和浩特	25	20	0	60	40	0
沈阳	25	20	0	60	0	20
大连	25	20	0	20	80	20
长春	25	20	0	20	0	0
哈尔滨	100	80	0	20	0	0
上海	75	60	0	20	40	20
南京	100	80	0	20	40	20
杭州	100	80	0	30	80	40
宁波	25	20	0	50	60	40

续表

城市	得分变量值					
	En-A$_{1-1}$	En-A$_{1-2}$	En-A$_{2-1}$	En-A$_{2-2}$	En-A$_{3-1}$	En-A$_{3-2}$
合肥	25	20	0	20	0	40
福州	25	20	0	30	0	20
厦门	25	20	0	20	0	20
南昌	25	40	0	20	0	0
济南	75	60	0	50	0	0
青岛	25	20	0	20	0	20
郑州	25	20	0	20	0	0
武汉	25	20	0	20	0	60
长沙	25	20	0	20	0	0
广州	25	20	0	20	0	20
深圳	25	20	0	20	0	0
南宁	25	20	0	20	0	0
海口	25	20	0	20	0	0
重庆	25	20	0	20	0	0
成都	25	20	0	30	0	60
贵阳	25	20	0	30	60	0
昆明	25	20	0	20	80	0
西安	25	20	0	60	0	40
兰州	25	20	0	20	0	0
西宁	25	20	0	20	0	0
银川	25	20	0	20	60	0
乌鲁木齐	25	20	0	70	0	0
拉萨	25	20	0	0	0	0

第五节　经济发展（Ec）维度诊断指标实证数据

一、经济发展维度规划环节

按照"维度-环节-指标-得分变量"四个层级，对第二章第二节经济发展维度规划环节的得分变量进行编码，见表4.14。依据表2.6设定的得分规则，结合数据来源表中的规划文件，36个样本城市在经济发展维度规划环节得分变量的得分情况如表4.15所示。

可以看出，各样本城市在工业、建筑、交通以及基础设施方面的规划得分较高。在绿色低碳产品认证与标识体系的规划方面得分相对较低，尤其是在其"规划项目的丰富度"这一得分变量上有部分城市得分为 20 分，有较大提升空间。

表 4.14　经济发展维度规划环节指标的得分变量编码

环节	指标	得分变量	编码
规划 （Ec-P）	绿色低碳的工业转型规划	规划的工业减排目标	Ec-P$_{1-1}$
		规划属性	Ec-P$_{1-2}$
		规划依据	Ec-P$_{1-3}$
		规划项目的丰富度	Ec-P$_{1-4}$
	绿色低碳的建筑规划	规划的建筑业减排目标	Ec-P$_{2-1}$
		规划属性	Ec-P$_{2-2}$
		规划依据	Ec-P$_{2-3}$
		规划项目的丰富度	Ec-P$_{2-4}$
	绿色低碳的交通体系规划	规划的交通体系减排目标	Ec-P$_{3-1}$
		规划属性	Ec-P$_{3-2}$
		规划依据	Ec-P$_{3-3}$
		规划项目的丰富度	Ec-P$_{3-4}$
	绿色低碳的基础设施规划	规划的基础设施绿色升级目标	Ec-P$_{4-1}$
		规划属性	Ec-P$_{4-2}$
		规划依据	Ec-P$_{4-3}$
		规划项目的丰富度	Ec-P$_{4-4}$
	绿色低碳产品认证与标识体系的规划	规划的绿色低碳产品认证与标识体系	Ec-P$_{5-1}$
		规划属性	Ec-P$_{5-2}$
		规划依据	Ec-P$_{5-3}$
		规划项目的丰富度	Ec-P$_{5-4}$

二、经济发展维度实施环节

按照"维度-环节-指标-得分变量"四个层级，对第二章第二节经济发展维度实施环节的得分变量进行编码，见表 4.16。依据表 2.7 设定的得分规则，结合数据来源表中的实施环节文件，36 个样本城市在经济发展维度实施环节得分变量的得分情况如表 4.17 所示。

从得分情况来看，实施环节是经济发展维度表现最好的一个环节。大部分样本城市在实施环节的机制保障和资源保障两方面得分均较高，仅有个别城市在机制保障方面的"相关政务流程的透明度和畅通度"这一得分变量上出现 20 分和 40 分的情况。

表 4.15　各样本城市在经济发展维度规划环节得分变量值

得分变量值

城市	Ec-P1-1	Ec-P1-2	Ec-P1-3	Ec-P1-4	Ec-P2-1	Ec-P2-2	Ec-P2-3	Ec-P2-4	Ec-P3-1	Ec-P3-2	Ec-P3-3	Ec-P3-4	Ec-P4-1	Ec-P4-2	Ec-P4-3	Ec-P4-4	Ec-P5-1	Ec-P5-2	Ec-P5-3	Ec-P5-4
北京	100	100	100	100	100	100	80	100	80	100	80	80	100	75	60	100	35	75	60	40
天津	100	100	60	80	40	100	80	80	60	100	60	100	100	75	60	100	65	100	80	40
石家庄	100	75	60	100	60	100	80	80	60	100	80	40	100	50	40	80	65	75	60	40
太原	80	75	80	60	0	75	60	40	20	100	80	100	35	75	60	40	35	75	60	20
呼和浩特	60	75	60	100	20	100	60	40	40	75	60	80	100	75	60	20	65	75	60	40
沈阳	80	75	40	100	80	100	100	60	60	75	60	100	100	100	80	40	35	75	80	20
大连	60	75	100	80	20	75	60	40	60	75	80	100	65	75	60	40	65	75	60	20
长春	100	100	100	80	40	75	60	40	80	100	80	40	35	100	80	40	0	75	40	20
哈尔滨	80	75	60	100	40	100	80	60	60	75	60	60	100	75	60	40	100	75	60	40
上海	100	100	80	100	60	100	80	60	80	100	80	100	100	100	80	100	65	100	60	60
南京	60	75	60	80	40	100	60	60	80	100	80	60	100	100	60	100	65	50	40	20
杭州	100	100	80	100	60	100	80	60	60	100	80	80	100	100	80	100	65	100	80	80
宁波	100	100	100	80	40	100	60	40	80	100	80	80	100	75	60	80	35	50	60	80
合肥	100	100	100	100	0	75	60	40	100	100	100	100	100	75	60	100	65	100	80	60
福州	80	75	60	80	20	100	60	60	80	100	80	80	100	100	80	80	65	100	80	60
厦门	100	100	100	80	40	100	60	60	80	100	80	80	100	50	80	100	100	25	60	60
南昌	40	100	60	100	40	100	60	60	60	100	80	100	100	75	60	100	65	75	60	40
济南	60	100	80	100	60	100	80	60	80	100	60	40	100	75	60	100	35	100	80	60
青岛	60	100	60	100	60	100	60	40	40	100	80	80	100	100	60	100	65	100	60	60
郑州	60	100	80	100	60	80	80	40	80	100	80	100	100	75	60	100	35	100	80	40
武汉	100	100	100	100	20	100	60	80	80	100	80	100	100	100	60	80	35	25	60	60

续表

得分变量值

城市	Ec-P1-1	Ec-P1-2	Ec-P1-3	Ec-P1-4	Ec-P2-1	Ec-P2-2	Ec-P2-3	Ec-P2-4	Ec-P3-1	Ec-P3-2	Ec-P3-3	Ec-P3-4	Ec-P4-1	Ec-P4-2	Ec-P4-3	Ec-P4-4	Ec-P5-1	Ec-P5-2	Ec-P5-3	Ec-P5-4
长沙	100	100	60	100	60	100	100	80	60	100	60	100	100	100	60	60	65	100	80	60
广州	100	100	80	100	60	100	80	80	60	100	80	80	100	100	80	100	65	100	80	60
深圳	100	100	80	100	60	100	80	60	40	100	80	80	100	100	60	100	35	50	20	20
南宁	80	75	60	100	40	50	80	40	40	100	60	100	100	100	60	80	35	100	80	60
海口	60	75	80	60	20	100	40	60	40	50	40	80	100	100	60	100	35	100	60	60
重庆	100	100	80	100	60	100	80	80	40	100	80	80	100	100	80	60	65	100	80	80
成都	100	100	80	80	40	100	80	60	100	100	80	100	100	100	100	100	100	100	100	40
贵阳	100	75	60	100	40	755	60	40	40	100	60	60	100	100	80	100	35	100	60	60
昆明	100	75	60	80	20	100	60	40	60	75	60	60	100	75	60	100	35	75	60	40
西安	60	75	40	40	20	75	40	20	40	100	60	100	100	100	40	60	65	100	40	40
兰州	100	75	40	80	0	75	60	40	20	75	60	80	100	75	40	80	0	75	40	20
西宁	80	75	60	80	40	75	80	20	40	100	60	100	100	75	60	100	65	75	60	60
银川	80	75	60	100	40	100	60	60	60	100	80	60	100	100	80	80	65	100	80	60
乌鲁木齐	60	100	60	60	20	100	60	60	20	75	60	40	100	100	80	80	65	100	80	40
拉萨	60	75	60	60	20	75	60	20	20	75	60	20	100	75	60	40	65	75	60	40

表 4.16　经济发展维度实施环节指标的得分变量编码

环节	指标	得分变量	编码
实施（Ec-D）	发展绿色低碳循环经济的机制保障	相关规章制度的完善程度	Ec-D$_{1\text{-}1}$
		绿色低碳循环经济建设的市场机制	Ec-D$_{1\text{-}2}$
		相关政务流程的透明度和畅通度	Ec-D$_{1\text{-}3}$
	发展绿色低碳循环经济的资源保障	专项资金投入力度	Ec-D$_{2\text{-}1}$
		人力资源保障程度	Ec-D$_{2\text{-}2}$
		技术条件保障程度	Ec-D$_{2\text{-}3}$

表 4.17　各样本城市在经济发展维度实施环节得分变量值

城市	得分变量值					
	Ec-D$_{1\text{-}1}$	Ec-D$_{1\text{-}2}$	Ec-D$_{1\text{-}3}$	Ec-D$_{2\text{-}1}$	Ec-D$_{2\text{-}2}$	Ec-D$_{2\text{-}3}$
北京	100	100	80	100	75	100
天津	100	100	100	100	100	100
石家庄	100	100	100	100	75	100
太原	100	80	100	100	100	100
呼和浩特	100	100	80	100	100	100
沈阳	100	100	100	100	100	100
大连	100	100	80	100	75	100
长春	100	80	40	75	100	100
哈尔滨	100	100	80	100	75	100
上海	100	100	80	100	75	100
南京	100	100	100	100	100	100
杭州	100	100	100	100	75	100
宁波	100	100	80	100	100	100
合肥	100	100	100	100	75	100
福州	65	100	100	100	75	100
厦门	100	100	80	100	100	100
南昌	100	60	80	100	100	100
济南	100	100	100	75	100	100
青岛	100	80	80	100	100	100
郑州	100	100	100	100	50	100
武汉	100	100	80	100	100	75
长沙	100	100	80	100	75	100
广州	100	100	80	100	100	100
深圳	100	100	80	100	100	100
南宁	65	100	100	100	100	100
海口	100	100	20	75	50	100
重庆	100	100	100	100	100	100

城市	得分变量值					
	Ec-D$_{1-1}$	Ec-D$_{1-2}$	Ec-D$_{1-3}$	Ec-D$_{2-1}$	Ec-D$_{2-2}$	Ec-D$_{2-3}$
成都	100	100	80	75	100	100
贵阳	100	100	100	100	100	100
昆明	100	100	100	50	75	100
西安	100	100	80	100	75	100
兰州	100	100	100	100	75	100
西宁	100	100	40	75	75	100
银川	100	80	100	75	100	100
乌鲁木齐	100	80	40	75	75	100
拉萨	65	100	80	100	100	100

三、经济发展维度检查环节

按照"维度-环节-指标-得分变量"四个层级，对第二章第二节经济发展维度检查环节的得分变量进行编码，见表 4.18。依据表 2.8 设定的得分规则，结合数据来源表中的检查环节的文件，36 个样本城市在经济发展维度检查环节得分变量的得分情况如表 4.19 所示。

从整体得分情况可以看出，资源保障整体得分相较于机制保障得分更高，样本城市在监督保障环节呈现两极分化，有表现非常好的城市在各个得分变量中得分满分，如南京、青岛、南宁在检查环节的各得分变量得分均为 100 分；同时也存在部分城市在机制保障和资源保障两方面得分较低，如长沙、西宁在机制保障和资源保障方面均有较大的提升空间。

表 4.18　经济发展维度检查环节指标的得分变量编码

环节	指标	得分变量	编码
检查（Ec-C）	绿色低碳循环经济体系监督的机制保障	相关规章制度的完善程度	Ec-C$_{1-1}$
		监督行为	Ec-C$_{1-2}$
	绿色低碳循环经济体系监督的资源保障	专项资金保障程度	Ec-C$_{2-1}$
		人力资源保障程度	Ec-C$_{2-2}$
		技术条件保障程度	Ec-C$_{2-3}$

表 4.19　各样本城市在经济发展维度检查环节得分变量值

城市	得分变量值				
	Ec-C$_{1-1}$	Ec-C$_{1-2}$	Ec-C$_{2-1}$	Ec-C$_{2-2}$	Ec-C$_{2-3}$
北京	65	65	100	100	100
天津	65	65	100	100	65
石家庄	100	100	65	100	100

续表

城市	得分变量值				
	Ec-C$_{1-1}$	Ec-C$_{1-2}$	Ec-C$_{2-1}$	Ec-C$_{2-2}$	Ec-C$_{2-3}$
太原	65	65	65	65	65
呼和浩特	65	65	65	100	100
沈阳	65	65	65	100	65
大连	65	65	65	100	35
长春	100	100	65	100	65
哈尔滨	65	65	65	65	65
上海	65	65	100	100	65
南京	100	100	100	100	100
杭州	65	65	65	100	100
宁波	100	100	100	65	100
合肥	100	100	100	65	65
福州	65	65	100	100	65
厦门	35	35	100	65	65
南昌	35	35	100	100	65
济南	35	35	65	65	65
青岛	100	100	100	100	100
郑州	65	65	65	100	65
武汉	65	65	65	100	100
长沙	35	35	35	35	65
广州	35	35	35	65	100
深圳	100	100	35	35	100
南宁	100	100	100	100	100
海口	35	35	65	65	65
重庆	65	65	100	100	100
成都	100	100	65	100	100
贵阳	65	65	35	100	100
昆明	100	100	65	65	65
西安	100	100	65	65	65
兰州	65	65	35	100	65
西宁	35	35	35	65	65
银川	100	100	35	100	65
乌鲁木齐	65	65	65	65	100
拉萨	65	65	35	65	65

四、经济发展维度结果环节

　　按照"维度-环节-指标-得分变量"四个层级，对第二章第二节经济发展维度结果环节的得分变量进行编码，见表 4.20。依据表 2.9 设定的得分规则，结合数据来源表中的统计年鉴等资料，36 个样本城市在经济发展维度结果环节得分变量的得分情况如表 4.21 所示。

　　从可获得的得分变量的得分结果可以看出，各样本城市的结果环节得分情况较为平均，仅"第三产业增加值与第二产业增加值之比"这一得分变量总体得分较低。另外，除个别得分变量缺失以外，部分城市如呼和浩特、银川整体还有较大的提升空间。

表 4.20　经济发展维度结果环节指标的得分变量编码

环节	指标	得分变量	编码
结果 （Ec-O）	产业结构合理化水平	第三产业增加值与第二产业增加值之比	Ec-O$_{1-1}$
		泰尔指数	Ec-O$_{1-2}$
	碳排放强度	单位工业增加值的碳排放量	Ec-O$_{2-1}$
		单位 GDP 碳排放量	Fc-O$_{2-2}$
		人均碳排放量	Ec-O$_{2-3}$
	绿色低碳经济发展水平	战略性新兴产业增加值占 GDP 比重	Ec-O$_{3-1}$
		人均绿色建筑面积	Ec-O$_{3-2}$
		非化石能源的产值占 GDP 比重	Ec-O$_{3-3}$

表 4.21　各样本城市在经济发展维度结果环节得分变量值

城市	得分变量值							
	Ec-O$_{1-1}$	Ec-O$_{1-2}$	Ec-O$_{2-1}$	Ec-O$_{2-2}$	Ec-O$_{2-3}$	Ec-O$_{3-1}$	Ec-O$_{3-2}$	Ec-O$_{3-3}$
北京	100	98.59	81.38	87.49	95.30	N/A	N/A	N/A
天津	21.66	96.79	74.02	63.29	74.46	N/A	N/A	N/A
石家庄	25.11	0	58.90	74.51	63.93	N/A	N/A	N/A
太原	16.78	82.50	85.09	66.10	68.19	N/A	N/A	N/A
呼和浩特	34.03	90.54	26.59	33.51	42.88	N/A	N/A	N/A
沈阳	22.71	75.51	87.34	82.90	80.73	N/A	N/A	N/A
大连	8.83	77.11	79.99	72.35	78.72	N/A	N/A	N/A
长春	5.79	75.62	82.73	82.69	80.73	N/A	N/A	N/A
哈尔滨	58.91	73.35	54.00	85.16	74.46	N/A	N/A	N/A
上海	46.32	97.54	51.01	74.75	48.48	N/A	N/A	N/A
南京	19.58	95.13	84.09	65.82	86.11	N/A	N/A	N/A
杭州	29.53	93.97	88.46	84.69	92.16	N/A	N/A	N/A
宁波	0	100	89.32	75.32	87.23	N/A	N/A	N/A

续表

城市	得分变量值							
	$Ec\text{-}O_{1\text{-}1}$	$Ec\text{-}O_{1\text{-}2}$	$Ec\text{-}O_{2\text{-}1}$	$Ec\text{-}O_{2\text{-}2}$	$Ec\text{-}O_{2\text{-}3}$	$Ec\text{-}O_{3\text{-}1}$	$Ec\text{-}O_{3\text{-}2}$	$Ec\text{-}O_{3\text{-}3}$
合肥	18.01	94.45	83.83	87.56	91.04	N/A	N/A	N/A
福州	8.21	62.39	85.87	79.45	90.14	N/A	N/A	N/A
厦门	10.39	96.25	94.50	86.24	97.54	N/A	N/A	N/A
南昌	0.33	84.51	90.94	92.36	92.38	N/A	N/A	N/A
济南	21.26	83.18	79.43	77.89	85.44	N/A	N/A	N/A
青岛	19.11	87.02	87.08	84.04	90.82	N/A	N/A	N/A
郑州	12.78	86.05	87.95	90.84	91.71	N/A	N/A	N/A
武汉	17.35	89.17	87.63	84.96	91.49	N/A	N/A	N/A
长沙	14.06	92.12	92.95	94.08	95.97	N/A	N/A	N/A
广州	44.32	96.16	91.34	92.80	96.19	N/A	N/A	N/A
深圳	15.08	4.61	97.17	99.15	100	N/A	N/A	N/A
南宁	49.96	N/A	66.13	95.03	87.90	N/A	N/A	N/A
海口	100	92.48	65.83	97.74	92.83	N/A	N/A	N/A
重庆	8.44	79.66	84.01	88.07	86.78	N/A	N/A	N/A
成都	30.64	90.00	93.07	100	97.31	N/A	N/A	N/A
贵阳	15.91	96.53	72.73	85.03	82.53	N/A	N/A	N/A
昆明	26.74	81.23	87.09	96.42	93.95	N/A	N/A	N/A
西安	23.14	84.12	84.90	95.77	93.28	N/A	N/A	N/A
兰州	25.67	N/A	61.64	71.50	67.07	N/A	N/A	N/A
西宁	32.68	N/A	17.57	61.70	48.48	N/A	N/A	N/A
银川	5.35	93.07	0	0	0	N/A	N/A	N/A
乌鲁木齐	47.47	N/A	46.76	55.38	61.25	N/A	N/A	N/A
拉萨	14.21	N/A	100	89.99	88.35	N/A	N/A	N/A

注：对于无公开数据的城市，本表记录为 not available，N/A。

五、经济发展维度反馈环节

按照"维度-环节-指标-得分变量"四个层级，对第二章第二节经济发展维度反馈环节的得分变量进行编码，见表 4.22。依据表 2.10 设定的得分规则，结合数据来源表中的总结文本等资料，36 个样本城市在经济发展维度反馈环节得分变量的得分情况如表 4.23 所示。

可以看出，各样本城市在反馈环节整体做得较好，整体得分较为平均，但在"企业的低碳经济总结与提升方案"这一得分变量上整体得分较低，需要进一步改进。

表 4.22　经济发展维度反馈环节指标的得分变量编码

环节	指标	得分变量	编码
反馈 （Ec-A）	对实施绿色低碳经济建设表现较好的主体给予激励措施	基于绩效考核对政府相关部门的奖励	$Ec-A_{1-1}$
		基于绩效考核对企业和其他主体的奖励	$Ec-A_{1-2}$
	对实施绿色低碳经济建设表现较差的主体施以处罚措施	基于绩效考核对政府相关部门的处罚	$Ec-A_{2-1}$
		基于绩效考核对企业和其他主体的处罚	$Ec-A_{2-2}$
	改进发展绿色低碳循环经济的总结与进一步提升方案	政府部门的低碳经济总结与提升方案	$Ec-A_{3-1}$
		企业的低碳经济总结与提升方案	$Ec-A_{3-2}$

表 4.23　各样本城市在经济发展维度反馈环节得分变量值

城市	得分变量值					
	$Ec-A_{1-1}$	$Ec-A_{1-2}$	$Ec-A_{2-1}$	$Ec-A_{2-2}$	$Ec-A_{3-1}$	$Ec-A_{3-2}$
北京	65	100	100	75	100	60
天津	65	75	100	75	100	20
石家庄	100	75	100	75	100	20
太原	100	75	100	50	80	60
呼和浩特	65	50	65	50	80	60
沈阳	100	50	65	75	100	60
大连	65	50	65	75	100	20
长春	0	50	100	75	80	60
哈尔滨	65	75	100	75	80	60
上海	100	75	65	75	100	60
南京	100	100	65	75	100	20
杭州	100	75	65	75	100	60
宁波	100	75	65	75	80	20
合肥	100	75	65	75	80	20
福州	100	75	100	75	100	0
厦门	65	75	65	75	80	0
南昌	100	75	65	75	80	60
济南	100	75	65	75	80	20
青岛	100	75	100	75	100	20
郑州	100	50	100	50	80	20
武汉	100	75	100	75	80	60
长沙	65	75	65	75	80	20
广州	100	50	100	75	100	60

续表

城市	得分变量值					
	Ec-A$_{1-1}$	Ec-A$_{1-2}$	Ec-A$_{2-1}$	Ec-A$_{2-2}$	Ec-A$_{3-1}$	Ec-A$_{3-2}$
深圳	100	75	100	75	80	60
南宁	65	75	65	75	80	0
海口	65	75	65	50	80	0
重庆	65	75	100	75	100	60
成都	65	75	100	75	80	60
贵阳	100	75	65	50	80	0
昆明	65	75	65	75	80	0
西安	65	75	100	75	80	20
兰州	100	75	100	75	80	0
西宁	65	75	65	50	80	0
银川	100	75	100	75	80	0
乌鲁木齐	65	50	65	75	80	0
拉萨	65	75	100	50	80	0

第六节　生产效率（Ef）维度诊断指标实证数据

一、生产效率维度规划环节

根据"维度-环节-指标-得分变量"四个层级，对第二章第三节中生产效率维度规划环节中各得分变量进行编码，如表4.24所示。依据表2.11设定的得分规则，结合数据来源表中的"规划"相关文件，36个样本城市在生产效率维度规划环节得分变量的得分情况如表4.25所示。

可以看出，各样本城市在"规划内容"与"规划属性"两个得分变量上的得分较高，但在"规划项目的丰富度"上得分较低。在"规划依据"方面，个别样本城市出现了0分情况。

表4.24　生产效率维度规划环节指标的得分变量编码

环节	指标	得分变量	编码
规划 （Ef-P）	旨在减排的生产效率提升规划	规划内容	Ef-P$_{1-1}$
		规划属性	Ef-P$_{1-2}$
		规划依据	Ef-P$_{1-3}$
		规划项目的丰富度	Ef-P$_{1-4}$

表 4.25 各样本城市在生产效率维度规划环节得分变量值

城市	得分变量值				城市	得分变量值			
	$Ef\text{-}P_{1\text{-}1}$	$Ef\text{-}P_{1\text{-}2}$	$Ef\text{-}P_{1\text{-}3}$	$Ef\text{-}P_{1\text{-}4}$		$Ef\text{-}P_{1\text{-}1}$	$Ef\text{-}P_{1\text{-}2}$	$Ef\text{-}P_{1\text{-}3}$	$Ef\text{-}P_{1\text{-}4}$
北京	100	100	75	45	青岛	100	65	50	60
天津	100	100	75	75	郑州	100	35	100	30
石家庄	65	35	75	30	武汉	65	65	50	60
太原	65	35	0	30	长沙	100	100	25	60
呼和浩特	35	35	25	75	广州	100	35	100	30
沈阳	65	65	75	60	深圳	65	65	50	45
大连	100	35	75	45	南宁	100	35	50	30
长春	100	35	24	75	海口	65	35	50	45
哈尔滨	100	35	0	45	重庆	100	65	25	75
上海	65	100	50	45	成都	100	100	75	75
南京	100	35	25	60	贵阳	100	35	0	30
杭州	100	100	75	45	昆明	100	35	75	30
宁波	65	65	50	15	西安	65	35	0	45
合肥	65	65	50	45	兰州	65	35	75	30
福州	65	35	25	60	西宁	35	35	50	30
厦门	100	35	50	30	银川	100	35	50	30
南昌	100	35	0	60	乌鲁木齐	100	35	50	45
济南	100	100	50	45	拉萨	65	35	50	15

二、生产效率维度实施环节

根据"维度-环节-指标-得分变量"四个层级，对第二章第三节中生产效率维度实施环节中各得分变量进行编码，如表4.26所示。依据表2.12设定的得分规则，结合数据来源表中的"实施"相关文件和统计年鉴数据，36个样本城市在生产效率维度实施环节得分变量的得分情况如表4.27所示。

根据得分情况来看，36个样本城市在生产效率维度的实施环节整体取得较高得分。大部分城市对实施生产效率提升计划而实现减排的机制保障优于资源保障，各样本城市在"相关规章制度的完善程度"这一得分变量上还有待提高。

表 4.26 生产效率维度实施环节指标的得分变量编码

环节	指标	得分变量	编码
实施（Ef-D）	实施生产效率提升计划而实现减排的机制保障	相关规章制度的完善程度	$Ef\text{-}D_{1\text{-}1}$
		相关政务流程的透明度和畅通度	$Ef\text{-}D_{1\text{-}2}$
	实施生产效率提升计划而实现减排的资源保障	专项资金投入力度	$Ef\text{-}D_{2\text{-}1}$
		人力资源保障程度	$Ef\text{-}D_{2\text{-}2}$

表 4.27 各样本城市在生产效率维度实施环节得分变量值

城市	得分变量值				城市	得分变量值			
	Ef-D$_{1-1}$	Ef-D$_{1-2}$	Ef-D$_{2-1}$	Ef-D$_{2-2}$		Ef-D$_{1-1}$	Ef-D$_{1-2}$	Ef-D$_{2-1}$	Ef-D$_{2-2}$
北京	80	100	100	100	青岛	60	100	100	100
天津	100	75	100	100	郑州	60	100	40	100
石家庄	80	100	20	100	武汉	80	100	20	100
太原	80	100	20	75	长沙	80	100	20	75
呼和浩特	60	100	40	75	广州	100	100	60	75
沈阳	80	100	40	75	深圳	20	100	20	100
大连	80	100	40	100	南宁	60	100	20	100
长春	80	100	100	60	海口	40	100	20	60
哈尔滨	60	100	100	75	重庆	60	100	40	100
上海	80	100	60	100	成都	80	100	20	75
南京	80	100	100	100	贵阳	60	100	20	60
杭州	60	100	100	100	昆明	60	100	20	60
宁波	80	100	20	100	西安	60	75	20	60
合肥	80	100	100	100	兰州	100	100	20	100
福州	40	75	100	60	西宁	60	75	100	60
厦门	60	50	100	100	银川	60	100	100	75
南昌	100	75	100	75	乌鲁木齐	80	100	40	30
济南	60	100	100	75	拉萨	60	75	80	30

三、生产效率维度检查环节

根据"维度-环节-指标-得分变量"四个层级,对第二章第三节中生产效率维度检查环节中各得分变量进行编码,如表 4.28 所示。依据表 2.13 设定的得分规则,结合数据来源表中的"检查"相关文件和官网数据,36 个样本城市在生产效率维度检查环节得分变量的得分情况如表 4.29 所示。

结合数据可以发现,各样本城市的监督保障整体水平较为统一,在机制保障中的"相关规章制度的完善程度"和资源保障中的"技术条件保障程度"表现较好。

表 4.28 生产效率维度检查环节指标的得分变量编码

环节	指标	得分变量	编码
检查 (Ef-C)	监督提升生产效率实现减排的机制保障	相关规章制度的完善程度	Ef-C$_{1-1}$
		监督行为	Ef-C$_{1-2}$
	监督提升生产效率实现减排的资源保障	专项资金保障程度	Ef-C$_{2-1}$
		人力资源保障程度	Ef-C$_{2-2}$
		技术条件保障程度	Ef-C$_{2-3}$

表 4.29　各样本城市在生产效率维度检查环节得分变量值

城市	得分变量值				
	Ef-C$_{1-1}$	Ef-C$_{1-2}$	Ef-C$_{2-1}$	Ef-C$_{2-2}$	Ef-C$_{2-3}$
北京	80	100	100	100	100
天津	60	65	65	65	75
石家庄	40	65	65	65	50
太原	40	65	35	35	25
呼和浩特	20	35	0	0	25
沈阳	40	65	35	35	75
大连	60	100	54	54	100
长春	60	35	35	35	50
哈尔滨	20	65	35	35	50
上海	60	100	100	100	75
南京	60	65	65	65	100
杭州	80	100	100	100	100
宁波	80	65	65	65	100
合肥	40	65	35	35	75
福州	40	0	0	0	50
厦门	60	35	65	65	75
南昌	60	35	35	35	100
济南	80	65	65	65	75
青岛	80	65	65	65	50
郑州	40	35	35	35	50
武汉	40	35	65	65	75
长沙	60	65	35	35	50
广州	60	65	65	65	100
深圳	80	65	65	65	50
南宁	80	35	35	35	75
海口	40	65	65	65	25
重庆	40	35	65	65	50
成都	60	65	65	65	50
贵阳	60	35	35	35	25
昆明	80	35	35	35	25
西安	80	65	65	65	50
兰州	40	35	35	35	75
西宁	40	35	35	35	25
银川	20	35	35	35	0
乌鲁木齐	20	0	0	0	25
拉萨	20	0	0	0	0

四、生产效率维度结果环节

根据"维度-环节-指标-得分变量"四个层级，对第二章第三节中生产效率维度结果环节中各得分变量进行编码，如表 4.30 所示。依据表 2.14 设定的得分规则，结合数据来源表中的统计年鉴和数据库数据，36 个样本城市在生产效率维度结果环节得分变量的得分情况如表 4.31 所示。

在生产效率的结果环节中，各样本城市整体在"万元 GDP 固体废物综合利用率"这一得分变量上表现最好，在"建成区人均建设用地面积"这一得分变量上得分最低。此外，各样本城市在"单位 GDP 碳排放变化率"这一得分变量上的得分呈现较大差异，在"居民出行单程平均通勤时间"的得分上呈现的差异最小。

表 4.30　生产效率维度结果环节指标的得分变量编码

环节	指标	得分变量	编码
结果 （Ef-O）	旨在减排的生产效率水平	单位 GDP 碳排放变化率	$Ef-O_{1-1}$
		万元 GDP 固体废物综合利用率	$Ef-O_{1-2}$
		居民出行单程平均通勤时间	$Ef-O_{1-3}$
		建成区人均建设用地面积	$Ef-O_{1-4}$
		建成区人均地下空间面积	$Ef-O_{1-5}$

表 4.31　各样本城市在生产效率维度结果环节得分变量值

城市	得分变量值				
	$Ef-O_{1-1}$	$Ef-O_{1-2}$	$Ef-O_{1-3}$	$Ef-O_{1-4}$	$Ef-O_{1-5}$
北京	80.14	59.20	0	84.25	44.25
天津	29.18	100	37.54	76.54	45.98
石家庄	61.62	82.61	60.26	100	4.13
太原	81.59	42.35	77.29	41.44	17.73
呼和浩特	0	72.11	77.29	34.84	27.06
沈阳	24.11	94.28	54.58	69.79	24.39
大连	0.13	96.62	43.22	61.05	25.99
长春	37.54	81.96	54.58	61.03	19.46
哈尔滨	28.33	94.98	60.26	82.05	32.52
上海	76.57	69.98	31.87	56.67	45.05
南京	48.73	95.45	43.22	64.94	93.70
杭州	74.58	91.95	60.26	74.98	100
宁波	90.60	26.61	82.97	55.35	57.05

续表

城市	得分变量值				
	$Ef\text{-}O_{1\text{-}1}$	$Ef\text{-}O_{1\text{-}2}$	$Ef\text{-}O_{1\text{-}3}$	$Ef\text{-}O_{1\text{-}4}$	$Ef\text{-}O_{1\text{-}5}$
合肥	70.34	70.95	65.93	41.38	20.93
福州	65.89	98.53	65.93	82.87	42.12
厦门	93.76	97.78	77.29	47.82	40.52
南昌	64.65	80.28	65.93	63.73	19.33
济南	66.56	87.27	65.93	71.00	15.46
青岛	68.50	92.30	37.54	59.82	35.72
郑州	81.26	68.13	54.58	50.32	37.05
武汉	71.87	94.28	37.54	72.68	49.58
长沙	34.75	98.95	65.93	67.61	60.91
广州	59.22	69.78	43.22	55.81	40.12
深圳	72.39	0	54.58	35.73	27.32
南宁	23.87	86.11	71.61	82.08	38.12
海口	28.22	92.37	88.64	78.71	10.80
重庆	75.72	55.75	31.87	95.23	15.06
成都	100	69.98	37.54	71.34	44.38
贵阳	74.02	95.45	65.93	56.70	13.33
昆明	88.78	90.64	71.61	50.77	2.53
西安	68.31	86.11	65.93	78.92	5.86
兰州	83.08	97.09	71.61	68.88	17.46
西宁	76.37	18.44	60.26	74.52	0
银川	44.46	40.97	71.61	43.25	16.53
乌鲁木齐	44.54	94.28	65.93	18.09	13.99
拉萨	21.70	84.95	100	0	22.66

五、生产效率维度反馈环节

　　根据"维度-环节-指标-得分变量"四个层级，对第二章第三节中生产效率维度反馈环节中各得分变量进行编码，如表 4.32 所示。依据表 2.15 设定的得分规则，结合数据来源表中的"反馈"相关文件，36 个样本城市在生产效率维度反馈环节得分变量的得分情况如表 4.33 所示。

　　从得分情况可以看出，反馈环节是各样本城市在生产效率维度的薄弱环节，尤其是在"基于绩效考核对政府相关部门的处罚制度""政府部门的总结与提升方案""行业协会的总结与提升方案"等方面较为薄弱。

表 4.32 生产效率维度反馈环节指标的得分变量编码

环节	指标	得分变量	编码
反馈 （Ef-A）	对提升旨在减排的生产效率效果好的主体给予激励措施	基于绩效考核对政府相关部门的奖励制度	Ef-A$_{1-1}$
		基于绩效考核对企业和其他社会主体的奖励制度	Ef-A$_{1-2}$
	对提升旨在减排的生产效率效果较差的主体施以处罚措施	基于绩效考核对政府相关部门的处罚制度	Ef-A$_{2-1}$
		基于绩效考核对重点用能单位的处罚制度	Ef-A$_{2-2}$
	进一步改进生产效率提升实现减排效果的总结与进一步提升方案	政府部门的总结与提升方案	Ef-A$_{3-1}$
		行业协会的总结与提升方案	Ef-A$_{3-2}$

表 4.33 各样本城市在生产效率维度反馈环节得分变量值

城市	得分变量值					
	Ef-A$_{1-1}$	Ef-A$_{1-2}$	Ef-A$_{2-1}$	Ef-A$_{2-2}$	Ef-A$_{3-1}$	Ef-A$_{3-2}$
北京	65	50	0	50	0	20
天津	0	0	0	25	0	40
石家庄	0	0	0	25	40	20
太原	0	0	0	50	0	0
呼和浩特	35	25	0	50	40	0
沈阳	35	25	0	50	0	0
大连	35	25	0	25	0	0
长春	35	25	0	25	0	0
哈尔滨	35	25	0	25	0	0
上海	65	50	0	25	0	0
南京	65	50	0	25	0	0
杭州	65	50	0	50	0	0
宁波	35	25	0	50	0	20
合肥	35	25	0	25	0	0
福州	35	25	0	25	0	0
厦门	35	25	0	25	0	0
南昌	35	25	0	25	0	0
济南	35	25	0	25	0	0
青岛	35	25	0	50	0	0
郑州	35	25	0	50	0	0
武汉	35	25	0	25	0	0
长沙	35	0	0	25	0	0
广州	65	25	0	25	0	0
深圳	65	50	0	25	0	20
南宁	0	25	0	25	0	0

续表

城市	得分变量值					
	Ef-A$_{1-1}$	Ef-A$_{1-2}$	Ef-A$_{2-1}$	Ef-A$_{2-2}$	Ef-A$_{3-1}$	Ef-A$_{3-2}$
海口	0	0	0	50	0	0
重庆	35	25	0	50	0	0
成都	35	25	0	25	0	20
贵阳	0	25	0	25	0	0
昆明	35	25	0	25	0	0
西安	35	0	0	25	0	0
兰州	35	25	0	25	0	0
西宁	0	25	0	25	0	0
银川	0	0	0	0	0	0
乌鲁木齐	35	25	0	25	0	0
拉萨	0	0	0	0	0	0

第七节　城市居民（Po）维度诊断指标实证数据

一、城市居民维度规划环节

按照"维度-环节-指标-得分变量"四个层级，对第二章第四节中城市居民维度规划环节的得分变量进行编码，如表4.34所示。依据表2.16设定的得分规则，结合表4.2中的数据来源，36个样本城市在城市居民维度规划环节得分变量的得分情况如表4.35所示。

可以看出，各样本城市在居民低碳居住节能习惯、低碳出行习惯、低碳消费习惯的"规划属性"方面得分都比较高，几乎均为满分，说明关于居民低碳生活消费的规划均在样本城市的国民经济和社会发展第十四个五年规划和2035年远景目标纲要及其专项规划中有所提及。此外，各样本城市在"规划的居民低碳出行目标"这一得分变量上的得分也都较高，说明各样本城市对低碳出行方面设置有多元目标。在规划环节，各样本城市在"规划的居民低碳消费习惯目标"这一得分变量上的得分较低，多为35分或65分，说明各样本城市在居民低碳消费方面的目标不明确或较为单一。

表4.34　城市居民维度规划环节指标的得分变量编码

环节	指标	得分变量	编码
规划 （Po-P）	居民低碳居住节能习惯的规划	规划的居民低碳居住节能目标	Po-P$_{1-1}$
		规划属性	Po-P$_{1-2}$
		规划依据	Po-P$_{1-3}$
		引导居民低碳居住节能的工作方案的详尽程度	Po-P$_{1-4}$

环节	指标	得分变量	编码
规划 （Po-P）	居民低碳出行习惯的规划	规划的居民低碳出行目标	Po-P$_{2-1}$
		规划属性	Po-P$_{2-2}$
		规划依据	Po-P$_{2-3}$
		引导居民低碳出行的工作方案的详尽程度	Po-P$_{2-4}$
	居民低碳消费习惯的规划	规划的居民低碳消费习惯目标	Po-P$_{3-1}$
		规划属性	Po-P$_{3-2}$
		规划依据	Po-P$_{3-3}$
		引导居民低碳消费的工作方案的详尽程度	Po-P$_{3-4}$

表 4.35　各样本城市在城市居民维度规划环节得分变量值

城市	得分变量值											
	Po-P$_{1-1}$	Po-P$_{1-2}$	Po-P$_{1-3}$	Po-P$_{1-4}$	Po-P$_{2-1}$	Po-P$_{2-2}$	Po-P$_{2-3}$	Po-P$_{2-4}$	Po-P$_{3-1}$	Po-P$_{3-2}$	Po-P$_{3-3}$	Po-P$_{3-4}$
北京	100	100	100	100	100	100	100	100	35	100	100	60
天津	100	100	100	100	100	100	100	100	65	100	100	100
石家庄	100	100	100	80	100	100	100	45	35	100	100	100
太原	65	100	100	80	100	100	100	75	0	100	100	15
呼和浩特	100	100	100	80	100	100	100	45	100	100	100	45
沈阳	65	100	100	60	35	100	100	60	65	100	100	75
大连	100	100	100	80	100	100	100	75	35	100	100	100
长春	100	100	65	100	100	100	65	60	35	100	65	100
哈尔滨	35	100	65	100	100	100	65	60	0	100	65	45
上海	65	100	100	100	100	100	100	100	35	100	100	100
南京	65	100	65	100	100	100	65	75	35	100	65	100
杭州	100	100	100	80	35	100	100	75	35	100	100	75
宁波	100	100	100	80	100	100	100	100	35	100	100	100
合肥	0	100	100	80	100	100	100	45	0	100	100	0
福州	35	100	100	80	100	100	100	45	35	100	100	60
厦门	65	100	100	80	100	100	100	75	35	100	100	75
南昌	35	100	65	100	100	100	65	100	65	100	65	75
济南	35	100	100	100	100	100	100	75	65	100	100	100
青岛	65	100	100	100	100	100	100	60	35	100	100	60
郑州	65	100	100	80	65	100	100	75	35	100	100	75
武汉	100	100	100	100	65	100	100	100	100	100	100	60
长沙	65	100	65	100	100	100	65	100	65	100	65	75
广州	100	100	65	80	100	100	65	100	35	100	65	75

城市	得分变量值											
	Po-P$_{1-1}$	Po-P$_{1-2}$	Po-P$_{1-3}$	Po-P$_{1-4}$	Po-P$_{2-1}$	Po-P$_{2-2}$	Po-P$_{2-3}$	Po-P$_{2-4}$	Po-P$_{3-1}$	Po-P$_{3-2}$	Po-P$_{3-3}$	Po-P$_{3-4}$
深圳	100	100	100	100	100	100	100	100	35	100	100	100
南宁	35	100	65	60	100	100	65	60	35	100	65	60
海口	35	100	35	60	100	100	35	30	35	100	35	30
重庆	100	100	100	80	100	100	100	45	35	100	100	100
成都	65	100	100	100	100	100	100	100	65	100	100	100
贵阳	35	100	100	100	100	100	100	60	100	100	100	100
昆明	35	100	100	80	100	100	100	60	35	100	100	45
西安	35	100	35	80	100	100	35	100	100	100	35	75
兰州	35	100	100	80	100	100	100	100	35	100	100	75
西宁	35	100	100	80	100	100	100	75	35	100	100	75
银川	35	65	35	80	100	65	35	75	100	65	35	45
乌鲁木齐	35	100	65	80	35	100	65	60	35	100	65	45
拉萨	35	100	65	40	35	100	65	60	35	100	65	15

二、城市居民维度实施环节

第二章第四节中城市居民维度实施环节的得分变量的编码如表 4.36 所示。依据表 2.17 设定的得分规则，结合表 4.2 中的数据来源，36 个样本城市在城市居民维度实施环节得分变量的得分情况如表 4.37 所示。

可以看出，各样本城市仅在"引导低碳生活消费的技术条件保障程度"这一得分变量上的得分较高，这得益于各样本城市有用于宣传居民低碳生活消费的公众号、小程序及应用（App）。但各样本城市在其他得分变量方面得分都较低，尤其是在引导居民生活消费习惯低碳化的机制保障的"碳普惠制的完善程度"上得分最低，除深圳以外，其他城市在"碳普惠制的完善程度"这一得分变量上的得分多为 20 分或 40 分。

表 4.36　城市居民维度实施环节指标的得分变量编码

环节	指标	得分变量	编码
实施（Po-D）	引导居民生活消费习惯低碳化的机制保障	碳普惠制的完善程度	Po-D$_{1-1}$
		相关政务流程的透明度和畅通度	Po-D$_{1-2}$
	引导居民生活消费习惯低碳化的资源保障	引导低碳生活消费的专项资金投入力度	Po-D$_{2-1}$
		引导低碳生活消费的人力资源保障程度	Po-D$_{2-2}$
		引导低碳生活消费的技术条件保障程度	Po-D$_{2-3}$

表 4.37 各样本城市在城市居民维度实施环节得分变量值

城市	得分变量值				
	Po-D_{1-1}	Po-D_{1-2}	Po-D_{2-1}	Po-D_{2-2}	Po-D_{2-3}
北京	20	80	100	75	100
天津	40	80	60	75	100
石家庄	40	60	40	75	100
太原	20	60	40	25	100
呼和浩特	0	0	40	50	75
沈阳	40	40	40	75	75
大连	0	0	0	50	75
长春	0	0	20	25	75
哈尔滨	0	0	20	25	75
上海	20	60	100	100	100
南京	20	100	40	75	100
杭州	20	60	60	50	100
宁波	20	60	60	50	100
合肥	20	40	0	25	75
福州	20	40	60	50	75
厦门	20	40	0	25	75
南昌	20	20	40	25	75
济南	20	40	40	25	100
青岛	60	80	40	75	100
郑州	20	60	40	0	100
武汉	20	60	60	100	75
长沙	20	40	100	50	100
广州	40	80	60	50	100
深圳	80	80	40	100	100
南宁	20	40	0	25	75
海口	20	40	0	0	75
重庆	40	60	40	75	100
成都	40	80	60	100	100
贵阳	20	60	60	75	100
昆明	0	0	60	25	75
西安	20	20	40	25	75
兰州	20	20	0	0	75
西宁	0	40	20	25	100
银川	20	60	20	50	100
乌鲁木齐	0	0	0	25	75
拉萨	0	0	0	25	75

三、城市居民维度检查环节

第二章第四节中城市居民维度检查环节的得分变量的编码如表 4.38 所示。依据表 2.18 设定的得分规则，结合表 4.2 中的数据来源，36 个样本城市在城市居民维度检查环节得分变量的得分情况如表 4.39 所示。

可以看出，各样本城市在"对居民低碳生活消费的跟进检查机制"上表现较好；但在检查居民低碳生活消费习惯的资源保障的三个得分变量方面表现大多都较差，尤其是在"检查居民低碳生活消费习惯的技术条件保障程度"上。由此可见，在实施（D）环节，虽然各城市均有宣传居民低碳生活消费习惯的公众号、小程序或应用（App），但这些技术平台较少能跟进检查居民低碳生活消费的效果。

表 4.38　城市居民维度检查环节指标的得分变量编码

环节	指标	得分变量	编码
检查（Po-C）	检查居民低碳生活消费习惯的机制保障	对居民低碳生活消费的跟进检查机制	$Po\text{-}C_{1\text{-}1}$
	检查居民低碳生活消费习惯的资源保障	检查居民低碳生活消费习惯所需的管理资金保障程度	$Po\text{-}C_{2\text{-}1}$
		检查居民低碳生活消费习惯的人力资源保障程度	$Po\text{-}C_{2\text{-}2}$
		检查居民低碳生活消费习惯的技术条件保障程度	$Po\text{-}C_{2\text{-}3}$

表 4.39　各样本城市在城市居民维度检查环节得分变量值

城市	得分变量值				城市	得分变量值			
	$Po\text{-}C_{1\text{-}1}$	$Po\text{-}C_{2\text{-}1}$	$Po\text{-}C_{2\text{-}2}$	$Po\text{-}C_{2\text{-}3}$		$Po\text{-}C_{1\text{-}1}$	$Po\text{-}C_{2\text{-}1}$	$Po\text{-}C_{2\text{-}2}$	$Po\text{-}C_{2\text{-}3}$
北京	65	35	65	100	青岛	65	65	65	65
天津	100	35	100	35	郑州	35	65	0	35
石家庄	65	35	65	0	武汉	100	65	35	100
太原	35	35	35	100	长沙	65	0	0	0
呼和浩特	65	35	35	0	广州	100	100	100	100
沈阳	65	35	35	0	深圳	100	100	100	100
大连	65	0	35	0	南宁	100	100	100	0
长春	65	0	35	0	海口	35	35	65	0
哈尔滨	100	35	35	0	重庆	100	35	35	100
上海	100	100	100	35	成都	35	35	35	100
南京	65	65	65	0	贵阳	65	35	0	0
杭州	65	0	35	100	昆明	100	35	0	0
宁波	100	65	65	100	西安	100	65	65	0
合肥	65	100	35	0	兰州	65	0	0	0
福州	65	0	35	0	西宁	100	35	0	100

续表

城市	得分变量值				城市	得分变量值			
	Po-C$_{1-1}$	Po-C$_{2-1}$	Po-C$_{2-2}$	Po-C$_{2-3}$		Po-C$_{1-1}$	Po-C$_{2-1}$	Po-C$_{2-2}$	Po-C$_{2-3}$
厦门	100	100	100	65	银川	65	100	65	0
南昌	65	35	35	0	乌鲁木齐	0	0	0	0
济南	65	0	0	100	拉萨	100	100	100	0

四、城市居民维度结果环节

第二章第四节中城市居民维度结果环节的得分变量的编码如表 4.40 所示。依据第三章中定量得分变量的计算方法，结合表 4.2 中的数据来源，36 个样本城市在城市居民维度结果环节得分变量的得分情况如表 4.41 所示。

可以看出，各样本城市在"城市燃气普及率"这一得分变量上得分较高（拉萨除外），在其他得分变量方面得分都较低，尤其是在居民低碳出行习惯的引导结果的"轨道交通年客运总量""公共汽（电）车年客运总量""新能源汽车充电站数量"上，以及在居民低碳消费习惯的引导结果的"新能源汽车保有量"和"抑制一次性餐具使用的程度"上。

表 4.40　城市居民维度结果环节指标的得分变量编码

环节	指标	得分变量	编码
结果 （Po-O）	居民低碳居住节能习惯的引导结果	居民日人均用水量	Po-O$_{1-1}$
		人均居民生活用电	Po-O$_{1-2}$
		城市燃气普及率	Po-O$_{1-3}$
	居民低碳出行习惯的引导结果	轨道交通年客运总量	Po-O$_{2-1}$
		公共汽（电）车年客运总量	Po-O$_{2-2}$
		新能源汽车充电站数量	Po-O$_{2-3}$
		城市人行道面积占道路面积比例	Po-O$_{2-4}$
	居民低碳消费习惯的引导结果	新能源汽车保有量	Po-O$_{3-1}$
		旧衣物回收水平	Po-O$_{3-2}$
		光盘行动水平	Po-O$_{3-3}$
		抑制一次性餐具使用的程度	Po-O$_{3-4}$
		快递包装回收水平	Po-O$_{3-5}$

表 4.41　各样本城市在城市居民维度结果环节得分变量值

城市	得分变量值										
	Po-O$_{1-1}$	Po-O$_{1-2}$	Po-O$_{1-3}$	Po-O$_{2-1}$	Po-O$_{2-2}$	Po-O$_{2-3}$	Po-O$_{2-4}$	Po-O$_{3-1}$	Po-O$_{3-2}$	Po-O$_{3-3}$	Po-O$_{3-4}$	Po-O$_{3-5}$
北京	71.39	45.20	100	83.39	100	100	31.46	99.24	60.05	65.15	75.80	53.64
天津	88.35	68.76	100	12.29	31.02	65.12	50.22	46.33	36.03	92.42	42.29	77.27

续表

城市	得分变量值											
	Po-O$_{1-1}$	Po-O$_{1-2}$	Po-O$_{1-3}$	Po-O$_{2-1}$	Po-O$_{2-2}$	Po-O$_{2-3}$	Po-O$_{2-4}$	Po-O$_{3-1}$	Po-O$_{3-2}$	Po-O$_{3-3}$	Po-O$_{3-4}$	Po-O$_{3-5}$
石家庄	85.47	79.00	100	2.58	6.18	10.66	47.12	6.86	18.56	31.31	19.15	10
太原	73.01	71.18	98.35	0	8.11	10.66	46.16	9.44	38.21	40.40	11.97	33.64
呼和浩特	100	86.37	85.89	0.74	5.91	2.16	34.30	0.55	24.02	9.60	11.17	18.18
沈阳	52.67	73.80	100	11.25	34.22	3.09	55.09	2.31	15.28	33.33	21.54	1.82
大连	71.64	74.24	99.58	4.91	29.03	8.94	66.42	1.94	40.39	23.23	8.78	9.09
长春	73.18	94.22	71.64	5.95	22.91	3.40	38.71	2.44	1.09	27.78	6.38	21.82
哈尔滨	77.17	88.78	100	1.83	23.67	1.83	56.31	0.85	22.93	13.64	12.77	10.91
上海	49.48	62.09	100	100	72.24	100	55.06	100	100	67.68	100	46.36
南京	8.68	60.08	98.49	29.13	27.28	26.66	19.07	9.75	51.31	87.37	63.03	98.18
杭州	31.47	50.02	100	21.12	31.72	36.62	41.91	48.39	79.70	42.42	39.89	46.36
宁波	29.12	58.16	100	5.78	11.26	21.29	23.81	10.86	29.48	26.77	17.55	17.27
合肥	31.91	78.89	99.81	7.07	14.50	8.25	37.06	13.34	22.93	53.54	23.14	30
福州	40.57	13.58	95.48	3.41	12.78	9.49	33.64	6.81	25.11	46.97	19.95	20.91
厦门	52.11	43.36	96.66	4.11	26.17	8.13	32.92	11.09	10.92	44.44	34.31	48.18
南昌	42.50	78.72	75.35	4.88	7.96	6.15	37.32	13.45	16.38	35.35	24.73	22.73
济南	83.81	71.79	100	5.05	33	11.47	39.78	9.46	28.39	57.07	27.93	58.18
青岛	76.36	75.47	100	0.28	26	30.85	45.34	17.80	31.66	94.95	14.36	67.27
郑州	82.51	71.90	70.84	12.38	27.75	20.96	38.63	27.62	33.84	67.68	24.73	55.45
武汉	36.13	67.07	97.13	22.55	29.42	22.60	70.95	16.37	52.40	92.42	23.94	95.45
长沙	17.14	46.23	97.65	14.00	19.62	17.57	47.07	18.67	45.85	67.68	19.15	43.64
广州	0	0	96.71	87.90	74.60	46.93	16.87	55.54	55.68	35.86	44.68	21.82
深圳	37.99	70.90	100	59.06	56.06	61.06	46.82	85.48	24.02	90.91	89.36	89.09
南宁	0.94	66.59	99.86	7.55	6.88	7.44	7.32	6.21	30.57	21.72	14.36	13.64
海口	30.86	95.67	95.44	N/A	3.06	6.40	100	8.86	44.76	17.68	36.70	42.73
重庆	60.11	83.05	81.94	30.52	93.58	33.60	71.80	18.48	56.77	65.15	38.30	66.36
成都	15.77	74.95	96.94	44.34	58.94	37.33	50.49	23.25	63.32	57.58	40.69	100
贵阳	43.94	0	92.94	1.31	17.13	7.16	70.95	5.68	15.28	27.78	3.19	1.82
昆明	69.71	89.74	83.82	5.79	20.81	9.35	43.62	8.05	13.10	30.81	17.55	30
西安	61.03	72.33	99.95	26.37	41.26	21.67	36.63	18.18	44.76	100	47.08	60
兰州	62.61	89.30	91.53	1.88	31.61	2.97	44.82	1.97	29.48	37.37	21.54	20
西宁	86.10	33.88	78.79	N/A	11.52	0.29	49.63	0.41	4.37	16.16	2.39	4.55
银川	64.01	100	95.25	N/A	4.78	4.06	38.09	0.66	0	37.37	3.19	0
乌鲁木齐	79.88	91.75	96.10	0.66	20.81	1.60	0	0.57	1.09	4.55	4.79	0.91
拉萨	12.14	85.65	0	N/A	0	0	84.88	0	6.55	0	0	14.55

注：对于无公开数据的城市，本表记录为 not available，N/A。

五、城市居民维度反馈环节

第二章第四节中城市居民维度反馈环节的得分变量的编码如表 4.42 所示。依据表 2.20 设定的得分规则，结合表 4.2 中的数据来源，36 个样本城市在城市居民维度反馈环节得分变量的得分情况如表 4.43 所示。

可以看出，各样本城市在"对居民低碳生活消费习惯的奖励"和"政府部门的创新优化方案"两个得分变量上的表现大多都较差，尤其是在对引导居民低碳生活消费习惯的创新优化方案方面，有 14 个城市得分为 0。

表 4.42　城市居民维度反馈环节指标的得分变量编码

环节	指标	得分变量	编码
反馈 （Po-A）	对执行低碳生活消费习惯的居民给予激励措施	对居民低碳生活消费习惯的奖励	Po-A$_{1-1}$
	对引导居民低碳生活消费习惯的创新优化方案	政府部门的创新优化方案	Po-A$_{2-1}$

表 4.43　各样本城市在城市居民维度反馈环节得分变量值

城市	得分变量值		城市	得分变量值	
	Po-A$_{1-1}$	Po-A$_{2-1}$		Po-A$_{1-1}$	Po-A$_{2-1}$
北京	75	50	青岛	100	25
天津	50	50	郑州	75	0
石家庄	50	0	武汉	75	50
太原	75	50	长沙	75	50
呼和浩特	25	50	广州	75	50
沈阳	25	50	深圳	50	50
大连	25	0	南宁	50	50
长春	50	0	海口	50	0
哈尔滨	0	0	重庆	75	0
上海	50	50	成都	50	0
南京	75	75	贵阳	75	50
杭州	100	50	昆明	0	0
宁波	50	50	西安	50	50
合肥	50	0	兰州	50	0
福州	25	50	西宁	75	75
厦门	25	25	银川	50	50
南昌	50	0	乌鲁木齐	0	0
济南	50	0	拉萨	50	50

第八节　水域碳汇（Wa）维度诊断指标实证数据

一、水域碳汇维度规划环节

对第二章第五节中水域碳汇维度在规划环节的得分变量进行编码，结果如表4.44所示。围绕表4.2水域碳汇维度的数据来源以及表2.21的得分规则，36个样本城市在水域碳汇维度规划环节的得分情况如表4.45所示。

由表4.45的结果可知，36个样本城市在规划环节的"规划属性"这一得分变量上的得分较低，平均分为42.7，在"规划依据"这一得分变量上的得分较高，平均分为52.2。

表 4.44　水域碳汇维度规划环节指标编码

环节	指标	得分变量	编码
规划（Wa-P）	提升水域固碳能力的规划	水域面积提升与保护规划	$Wa-P_{1-1}$
		规划的主要水域类型	$Wa-P_{1-2}$
		规划属性	$Wa-P_{1-3}$
		规划依据	$Wa-P_{1-4}$
		规划项目的丰富度	$Wa-P_{1-5}$

表 4.45　各样本城市在水域碳汇维度规划环节得分变量值

城市	得分变量值				
	$Wa-P_{1-1}$	$Wa-P_{1-2}$	$Wa-P_{1-3}$	$Wa-P_{1-4}$	$Wa-P_{1-5}$
北京	50	50	40	40	25
天津	25	50	20	20	25
石家庄	25	25	20	20	25
太原	50	50	50	40	40
呼和浩特	50	50	20	40	25
沈阳	50	50	20	80	75
大连	75	100	50	50	40
长春	50	50	80	80	75
哈尔滨	25	50	80	80	80
上海	25	25	20	20	25
南京	50	50	60	80	80
杭州	100	50	100	80	100
宁波	50	50	80	80	80
合肥	25	25	20	20	25
福州	25	50	20	40	50
厦门	75	75	80	100	75
南昌	50	75	60	60	50

续表

城市	得分变量值				
	$Wa\text{-}P_{1\text{-}1}$	$Wa\text{-}P_{1\text{-}2}$	$Wa\text{-}P_{1\text{-}3}$	$Wa\text{-}P_{1\text{-}4}$	$Wa\text{-}P_{1\text{-}5}$
济南	25	50	40	40	50
青岛	25	100	80	50	40
郑州	50	50	20	50	40
武汉	25	50	20	50	40
长沙	50	50	50	60	75
广州	75	50	80	100	75
深圳	25	50	20	50	50
南宁	25	50	0	60	50
海口	25	100	50	50	50
重庆	75	50	20	100	100
成都	25	50	20	50	50
贵阳	50	50	40	60	40
昆明	75	50	40	40	60
西安	75	50	40	60	60
兰州	50	50	40	40	40
西宁	50	50	60	40	60
银川	50	50	40	40	40
乌鲁木齐	50	50	40	60	40
拉萨	25	50	20	40	25

二、水域碳汇维度实施环节

对第二章中第五节水域碳汇维度实施环节的得分变量进行编码,结果如表4.46所示。围绕表4.2水域碳汇维度的数据来源以及表2.22的得分规则,36个样本城市在水域碳汇维度实施环节的得分情况如表4.47所示。

由表4.47的结果可知,36个样本城市在实施环节的"人力资源保障程度"这一得分变量上的得分较低,仅 2 个城市获得满分;在"专项资金投入力度"这一得分变量上的得分较高,有8个城市获得了满分。

表 4.46 水域碳汇维度实施环节指标编码

环节	指标	得分变量	编码
实施 （Wa-D）	提升水域固碳能力的机制保障	相关规章制度的完善程度	$Wa\text{-}D_{1\text{-}1}$
		相关政务流程的透明度和畅通度	$Wa\text{-}D_{1\text{-}2}$
	提升水域固碳能力的资源保障	专项资金投入力度	$Wa\text{-}D_{2\text{-}1}$
		人力资源保障程度	$Wa\text{-}D_{2\text{-}2}$
		技术条件保障程度	$Wa\text{-}D_{2\text{-}3}$

表 4.47　各样本城市在水域碳汇维度实施环节得分变量值

城市	得分变量值				
	Wa-D$_{1-1}$	Wa-D$_{1-2}$	Wa-D$_{2-1}$	Wa-D$_{2-2}$	Wa-D$_{2-3}$
北京	100	80	100	75	75
天津	80	100	80	75	75
石家庄	80	60	80	75	60
太原	80	60	80	50	75
呼和浩特	80	80	100	75	75
沈阳	80	80	80	75	75
大连	100	100	100	75	75
长春	80	60	80	75	75
哈尔滨	80	80	100	50	100
上海	80	80	80	75	75
南京	100	80	80	75	75
杭州	100	100	100	75	100
宁波	80	80	80	75	75
合肥	80	60	50	75	100
福州	80	80	50	75	75
厦门	80	80	80	75	100
南昌	80	80	80	75	75
济南	80	80	80	75	75
青岛	100	80	100	75	75
郑州	80	80	80	75	75
武汉	80	80	80	75	100
长沙	80	60	80	75	100
广州	80	60	80	75	50
深圳	80	80	100	100	100
南宁	60	80	80	100	75
海口	80	80	80	75	75
重庆	60	80	100	75	75
成都	60	80	80	75	100
贵阳	60	80	80	75	75
昆明	80	60	80	50	75
西安	80	80	80	75	75
兰州	60	80	80	75	75
西宁	80	80	50	50	50
银川	60	60	80	50	50
乌鲁木齐	80	80	80	50	100
拉萨	60	60	80	25	50

三、水域碳汇维度检查环节

对第二章中第五节水域碳汇维度检查环节的得分变量进行编码,结果如表 4.48 所示。围绕表 4.2 水域碳汇维度的数据来源以及表 2.23 的得分规则,36 个样本城市在水域碳汇维度检查环节的得分情况如表 4.49 所示。

由表 4.49 的结果可知,36 个样本城市在检查环节的"相关规章制度的完整程度"这一得分变量上的得分较低,仅 3 个城市在该得分变量中获得满分;36 个样本城市在"监督行为"这一得分变量上的得分较高,有 17 个城市在该得分变量中获得了满分。

表 4.48　水域碳汇维度检查环节指标编码

环节	指标	得分变量	编码
检查 (Wa-C)	监督水域固碳提升工作的机制保障	相关规章制度的完善程度	Wa-C$_{1-1}$
		监督行为	Wa-C$_{1-2}$
	监督水域固碳提升工作的资源保障	专项资金保障程度	Wa-C$_{2-1}$
		人力资源保障程度	Wa-C$_{2-2}$
		技术条件保障程度	Wa-C$_{2-3}$

表 4.49　各样本城市在水域碳汇维度检查环节得分变量值

城市	得分变量值				
	Wa-C$_{1-1}$	Wa-C$_{1-2}$	Wa-C$_{2-1}$	Wa-C$_{2-2}$	Wa-C$_{2-3}$
北京	75	100	100	100	100
天津	100	65	65	65	75
石家庄	75	65	65	65	50
太原	75	100	65	65	75
呼和浩特	50	65	100	35	75
沈阳	75	100	65	65	75
大连	25	65	100	65	75
长春	75	65	65	65	75
哈尔滨	50	65	100	35	100
上海	75	65	65	65	75
南京	75	65	65	65	75
杭州	75	100	100	65	100
宁波	100	100	65	65	75
合肥	50	100	35	65	100
福州	50	100	50	65	75
厦门	75	100	65	65	100
南昌	75	100	65	65	75

城市	得分变量值				
	Wa-C$_{1-1}$	Wa-C$_{1-2}$	Wa-C$_{2-1}$	Wa-C$_{2-2}$	Wa-C$_{2-3}$
济南	50	100	65	65	75
青岛	75	65	100	65	75
郑州	50	100	65	65	75
武汉	50	65	65	65	100
长沙	50	65	65	65	100
广州	50	65	75	65	75
深圳	75	100	100	100	100
南宁	75	65	65	100	75
海口	50	65	65	100	75
重庆	50	100	100	100	75
成都	50	100	65	65	100
贵阳	50	100	65	65	75
昆明	75	65	35	65	75
西安	75	65	65	35	75
兰州	50	65	65	65	75
西宁	75	100	35	35	50
银川	100	100	65	65	50
乌鲁木齐	50	65	65	35	75
拉萨	25	65	65	35	25

四、水域碳汇维度结果环节

对第二章中第五节水域碳汇维度结果环节的得分变量进行编码，结果如表 4.50 所示。围绕表 4.2 水域碳汇维度的数据来源以及表 2.24 的得分规则，36 个样本城市在水域碳汇维度结果环节的得分情况如表 4.51 所示。

由表 4.51 的结果可知，36 个样本城市在结果环节中"人均水域拥有量"这一得分变量上的得分较高，平均分为 57.7 分，在"水域的保护率"这一得分变量上的得分较低，平均分仅 24.7 分。

表 4.50　水域碳汇维度结果环节指标编码

环节	指标	得分变量	编码
结果 （Wa-O）	水域固碳能力	水域的保护率	Wa-O$_{1-1}$
		人均水域拥有量	Wa-O$_{1-2}$
		新增主要水域类型	Wa-O$_{1-3}$

表 4.51　各样本城市在水域碳汇维度结果环节得分变量值

城市	得分变量值			城市	得分变量值		
	Wa-O$_{1-1}$	Wa-O$_{1-2}$	Wa-O$_{1-3}$		Wa-O$_{1-1}$	Wa-O$_{1-2}$	Wa-O$_{1-3}$
北京	8.57	69.81	50	青岛	32.81	79.25	100
天津	6.22	50.94	50	郑州	12.69	54.72	50
石家庄	0	39.62	20	武汉	34.93	50.94	50
太原	3.34	50.94	50	长沙	8.92	100	50
呼和浩特	26.02	56.6	50	广州	16.12	54.72	50
沈阳	5.51	15.09	50	深圳	16.43	50.94	50
大连	100	50.94	100	南宁	15.66	50.94	50
长春	62.6	81.13	50	海口	7.12	60.38	100
哈尔滨	25.57	50.94	50	重庆	11.74	54.72	50
上海	61.74	50.94	20	成都	3.62	0	50
南京	32.87	69.81	50	贵阳	7.19	56.6	50
杭州	26.64	86.04	50	昆明	21	86.79	50
宁波	74.36	56.6	50	西安	8.05	69.81	50
合肥	29.88	50.94	20	兰州	2.13	56.6	50
福州	56.8	13.21	50	西宁	0.19	77.36	50
厦门	24.02	56.6	75	银川	51.77	56.6	50
南昌	45.82	84.91	75	乌鲁木齐	5.06	56.6	50
济南	7.18	69.81	50	拉萨	38.04	56.6	50

五、水域碳汇维度反馈环节

对第二章中第五节水域碳汇维度反馈环节的得分变量进行编码,结果如表 4.52 所示。围绕表 4.2 水域碳汇维度的数据来源以及表 2.25 的得分规则,36 个样本城市在水域碳汇维度反馈环节的得分情况如表 4.53 所示。

由表 4.53 的结果可知,36 个样本城市在反馈环节中"水域管理和经营部门的总结与提升方案"这一得分变量上的得分较低,在"政府相关部门的总结与提升方案"这一得分变量上的得分较高。

表 4.52　水域碳汇维度反馈环节指标编码

环节	指标	得分变量	编码
反馈 (Wa-A)	对能提升水域固碳能力的主体给予激励措施	基于绩效考核对政府相关部门的奖励	Wa-A$_{1-1}$
		基于绩效考核对水域经营部门的奖励	Wa-A$_{1-2}$
	对导致水域固碳能力降低的主体施以处罚措施	基于绩效考核对政府相关部门的处罚	Wa-A$_{2-1}$
		基于绩效考核对水域经营部门和破坏者的处罚	Wa-A$_{2-2}$
	改进水域固碳能力的总结与进一步提升方案	政府相关部门的总结与提升方案	Wa-A$_{3-1}$
		水域管理和经营部门的总结与提升方案	Wa-A$_{3-2}$

表 4.53　各样本城市在水域碳汇维度反馈环节得分变量值

城市	得分变量值					
	Wa-A$_{1-1}$	Wa-A$_{1-2}$	Wa-A$_{2-1}$	Wa-A$_{2-2}$	Wa-A$_{3-1}$	Wa-A$_{3-2}$
北京	40	40	60	100	80	0
天津	60	60	60	60	80	0
石家庄	40	40	40	60	20	40
太原	60	0	60	0	60	0
呼和浩特	40	0	40	60	80	0
沈阳	0	0	40	100	80	0
大连	60	60	20	100	60	60
长春	0	40	40	100	60	40
哈尔滨	0	0	40	100	60	0
上海	40	40	60	35	20	0
南京	60	40	60	60	100	0
杭州	40	60	40	60	80	60
宁波	40	40	40	60	60	60
合肥	40	0	40	60	80	60
福州	40	40	40	100	80	0
厦门	0	0	40	60	80	0
南昌	40	40	60	60	60	0
济南	40	40	60	60	60	0
青岛	40	0	40	60	60	0
郑州	40	0	60	60	80	0
武汉	0	40	60	60	100	100
长沙	0	40	60	60	80	0
广州	40	0	60	100	80	40
深圳	40	40	40	60	60	0
南宁	40	0	40	60	80	0
海口	0	0	40	60	60	60
重庆	60	0	60	60	100	0
成都	40	40	60	60	100	0
贵阳	60	40	40	100	80	60
昆明	40	40	60	60	100	40
西安	0	0	60	100	80	60
兰州	40	0	60	60	80	0
西宁	0	40	40	60	20	60
银川	0	0	60	60	80	0
乌鲁木齐	40	40	40	60	60	60
拉萨	0	0	20	60	60	0

第九节　森林碳汇（Fo）维度诊断指标实证数据

一、森林碳汇维度规划环节

森林碳汇维度规划环节的低碳城市建设水平诊断指标体系共有 1 个指标、7 个得分变量，其中得分变量的编码如表 4.54 所示。各样本城市在本环节得分变量的得分采用百分制表示，其具体数值是依据表 2.26 设定的得分规则与表 4.2 所示的数据来源计算而得来的，详细情况见表 4.55。

总体而言，各样本城市在森林面积保护与提升和主要森林灾害防治的规划这两方面的规划大多得分较高，但在森林质量保护与提升的规划、森林植被碳储量保护与提升的规划、规划依据与规划项目的丰富度等方面的得分有较大提升空间，尤其是"规划项目的丰富度"这个反映规划可操作性的得分变量，不少城市得分为 0，有待改善。

表 4.54　森林碳汇维度规划环节指标的得分变量编码

环节	指标	得分变量	编码
规划（Fo-P）	提升森林固碳能力的规划	森林面积保护与提升的规划	Fo-P$_{1-1}$
		森林质量保护与提升的规划	Fo-P$_{1-2}$
		主要森林灾害防治的规划	Fo-P$_{1-3}$
		森林植被碳储量保护与提升的规划	Fo-P$_{1-4}$
		规划属性	Fo-P$_{1-5}$
		规划依据	Fo-P$_{1-6}$
		规划项目的丰富度	Fo-P$_{1-7}$

表 4.55　各样本城市在森林碳汇维度规划环节得分变量值

城市	得分变量值						
	Fo-P$_{1-1}$	Fo-P$_{1-2}$	Fo-P$_{1-3}$	Fo-P$_{1-4}$	Fo-P$_{1-5}$	Fo-P$_{1-6}$	Fo-P$_{1-7}$
北京	60	60	60	100	25	20	0
天津	60	20	40	50	50	40	0
石家庄	40	60	0	0	25	0	60
太原	40	20	0	0	75	20	0
呼和浩特	80	80	100	0	50	20	40
沈阳	60	20	0	0	25	0	20
大连	40	40	100	50	50	40	40
长春	40	20	0	50	50	60	0
哈尔滨	40	40	20	50	50	20	0
上海	40	60	40	50	50	0	0

城市	得分变量值						
	Fo-P$_{1\text{-}1}$	Fo-P$_{1\text{-}2}$	Fo-P$_{1\text{-}3}$	Fo-P$_{1\text{-}4}$	Fo-P$_{1\text{-}5}$	Fo-P$_{1\text{-}6}$	Fo-P$_{1\text{-}7}$
南京	40	0	20	0	50	40	0
杭州	100	40	60	100	50	40	60
宁波	80	40	60	100	50	60	0
合肥	40	60	100	50	50	20	60
福州	80	80	100	50	50	0	40
厦门	80	60	100	50	50	40	40
南昌	60	80	100	50	50	40	60
济南	40	20	60	50	50	20	0
青岛	40	40	80	50	50	80	0
郑州	40	0	0	0	50	40	0
武汉	40	60	100	50	50	40	60
长沙	80	60	100	50	50	60	40
广州	40	40	100	100	50	40	20
深圳	40	0	0	0	50	20	0
南宁	100	40	100	100	50	20	80
海口	80	60	100	50	50	100	60
重庆	40	40	100	50	50	0	0
成都	80	40	0	0	25	80	40
贵阳	40	80	100	50	50	40	40
昆明	80	80	100	50	50	40	0
西安	80	100	100	100	50	40	40
兰州	40	80	100	50	50	20	0
西宁	40	0	0	0	50	0	0
银川	40	0	0	0	50	0	0
乌鲁木齐	40	0	0	50	50	0	0
拉萨	0	0	0	0	0	0	0

二、森林碳汇维度实施环节

森林碳汇维度实施环节的低碳城市建设水平诊断指标体系共有 2 个指标、5 个得分变量，其中得分变量的编码如表 4.56 所示。各样本城市在本环节的得分采用百分制表示，其具体数值是依据表 2.27 设定的得分规则与表 4.2 所示的数据来源计算而得来的，详细情况见表 4.57。

概括而言，样本城市在资源保障方面的得分高于机制保障，尤其是在"人力资源保障程度"这一得分变量上，国家大力推行林长制使得所有样本城市均达到满分。但在资源保障中的"技术条件保障程度"这一得分变量上，样本城市的平均得分最低，同时，样本城市在"相关规章制度的完善程度"这个得分变量上的得分也较低，是未来需要重点改善之处。

表 4.56　森林碳汇维度实施环节指标的得分变量编码

环节	指标	得分变量	编码
实施（Fo-D）	落实森林固碳能力提升工作的机制保障	相关规章制度的完善程度	Fo-D$_{1-1}$
		相关政务流程的透明度和畅通度	Fo-D$_{1-2}$
	落实森林固碳能力提升工作的资源保障	专项资金投入力度	Fo-D$_{1-3}$
		人力资源保障程度	Fo-D$_{1-4}$
		技术条件保障程度	Fo-D$_{1-5}$

表 4.57　各样本城市在森林碳汇维度实施环节得分变量值

城市	得分变量值				
	Fo-D$_{1-1}$	Fo-D$_{1-2}$	Fo-D$_{1-3}$	Fo-D$_{1-4}$	Fo-D$_{1-5}$
北京	100	75	100	100	100
天津	60	75	100	100	75
石家庄	40	75	50	100	75
太原	60	75	75	100	50
呼和浩特	60	100	100	100	50
沈阳	60	100	100	100	50
大连	40	75	100	100	50
长春	80	75	50	100	50
哈尔滨	40	15	0	100	0
上海	100	75	75	100	50
南京	80	100	100	100	75
杭州	40	100	25	100	75
宁波	0	100	0	100	75
合肥	60	100	75	100	50
福州	0	100	100	100	50
厦门	60	15	100	100	50
南昌	40	15	100	100	50
济南	60	75	100	100	50
青岛	60	15	100	100	50
郑州	60	75	100	100	50
武汉	60	75	100	100	50

续表

城市	得分变量值				
	Fo-D$_{1-1}$	Fo-D$_{1-2}$	Fo-D$_{1-3}$	Fo-D$_{1-4}$	Fo-D$_{1-5}$
长沙	60	75	100	100	50
广州	60	100	100	100	50
深圳	80	15	0	100	0
南宁	60	100	100	100	50
海口	40	75	100	100	50
重庆	100	75	100	100	75
成都	60	75	0	100	0
贵阳	60	100	100	100	0
昆明	0	15	100	100	75
西安	40	75	100	100	50
兰州	40	75	100	100	50
西宁	40	75	75	100	50
银川	40	75	75	100	0
乌鲁木齐	60	75	75	100	50
拉萨	80	75	50	100	0

三、森林碳汇维度检查环节

森林碳汇维度检查环节的低碳城市建设水平诊断指标体系共有 2 个指标、5 个得分变量，其中得分变量的编码如表 4.58 所示。各样本城市在本环节的得分采用百分制表示，其具体数值是依据表 2.28 设定的得分规则与表 4.2 所示的数据来源计算而得来的，详细情况见表 4.59。

总体而言，样本城市在本环节各指标的得分呈现出与实施环节类似的特点，即在资源保障方面的平均得分（48.9）高于在机制保障方面的平均得分（35.1）。在技术条件保障程度上，样本城市的得分最高，但在"相关规章制度的完善程度"与"专项资金保障程度"这两个得分变量上，样本城市的得分低，不少城市得分为 0，未来的低碳城市建设需要更加重视这两方面的工作。

表 4.58　森林碳汇维度检查环节指标的得分变量编码

环节	指标	得分变量	编码
检查 （Fo-C）	监督森林固碳能力提升工作的机制保障	相关规章制度的完善程度	Fo-C$_{1-1}$
		监督行为	Fo-C$_{1-2}$
	监督森林固碳能力提升工作的资源保障	专项资金保障程度	Fo-C$_{1-3}$
		人力资源保障程度	Fo-C$_{1-4}$
		技术条件保障程度	Fo-C$_{1-5}$

表 4.59　各样本城市在森林碳汇维度检查环节得分变量值

城市	得分变量值				
	Fo-C$_{1-1}$	Fo-C$_{1-2}$	Fo-C$_{1-3}$	Fo-C$_{1-4}$	Fo-C$_{1-5}$
北京	60	65	0	100	100
天津	60	65	0	75	100
石家庄	60	65	25	50	65
太原	0	0	25	50	65
呼和浩特	40	0	25	50	100
沈阳	0	0	0	50	65
大连	0	100	25	50	65
长春	0	35	0	50	65
哈尔滨	0	0	0	0	65
上海	0	0	0	50	100
南京	40	65	0	50	100
杭州	40	65	25	50	65
宁波	0	65	0	50	100
合肥	40	65	0	50	100
福州	40	65	25	50	65
厦门	0	65	0	50	100
南昌	0	65	25	75	65
济南	0	65	25	50	65
青岛	60	65	0	50	65
郑州	40	65	100	50	65
武汉	40	0	25	50	65
长沙	0	65	25	50	100
广州	0	65	25	50	100
深圳	0	65	0	50	65
南宁	0	65	50	50	100
海口	0	65	0	50	100
重庆	0	65	0	50	100
成都	40	65	0	50	100
贵阳	0	65	25	50	100
昆明	0	65	25	50	100
西安	0	65	25	50	100
兰州	0	100	0	50	100
西宁	0	65	0	0	0
银川	0	65	0	50	100
乌鲁木齐	40	0	0	50	65
拉萨	0	65	0	50	100

四、森林碳汇维度结果环节

森林碳汇维度结果环节的低碳城市建设水平诊断指标体系共有 1 个指标、5 个得分变量，其中得分变量的编码如表 4.60 所示。各样本城市在本环节得分变量的得分采用百分制表示，其具体数值是依据表 2.29 设定的得分规则、第三章所构建的计算公式（3.16）与公式（3.17）以及本章第二节表 4.2 中所示的数据来源计算而得来的，详细情况见表 4.61。

概括而言，样本城市在本环节五个得分变量上的得分差距较大，并不均衡。在"森林覆盖率"这一得分变量上，样本城市的得分情况整体好于其余四个得分变量的得分情况；在"森林蓄积量"与"森林植被碳储量"这两个体现森林质量与固碳能力的得分变量上，样本城市的得分均低，未来我国森林碳汇建设需要重点提升这两方面的工作。

表 4.60　森林碳汇维度结果环节指标的得分变量编码

环节	指标	得分变量	编码
结果 （Fo-O）	森林固碳能力	森林覆盖率	Fo-O$_{1-1}$
		森林蓄积量	Fo-O$_{1-2}$
		森林植被碳储量	Fo-O$_{1-3}$
		森林火灾受害率	Fo-O$_{1-4}$
		林业有害生物成灾率	Fo-O$_{1-5}$

表 4.61　各样本城市在森林碳汇维度结果环节得分变量值

城市	得分变量值				
	Fo-O$_{1-1}$	Fo-O$_{1-2}$	Fo-O$_{1-3}$	Fo-O$_{1-4}$	Fo-O$_{1-5}$
北京	100	19.23	19.09	97.75	100
天津	40	2.42	2.87	0	0
石家庄	100	7.45	7.72	67.42	0
太原	40	2.66	0.14	0	0
呼和浩特	60	4.47	4.85	68.54	72.61
沈阳	40	5.45	5.79	0	0
大连	100	9.52	9.72	92.13	89.96
长春	20	13.33	13.39	89.89	0
哈尔滨	100	68.59	66.72	78.65	88.08
上海	40	4.37	4.75	0	0
南京	60	7.32	7.59	0	59.03
杭州	100	43.28	60.48	0	0
宁波	100	13.97	21.16	0	0

城市	得分变量值				
	$Fo\text{-}O_{1\text{-}1}$	$Fo\text{-}O_{1\text{-}2}$	$Fo\text{-}O_{1\text{-}3}$	$Fo\text{-}O_{1\text{-}4}$	$Fo\text{-}O_{1\text{-}5}$
合肥	60	5.94	6.27	44.94	36.60
福州	100	31.23	30.67	11.24	64.94
厦门	100	1.70	2.18	11.24	47.23
南昌	60	4.19	4.58	0	0
济南	60	5.52	5.85	0	0
青岛	40	6.43	6.74	44.94	0
郑州	80	10.10	10.28	0	0
武汉	40	4.72	5.08	0	0
长沙	100	20.52	20.33	0	0
广州	100	12.07	12.18	0	0
深圳	100	2.01	2.47	0	0
南宁	100	40.70	41.02	92.13	97.64
海口	100	1.53	2.01	67.42	67.30
重庆	100	1.53	100	96.63	61.28
成都	100	23.18	22.91	89.89	64.94
贵阳	100	15.81	20.49	100	99.65
昆明	100	38.55	37.73	97.75	95.99
西安	100	22.17	21.93	0	47.23
兰州	20	2.29	0	0	43.68
西宁	100	2.36	2.81	0	0
银川	40	15.21	15.21	0	0
乌鲁木齐	40	19.33	19.19	0	0
拉萨	40	0	0.53	0	34.24

五、森林碳汇维度反馈环节

森林碳汇维度反馈环节的低碳城市建设水平诊断指标体系共有 3 个指标、6 个得分变量，其中得分变量的编码如表 4.62 所示。各样本城市在本环节的得分采用百分制表示，其具体数值是依据表 2.30 设定的得分规则与表 4.2 所示的数据来源计算而得来的，详细情况见表 4.63。

在得分变量层面上，样本城市在"基于绩效考核对林场经营者、施工方和相关第三方的奖励"这个得分变量上的得分相对较高，在"基于绩效考核对政府相关部门的处罚"和"林业相关协会的总结和提升方案"这两个变量上的得分较低。这表明我国城市未来应重视对破坏森林碳汇行为的处罚，提升林业相关协会对森林碳汇的反馈水平。

表 4.62 森林碳汇维度反馈环节指标的得分变量编码

环节	指标	得分变量	编码
反馈（Fo-A）	对能提升森林固碳能力的主体给予激励措施	基于绩效考核对政府相关部门的奖励	Fo-A$_{1-1}$
		基于绩效考核对林场经营者、施工方和相关第三方的奖励	Fo-A$_{1-2}$
	对导致森林固碳能力降低的主体施以处罚措施	基于绩效考核对政府相关部门的处罚	Fo-A$_{1-3}$
		基于绩效考核对林场经营者、施工方和相关第三方的处罚	Fo-A$_{1-4}$
	改进森林固碳能力的总结与进一步提升方案	政府部门的总结和提升方案	Fo-A$_{1-5}$
		林业相关协会的总结和提升方案	Fo-A$_{1-6}$

表 4.63 各样本城市在森林碳汇维度反馈环节得分变量值

城市	得分变量值					
	Fo-A$_{1-1}$	Fo-A$_{1-2}$	Fo-A$_{1-3}$	Fo-A$_{1-4}$	Fo-A$_{1-5}$	Fo-A$_{1-6}$
北京	100	100	0	100	45	0
天津	100	75	0	75	0	0
石家庄	0	0	0	75	45	0
太原	0	0	0	0	0	0
呼和浩特	0	75	0	50	45	0
沈阳	0	0	0	0	0	0
大连	0	0	0	50	0	0
长春	0	50	0	50	15	0
哈尔滨	0	50	0	0	45	0
上海	0	75	0	75	0	0
南京	0	75	0	0	0	0
杭州	0	75	0	75	15	0
宁波	0	75	0	75	15	0
合肥	65	0	0	75	15	0
福州	0	0	0	50	15	0
厦门	0	0	0	0	45	0
南昌	100	75	0	75	15	0
济南	0	50	0	50	0	0
青岛	100	50	0	75	100	0
郑州	100	75	0	0	45	0
武汉	0	0	0	0	15	0
长沙	0	75	0	75	15	0
广州	0	0	0	75	45	0
深圳	0	0	0	0	15	0
南宁	0	0	0	75	45	0

续表

城市	得分变量值					
	Fo-A$_{1-1}$	Fo-A$_{1-2}$	Fo-A$_{1-3}$	Fo-A$_{1-4}$	Fo-A$_{1-5}$	Fo-A$_{1-6}$
海口	0	0	0	75	45	0
重庆	100	75	0	75	45	0
成都	0	0	0	75	0	0
贵阳	0	75	0	75	15	0
昆明	100	75	0	55	45	0
西安	0	75	0	0	15	0
兰州	0	75	0	50	0	0
西宁	0	0	0	0	0	0
银川	100	75	0	75	0	0
乌鲁木齐	0	0	0	0	0	0
拉萨	0	50	0	50	75	0

第十节　绿地碳汇（GS）维度诊断指标实证数据

一、绿地碳汇维度规划环节

　　按照"维度-环节-指标-得分变量"四个层级，对第二章第七节中绿地碳汇维度规划环节的得分变量进行编码，如表4.64所示。另依据表2.31设定的得分规则，结合数据来源表中的"规划"相关文件，36个样本城市在低碳技术维度规划环节得分变量的得分情况如表4.65所示。

　　由表4.64所示，绿地碳汇维度规划环节有"提升绿地固碳能力的规划"一个指标，包括六个得分变量。根据表4.65，各样本城市在规划环节的表现普遍较好，各得分变量得分均在60分及以上。其中"绿地面积保护与提升的规划"和"绿地固碳质量提升规划"这两个得分变量，得满分的样本城市较多。而在"绿地项目的丰富度"这一得分变量中，各个样本城市差异较大。规划环节中所有得分变量均为满分的样本城市有上海、合肥和广州三个。

表4.64　绿地碳汇维度规划环节指标的得分变量编码

环节	指标	得分变量	编码
规划 （GS-P）	提升绿地固碳能力的规划	绿地面积保护与提升的规划	GS-P$_{1-1}$
		绿地固碳质量提升规划	GS-P$_{1-2}$
		绿地管理水平提升规划	GS-P$_{1-3}$
		规划属性	GS-P$_{1-4}$
		规划依据	GS-P$_{1-5}$
		绿地项目的丰富度	GS-P$_{1-6}$

表 4.65 各样本城市在绿地碳汇维度规划环节得分变量值

城市	得分变量值					
	GS-P$_{1-1}$	GS-P$_{1-2}$	GS-P$_{1-3}$	GS-P$_{1-4}$	GS-P$_{1-5}$	GS-P$_{1-6}$
北京	100	100	100	80	100	80
天津	80	80	80	100	100	80
石家庄	100	80	100	100	100	100
太原	80	80	80	80	80	80
呼和浩特	100	100	100	80	100	80
沈阳	80	80	80	80	100	80
大连	100	100	100	100	80	100
长春	80	80	80	80	100	80
哈尔滨	80	80	80	80	80	80
上海	100	100	100	100	100	100
南京	100	100	100	100	100	80
杭州	100	100	100	100	100	80
宁波	100	100	80	100	100	100
合肥	100	100	100	100	100	100
福州	60	80	60	60	100	60
厦门	100	100	100	80	100	100
南昌	80	80	80	80	80	80
济南	100	100	100	80	100	80
青岛	80	100	80	80	100	80
郑州	60	60	80	80	100	60
武汉	100	100	100	100	100	80
长沙	80	80	80	80	80	80
广州	100	100	100	100	100	100
深圳	80	80	80	80	100	80
南宁	80	80	80	80	80	80
海口	100	100	80	100	100	60
重庆	100	100	100	80	100	80
成都	100	100	100	80	100	100
贵阳	60	60	60	80	80	60
昆明	60	60	60	80	80	60
西安	80	80	80	80	100	80
兰州	80	80	80	80	80	80
西宁	80	80	80	80	80	80
银川	60	80	60	60	60	60
乌鲁木齐	60	60	60	60	60	60
拉萨	60	60	60	60	60	60

二、绿地碳汇维度实施环节

按照"维度-环节-指标-得分变量"四个层级,对第二章第七节中绿地碳汇维度实施环节的得分变量进行编码,如表4.66所示。另依据表2.32设定的得分规则,结合数据来源表中的"实施"相关文件和年鉴数据,36个样本城市在绿地碳汇维度实施环节得分变量的得分情况如表4.67所示。

由表4.66所示,绿地碳汇维度实施环节有"提升绿地固碳能力的机制保障"和"提升绿地固碳能力的资源保障"两个指标,包括五个得分变量。根据表4.67,各样本城市在"相关规章制度的完善程度"这一得分变量表现普遍较好,有18个样本城市获得满分。在"相关政务流程的透明度和畅通度"这一得分变量中,整体表现一般,仅有大连、杭州和贵阳3个城市获得满分。

表4.66 绿地碳汇维度实施环节指标的得分变量编码

环节	指标	得分变量	编码
实施 (GS-D)	提升绿地固碳能力的机制保障	相关规章制度的完善程度	GS-D$_{1-1}$
		相关政务流程的透明度和畅通度	GS-D$_{1-2}$
	提升绿地固碳能力的资源保障	专项资金投入力度	GS-D$_{2-1}$
		人力资源保障程度	GS-D$_{2-2}$
		技术条件保障程度	GS-D$_{2-3}$

表4.67 各样本城市在绿地碳汇维度实施环节得分变量值

城市	得分变量值				
	GS-D$_{1-1}$	GS-D$_{1-2}$	GS-D$_{2-1}$	GS-D$_{2-2}$	GS-D$_{2-3}$
北京	100	80	75	100	100
天津	100	80	75	75	80
石家庄	75	60	50	75	80
太原	100	60	75	75	80
呼和浩特	75	80	75	75	60
沈阳	100	80	75	50	80
大连	100	100	100	50	80
长春	75	60	100	75	80
哈尔滨	75	80	75	50	80
上海	75	80	75	75	100
南京	100	80	100	75	80
杭州	100	100	100	100	80
宁波	75	80	100	75	80

续表

城市	得分变量值				
	GS-D$_{1-1}$	GS-D$_{1-2}$	GS-D$_{2-1}$	GS-D$_{2-2}$	GS-D$_{2-3}$
合肥	75	60	50	75	80
福州	75	60	75	75	60
厦门	100	80	100	100	80
南昌	100	60	75	75	60
济南	75	80	100	100	80
青岛	75	80	100	75	80
郑州	75	60	75	50	80
武汉	100	80	100	75	80
长沙	100	60	100	75	80
广州	75	60	75	100	80
深圳	100	80	75	75	100
南宁	75	80	75	50	80
海口	100	80	100	75	80
重庆	100	80	75	100	100
成都	100	80	100	75	100
贵阳	75	100	75	50	80
昆明	100	60	75	75	80
西安	100	80	50	75	60
兰州	75	80	75	50	80
西宁	50	60	75	75	80
银川	100	60	50	50	80
乌鲁木齐	75	80	75	75	80
拉萨	75	60	50	25	60

三、绿地碳汇维度检查环节

按照"维度-环节-指标-得分变量"四个层级，对第二章第七节中绿地碳汇维度检查环节的得分变量进行编码，如表 4.68 所示。另依据表 2.33 设定的得分规则，结合数据来源表中的"检查"相关文件，36 个样本城市在绿地碳汇维度检查环节得分变量的得分情况如表 4.69 所示。

根据表 4.68，绿地碳汇维度检查环节有"实施绿地固碳监督的机制保障"和"实施绿地固碳监督的资源保障"两个指标，包括五个得分变量。根据表 4.69 所示，样本城市在检查环节的表现差异较大，主要体现在"监督行为"和"技术条件保障程度"这两个得分变量上，且在这两个得分变量中，样本城市整体表现较差，仅有部分样本城市获得满分。而在"相关规章制度的完善程度"这一个得分变量中，各样本城市表现都较好。

表 4.68　绿地碳汇维度检查环节指标的得分变量编码

环节	指标	得分变量	编码
检查（GS-C）	实施绿地固碳监督的机制保障	相关规章制度的完善程度	GS-C$_{1-1}$
		监督行为	GS-C$_{1-2}$
	实施绿地固碳监督的资源保障	专项资金保障程度	GS-C$_{2-1}$
		人力资源保障程度	GS-C$_{2-2}$
		技术条件保障程度	GS-C$_{2-3}$

表 4.69　各样本城市在绿地碳汇维度检查环节得分变量值

城市	得分变量值				
	GS-C$_{1-1}$	GS-C$_{1-2}$	GS-C$_{2-1}$	GS-C$_{2-2}$	GS-C$_{2-3}$
北京	80	100	75	100	75
天津	80	65	75	100	75
石家庄	80	65	60	20	75
太原	60	65	75	80	50
呼和浩特	60	65	75	60	75
沈阳	60	65	75	80	50
大连	80	65	100	80	50
长春	80	65	100	80	50
哈尔滨	80	65	75	100	50
上海	80	65	75	80	75
南京	80	65	100	100	75
杭州	100	100	100	60	75
宁波	60	65	75	80	75
合肥	60	65	75	60	75
福州	60	100	75	80	100
厦门	100	100	100	60	100
南昌	80	65	75	60	50
济南	60	100	100	60	75
青岛	60	65	75	80	75
郑州	80	65	100	60	100
武汉	80	65	75	60	75
长沙	60	65	75	60	50

续表

城市	得分变量值				
	GS-C$_{1-1}$	GS-C$_{1-2}$	GS-C$_{2-1}$	GS-C$_{2-2}$	GS-C$_{2-3}$
广州	60	65	75	80	50
深圳	80	65	75	60	75
南宁	80	35	100	60	75
海口	80	65	75	80	75
重庆	80	65	100	80	100
成都	100	65	75	80	75
贵阳	80	65	75	80	75
昆明	80	65	75	80	75
西安	60	35	75	80	75
兰州	60	65	75	100	50
西宁	80	65	75	80	75
银川	80	65	50	60	50
乌鲁木齐	80	65	50	60	50
拉萨	80	65	75	80	75

四、绿地碳汇维度结果环节

按照"维度-环节-指标-得分变量"四个层级，对第二章第七节中绿地碳汇维度结果环节的得分变量进行编码，如表4.70所示。另依据表2.34设定的得分规则，结合数据来源表中的年鉴和数据库数据，36个样本城市在绿地碳汇维度结果环节得分变量的得分情况如表4.71所示。

由表4.70所示，绿地碳汇（GS）维度结果环节有"绿地固碳能力"一个指标，包括四个得分变量。根据表4.71所示，样本城市在得分变量"建成区绿地率"的得分较高，但在得分变量"人均公园绿地面积"的得分较低，多数城市不超过50分。由于"速生且本土树种占比"这一数据作为衡量绿地碳汇结果的重要指标，其代表了绿地碳汇质量的好坏，但由于无法获取相关数据，该变量不计入评价结果中。

表4.70　绿地碳汇维度结果环节指标的得分变量编码

环节	指标	得分变量	编码
结果（GS-O）	绿地固碳能力	建成区绿地率	GS-O$_{1-1}$
		人均绿地面积	GS-O$_{1-2}$
		人均公园绿地面积	GS-O$_{1-3}$
		速生且本土树种占比	GS-O$_{1-4}$

表 4.71 各样本城市在绿地碳汇维度结果环节得分变量值

城市	得分变量值				城市	得分变量值			
	GS-O_{1-1}	GS-O_{1-2}	GS-O_{1-3}	GS-O_{1-4}		GS-O_{1-1}	GS-O_{1-2}	GS-O_{1-3}	GS-O_{1-4}
北京	100	32.24	34.75	N/A	青岛	48.53	22.38	46.31	N/A
天津	30.38	13.80	5.81	N/A	郑州	29.48	9.30	26.04	N/A
石家庄	57.58	0	26.82	N/A	武汉	29.72	13.68	25.12	N/A
太原	69.86	13.84	15.48	N/A	长沙	34.81	3.46	11.98	N/A
呼和浩特	36.97	30.17	47.19	N/A	广州	58.06	86.80	65.90	N/A
沈阳	44.10	10.96	21.66	N/A	深圳	54.94	100.00	27.42	N/A
大连	93.41	30.76	19.95	N/A	南宁	35.65	2.58	100	N/A
长春	41.76	27.55	15.94	N/A	海口	35.77	18.78	14.98	N/A
哈尔滨	29.18	1.33	5.25	N/A	重庆	48.29	5.74	34.33	N/A
上海	47.15	60.40	0	N/A	成都	40.38	8.94	23.36	N/A
南京	70.52	72.50	32.44	N/A	贵阳	53.74	20.01	39.91	N/A
杭州	44.76	29.78	14.84	N/A	昆明	56.50	11.51	13.83	N/A
宁波	47.93	8.10	22.58	N/A	西安	26.54	14.18	12.90	N/A
合肥	64.53	7.60	16.68	N/A	兰州	0	9.41	20.74	N/A
福州	76.15	2.67	29.22	N/A	西宁	62.85	4.88	17.37	N/A
厦门	68.12	47.23	25.58	N/A	银川	65.79	24.39	34.47	N/A
南昌	58.60	8.40	14.84	N/A	乌鲁木齐	46.85	81.38	8.16	N/A
济南	45.24	13.95	14.61	N/A	拉萨	56.08	31.79	1.06	N/A

注：对于无公开数据的城市，本表记录为 not available，N/A。

五、绿地碳汇维度反馈环节

按照"维度-环节-指标-得分变量"四个层级，对第二章第七节中绿地碳汇维度反馈环节的得分变量进行编码，如表 4.72 所示。另依据表 2.35 设定的得分规则，结合数据来源表中"反馈"相关文件，36 个样本城市在绿地碳汇维度反馈环节得分变量的得分情况如表 4.73 所示。

表 4.72 绿地碳汇维度反馈环节指标的得分变量编码

环节	指标	得分变量	编码
反馈 （GS-A）	对能提升绿地固碳能力的主体给予激励措施	基于绩效考核对政府相关部门的奖励	GS-A_{1-1}
		基于绩效考核对园林设计单位、施工方等相关主体的奖励	GS-A_{1-2}
	对导致绿地固碳能力降低的主体施以处罚措施	基于绩效考核对政府相关部门的处罚	GS-A_{2-1}
		基于绩效考核对园林设计单位、施工方等相关主体的处罚	GS-A_{2-2}
	绿地固碳能力的总结与进一步提升方案	政府部门的总结与提升方案	GS-A_{3-1}
		园林绿化行业协会的总结和提升方案	GS-A_{3-2}

由表 4.72 所示，绿地碳汇维度反馈环节有"对能提升绿地固碳能力的主体给予激励措施""对导致绿地固碳能力降低的主体施以处罚措施""绿地固碳能力的总结与进一步提升方案"三个指标，共包括六个得分变量。根据表 4.73，各样本城市在得分变量"基于绩效考核对政府相关部门的奖励"的得分较高；"园林绿化行业协会的总结和提升方案"这一得分变量，样本城市整体表现较差，有多个城市获得 0 分，仅有两个城市获得满分。

表 4.73　各样本城市在绿地碳汇维度结果环节得分变量值

城市	得分变量值					
	GS-A$_{1-1}$	GS-A$_{1-2}$	GS-A$_{2-1}$	GS-A$_{2-2}$	GS-A$_{3-1}$	GS-A$_{3-2}$
北京	100	75	100	100	80	80
天津	65	75	65	50	60	80
石家庄	100	75	65	75	60	60
太原	65	75	65	75	100	80
呼和浩特	65	50	65	75	80	80
沈阳	65	75	65	75	80	80
大连	65	50	65	75	80	80
长春	35	50	35	50	60	60
哈尔滨	65	50	65	50	0	0
上海	100	100	65	75	80	100
南京	100	100	65	75	80	0
杭州	100	100	100	100	100	100
宁波	65	100	65	75	60	40
合肥	65	75	65	50	100	60
福州	100	75	65	75	60	0
厦门	65	50	65	50	80	40
南昌	65	50	65	75	60	0
济南	65	75	65	75	80	40
青岛	65	50	65	75	80	40
郑州	65	50	65	50	60	60
武汉	65	75	65	75	60	60
长沙	65	100	65	50	40	60
广州	65	75	65	50	60	40
深圳	65	75	65	75	80	60
南宁	100	75	65	50	60	80
海口	65	75	65	50	60	40
重庆	65	50	65	75	80	80
成都	65	50	65	75	40	60
贵阳	65	75	65	50	60	40

城市	得分变量值					
	GS-A$_{1-1}$	GS-A$_{1-2}$	GS-A$_{2-1}$	GS-A$_{2-2}$	GS-A$_{3-1}$	GS-A$_{3-2}$
昆明	65	50	65	50	60	60
西安	65	50	65	50	40	0
兰州	65	25	65	50	60	0
西宁	35	50	65	50	60	40
银川	35	75	65	50	60	40
乌鲁木齐	35	25	65	50	40	0
拉萨	65	25	65	50	60	0

第十一节　低碳技术（Te）维度诊断指标实证数据

一、低碳技术维度规划环节

按照"维度-环节-指标-得分变量"四个层级，对第二章第八节中低碳技术维度规划环节的得分变量进行编码，如表 4.74 所示。另依据表 2.36 设定的得分规则，结合数据来源表中的"规划"相关文件，36 个样本城市在低碳技术维度规划环节得分变量的得分情况如表 4.75 所示。

根据表 4.75，各样本城市在得分变量"规划中包含低碳技术应用内容的范围"的得分较高。得分变量"规划中包含低碳技术应用内容的详细程度"的得分较低，多个城市在该得分变量的得分为 0。在其余得分变量的得分上，样本城市间的差异较小。

表 4.74　低碳技术维度规划环节指标的得分变量编码

环节	指标	得分变量	编码
规划 （Te-P）	低碳技术研发的规划	规划中包含低碳技术研发内容的范围	Te-P$_{1-1}$
		规划中包含低碳技术研发内容的详细程度	Te-P$_{1-2}$
	低碳技术应用的规划	规划中包含低碳技术应用内容的范围	Te-P$_{2-1}$
		规划中包含低碳技术应用内容的详细程度	Te-P$_{2-2}$
	支持低碳技术发展的规划	规划中包含支持低碳技术发展的措施	Te-P$_{3-1}$

表 4.75　各样本城市在低碳技术维度规划环节得分变量值

城市	得分变量值				
	Te-P$_{1-1}$	Te-P$_{1-2}$	Te-P$_{2-1}$	Te-P$_{2-2}$	Te-P$_{3-1}$
北京	50	25	100	50	50
天津	50	25	75	25	100
石家庄	75	50	75	50	100

续表

城市	得分变量值				
	Te-P$_{1-1}$	Te-P$_{1-2}$	Te-P$_{2-1}$	Te-P$_{2-2}$	Te-P$_{3-1}$
太原	50	25	100	25	25
呼和浩特	50	50	50	0	50
沈阳	50	75	50	50	50
大连	25	50	50	50	25
长春	25	25	50	0	50
哈尔滨	25	50	50	50	25
上海	100	100	100	50	100
南京	50	75	50	75	100
杭州	100	75	100	25	75
宁波	100	100	75	100	75
合肥	75	25	50	25	100
福州	50	75	50	25	50
厦门	50	25	75	25	25
南昌	50	25	50	25	75
济南	75	50	75	50	50
青岛	100	50	75	25	75
郑州	25	0	50	0	25
武汉	50	75	50	75	75
长沙	100	100	75	75	50
广州	25	25	25	0	25
深圳	50	50	75	50	50
南宁	100	75	50	50	50
海口	25	25	50	25	25
重庆	75	75	100	75	75
成都	75	75	75	75	100
贵阳	100	25	50	25	100
昆明	0	0	0	0	0
西安	25	50	25	50	75
兰州	25	50	25	50	25
西宁	25	25	50	50	50
银川	25	25	25	0	25
乌鲁木齐	25	0	50	0	25
拉萨	0	0	25	0	25

二、低碳技术维度实施环节

按照"维度-环节-指标-得分变量"四个层级，对第二章第八节中低碳技术维度实施环节的得分变量进行编码，如表 4.76 所示。另依据表 2.37 设定的得分规则，结合数据来源表中的"实施"相关文件和年鉴数据，36 个样本城市在低碳技术维度实施环节得分变量的得分情况如表 4.77 所示。

根据表 4.77，各样本城市在得分变量"政务流程的透明度和畅通度"和"人力资源保障程度"的得分较高，但在得分变量"科学研究和技术服务业企业法人单位数"的得分较低，多数城市得分均在 40 分以下。其余得分变量的得分差异较小。

表 4.76 低碳技术维度实施环节指标的得分变量编码

环节	指标	得分变量	编码
实施 （Te-D）	低碳技术发展的机制保障	相关规章制度的完善程度	Te-D$_{1-1}$
		政务流程的透明度和畅通度	Te-D$_{1-2}$
	低碳技术发展的资源保障	专项资金投入力度	Te-D$_{2-1}$
		人力资源保障程度	Te-D$_{2-2}$
		科学研究和技术服务业企业法人单位数	Te-D$_{2-3}$

表 4.77 各样本城市在低碳技术维度实施环节得分变量值

城市	得分变量值				
	Te-D$_{1-1}$	Te-D$_{1-2}$	Te-D$_{2-1}$	Te-D$_{2-2}$	Te-D$_{2-3}$
北京	100	100	100	65	100
天津	100	100	100	65	22.91
石家庄	65	100	0	100	12.63
太原	0	35	35	0	7.10
呼和浩特	35	35	0	0	2.00
沈阳	35	0	0	65	7.69
大连	35	100	35	65	5.24
长春	35	100	35	65	2.14
哈尔滨	35	35	0	65	4.47
上海	100	35	100	100	19.99
南京	65	100	100	65	100
杭州	65	65	100	100	21.30
宁波	65	65	0	65	8.71
合肥	65	100	0	65	14.74
福州	0	0	100	65	6.37

续表

城市	得分变量值				
	Te-D$_{1-1}$	Te-D$_{1-2}$	Te-D$_{2-1}$	Te-D$_{2-2}$	Te-D$_{2-3}$
厦门	100	65	100	65	6.59
南昌	65	65	100	0	3.17
济南	35	35	100	35	16.65
青岛	65	100	65	65	15.52
郑州	35	65	65	65	19.09
武汉	100	100	0	65	16.19
长沙	35	65	65	100	12.45
广州	0	0	0	100	39.75
深圳	100	100	100	100	32.41
南宁	35	35	65	35	6.80
海口	0	35	0	35	2.01
重庆	65	100	65	100	12.16
成都	100	100	65	100	12.50
贵阳	35	35	65	35	2.31
昆明	35	35	65	0	8.31
西安	35	100	65	100	9.98
兰州	35	35	0	35	0.94
西宁	35	0	0	35	1.54
银川	35	35	100	65	1.10
乌鲁木齐	0	0	0	35	2.95
拉萨	0	35	65	0	0

三、低碳技术维度检查环节

按照"维度-环节-指标-得分变量"四个层级，对第二章第八节中低碳技术维度检查环节的得分变量进行编码，如表 4.78 所示。另依据表 2.38 设定的得分规则，结合数据来源表中的"检查"相关文件，36 个样本城市在低碳技术维度检查环节得分变量的得分情况如表 4.79 所示。

表 4.78　低碳技术维度检查环节指标的得分变量编码

环节	指标	得分变量	编码
检查 （Te-C）	监督低碳技术发展的机制保障	相关规章制度的完善程度	Te-C$_{1-1}$
	监督低碳技术发展的资源保障	人力资源保障程度	Te-C$_{2-1}$

根据表 4.79，各样本城市在得分变量"人力资源保障程度"的得分较高，但在得分变量"相关规章制度的完善程度"的得分较低。多数样本城市在这两个得分变量的得分为 35 分或 65 分，得 0 分和 100 分的较少。

表 4.79　各样本城市在低碳技术维度检查环节得分变量值

城市	得分变量值		城市	得分变量值	
	Te-C$_{1-1}$	Te-C$_{2-1}$		Te-C$_{1-1}$	Te-C$_{2-1}$
北京	65	35	青岛	35	100
天津	35	65	郑州	35	65
石家庄	35	35	武汉	35	65
太原	35	35	长沙	35	65
呼和浩特	35	35	广州	65	65
沈阳	35	35	深圳	100	35
大连	35	35	南宁	35	65
长春	35	35	海口	35	65
哈尔滨	35	35	重庆	65	100
上海	65	65	成都	35	65
南京	35	65	贵阳	35	65
杭州	35	65	昆明	65	65
宁波	0	35	西安	35	35
合肥	35	65	兰州	65	65
福州	35	35	西宁	35	35
厦门	35	35	银川	35	35
南昌	35	100	乌鲁木齐	35	35
济南	0	65	拉萨	35	35

四、低碳技术维度结果环节

按照"维度-环节-指标-得分变量"四个层级，对第二章第八节中低碳技术维度结果环节的得分变量进行编码，如表 4.80 所示。另依据表 2.39 设定的得分规则，结合数据来源表中的年鉴和数据库数据，36 个样本城市在低碳技术维度结果环节得分变量的得分情况如表 4.81 所示。

表 4.80　低碳技术维度结果环节指标的得分变量编码

环节	指标	得分变量	编码
结果 （Te-O）	低碳技术研发成果	获得的绿色发明数量	Te-O$_{1-1}$
		获得的绿色实用新型专利数量	Te-O$_{1-2}$
		获得的绿色发明数量占发明总数的比例	Te-O$_{1-3}$
		获得的绿色实用新型专利数量占 实用新型专利总数的比例	Te-O$_{1-4}$

环节	指标	得分变量	编码
结果 （Te-O）	低碳技术应用效果	绿色全要素生产率	Te-O$_{2-1}$
		获得的绿色专利（绿色发明及绿色实用新型）数量与碳排放量的比值	Te-O$_{2-2}$

根据表 4.81，各样本城市在得分变量"绿色全要素生产率"的得分较高，但在得分变量"获得的绿色发明数量"的得分较低，多数城市得分不超过 50 分。

表 4.81　各样本城市在低碳技术维度结果环节得分变量值

城市	得分变量值					
	Te-O$_{1-1}$	Te-O$_{1-2}$	Te-O$_{1-3}$	Te-O$_{1-4}$	Te-O$_{2-1}$	Te-O$_{2-2}$
北京	100	82.91	43.16	96.55	77.93	58.15
天津	12.40	51.44	40.60	40.41	73.14	14.84
石家庄	4.26	14.12	52.67	61.00	40.04	6.84
太原	4.49	8.64	27.48	85.17	86.03	7.65
呼和浩特	1.08	3.49	66.13	100	48.64	1.87
沈阳	7.47	11.62	29.35	37.08	72.11	10.80
大连	7.99	9.18	57.11	27.88	73.61	7.52
长春	6.33	8.06	18.11	22.63	55.46	7.54
哈尔滨	7.74	7.09	28.52	37.21	83.85	7.32
上海	47.81	81.83	21.93	55.88	58.35	20.50
南京	42.59	53.65	61.28	71.36	90.26	31.22
杭州	44.86	51.56	49.06	55.37	64.45	44.13
宁波	8.89	18.36	9.72	0	65.08	11.76
合肥	17.79	27.23	39.00	65.73	74.40	31.59
福州	8.64	15.42	48.72	48.34	68.27	15.87
厦门	6.65	13.82	34.00	32.48	96.41	51.01
南昌	4.42	9.73	58.57	31.07	54.32	21.36
济南	16.87	27.67	64.12	55.24	0	21.34
青岛	20.22	33.51	39.00	37.21	61.53	30.11
郑州	8.85	35.50	28.87	54.09	96.05	31.27
武汉	32.20	34.44	31.78	55.88	67.96	29.16
长沙	20.24	20.27	61.55	68.54	39.50	36.48
广州	40.13	71.82	52.39	50.77	39.29	54.63
深圳	46.35	100	0	42.97	47.83	100
南宁	4.09	6.86	70.44	55.50	22.25	13.54
海口	1.51	4.13	82.17	75.06	49.57	33.33

城市	得分变量值					
	Te-O$_{1-1}$	Te-O$_{1-2}$	Te-O$_{1-3}$	Te-O$_{1-4}$	Te-O$_{2-1}$	Te-O$_{2-2}$
重庆	16.02	28.39	28.31	24.81	81.80	8.49
成都	24.36	39.70	34.14	62.66	51.35	52.73
贵阳	2.61	8.59	30.33	25.32	58.21	12.22
昆明	6.60	12.92	87.93	65.09	94.35	28.80
西安	21.02	29.58	18.11	73.79	52.89	42.87
兰州	2.79	5.26	51.21	40.92	100	6.75
西宁	0.55	1.72	65.02	66.62	51.94	3.06
银川	0.81	2.65	49.06	74.04	61.56	0
乌鲁木齐	1.67	3.57	100	63.68	49.84	2.85
拉萨	0	0	82.93	86.19	48.35	10.15

五、低碳技术维度反馈环节

按照"维度-环节-指标-得分变量"四个层级，对第二章第八节中低碳技术维度反馈环节的得分变量进行编码，如表 4.82 所示。依据表 2.40 设定的得分规则，结合数据来源表中的"反馈"相关文件，36 个样本城市在低碳技术维度反馈环节得分变量的得分情况如表 4.83 所示。

根据表 4.84，各样本城市在得分变量"基于绩效考核对相关科研和服务机构的奖励"的得分较高，其他得分变量中由于出现 0 分情况的样本城市较多，其得分均较低。

表 4.82　低碳技术维度反馈环节指标的得分变量编码

环节	指标	得分变量	编码
反馈 （Te-A）	对有效推进低碳技术发展的主体给予激励措施	基于绩效考核对政府相关部门的奖励	Te-A$_{1-1}$
		基于绩效考核对相关科研和服务机构的奖励	Te-A$_{1-2}$
	推进低碳技术发展能力的总结与进一步提升方案	政府相关部门的总结与提升方案	Te-A$_{2-1}$
		相关科研和服务机构的总结与提升方案	Te-A$_{2-2}$

表 4.83　各样本城市在低碳技术维度反馈环节得分变量值

城市	得分变量值				城市	得分变量值			
	Te-A$_{1-1}$	Te-A$_{1-2}$	Te-A$_{2-1}$	Te-A$_{2-2}$		Te-A$_{1-1}$	Te-A$_{1-2}$	Te-A$_{2-1}$	Te-A$_{2-2}$
北京	50	100	50	65	青岛	0	50	0	0
天津	0	50	25	65	郑州	0	50	0	0
石家庄	0	50	50	0	武汉	25	50	50	0
太原	0	25	0	0	长沙	0	50	0	0

续表

城市	得分变量值				城市	得分变量值			
	Te-A$_{1-1}$	Te-A$_{1-2}$	Te-A$_{2-1}$	Te-A$_{2-2}$		Te-A$_{1-1}$	Te-A$_{1-2}$	Te-A$_{2-1}$	Te-A$_{2-2}$
呼和浩特	0	25	25	0	广州	0	75	0	0
沈阳	0	25	25	35	深圳	0	50	0	0
大连	0	75	0	35	南宁	25	25	0	0
长春	0	25	50	0	海口	0	25	0	0
哈尔滨	0	25	0	65	重庆	50	50	0	0
上海	25	50	25	65	成都	0	0	50	0
南京	25	75	0	35	贵阳	0	25	0	0
杭州	0	75	25	35	昆明	0	50	0	0
宁波	25	50	25	0	西安	0	50	50	0
合肥	50	50	0	0	兰州	0	50	0	0
福州	25	50	50	0	西宁	0	0	0	0
厦门	0	50	25	0	银川	25	50	50	35
南昌	25	50	0	0	乌鲁木齐	0	25	50	0
济南	75	50	0	0	拉萨	0	0	0	0

第五章　我国低碳城市建设水平诊断计算结果

第一节　低碳城市建设水平修正系数

修正系数的设立是为了消除城市客观条件（如碳排放现状、自然资源禀赋、地域分工和发展阶段等）对低碳建设水平的影响，从而保证诊断结果可以相对真实、客观地反映由城市管理者和居民创造的低碳城市建设水平。根据第三章修正系数的内涵、机理和计算方法，应用公式（3.18）和公式（3.19），再结合收集到的各样本城市在各低碳建设维度的特征指标值数据（表 4.3），可以得到各样本城市应用在各维度的规划和结果环节的低碳建设水平诊断修正系数（α），见表 5.1。

表 5.1　样本城市低碳建设水平修正系数表

城市	α_{En}	α_{Ec}	α_{Ef}	α_{Po}	α_{Wa}	α_{Fo}	α_{GS}	α_{Te}
北京	1.15	0.85	1.02	0.98	1.07	1.06	1.06	0.84
天津	1.31	1.14	1.02	0.99	0.79	1.05	1.05	0.85
石家庄	1.33	1.20	0.97	1.01	1.29	1.05	1.05	1.17
太原	1.33	1.19	1.04	0.98	1.04	1.06	1.06	1.09
呼和浩特	1.11	1.20	1.04	0.99	1.11	1.10	1.10	1.19
沈阳	1.25	1.08	0.98	0.99	1.13	1.03	1.03	1.08
大连	1.16	1.10	0.98	1.01	0.79	1.01	1.01	1.07
长春	1.19	1.08	1.04	1.02	0.94	1.02	1.02	1.15
哈尔滨	1.22	1.14	0.99	1.00	1.07	1.10	1.10	1.19
上海	0.93	1.20	1.02	0.98	1.11	0.94	0.94	0.84
南京	1.33	1.02	1.00	0.98	0.93	0.95	0.95	0.84
杭州	0.96	0.92	0.97	1.03	0.83	0.92	0.92	0.84
宁波	0.90	1.00	0.98	1.03	0.91	0.92	0.92	0.84
合肥	1.33	0.94	0.98	1.01	0.84	0.92	0.92	0.90
福州	0.87	0.96	0.97	1.03	0.79	0.92	0.92	0.99
厦门	0.87	0.85	0.97	1.00	0.79	0.95	0.95	0.84
南昌	1.03	0.92	1.00	1.00	0.79	0.92	0.92	1.01
济南	1.33	1.03	0.97	1.00	1.03	1.06	1.06	0.90
青岛	1.29	0.95	1.04	1.01	0.82	1.03	1.03	0.84
郑州	1.11	0.93	0.97	0.98	0.88	1.05	1.05	0.92
武汉	0.98	0.93	1.04	0.98	0.79	0.93	0.93	0.88

续表

城市	α_{En}	α_{Ec}	α_{Ef}	α_{Po}	α_{Wa}	α_{Fo}	α_{GS}	α_{Te}
长沙	0.93	0.85	1.01	0.98	1.03	0.92	0.92	0.97
广州	0.81	0.85	1.04	0.98	0.83	0.92	0.92	0.84
深圳	0.81	0.85	1.00	0.98	0.79	0.92	0.92	0.84
南宁	0.83	1.00	0.99	1.02	1.03	0.95	0.95	1.19
海口	0.94	0.91	0.99	0.99	1.08	0.94	0.94	1.12
重庆	0.83	1.01	1.00	1.03	1.05	0.94	0.94	1.19
成都	0.81	0.85	1.04	1.01	1.10	0.94	0.94	0.99
贵阳	0.88	1.06	0.98	1.01	1.10	0.94	0.94	1.04
昆明	0.81	0.88	1.02	1.00	1.02	0.99	0.99	1.10
西安	1.16	0.90	1.02	0.98	0.97	1.03	1.03	0.95
兰州	1.05	1.19	1.03	0.99	1.29	1.10	1.10	1.11
西宁	0.81	1.20	1.01	1.03	1.29	1.07	1.07	1.19
银川	1.02	1.20	1.04	1.00	0.91	1.10	1.10	1.19
乌鲁木齐	0.95	1.20	1.01	0.98	1.28	1.10	1.10	1.19
拉萨	0.81	0.99	1.00	1.03	0.98	1.10	1.10	1.19

第二节　样本城市在能源结构（En）维度的低碳建设水平

将第四章第四节收集处理的数据代入第三章第二节建立的能源结构维度低碳城市建设水平诊断计算公式，可以得到样本城市在能源结构维度的低碳建设水平得分，见表 5.2。

表 5.2　样本城市在能源结构（En）维度的低碳建设水平得分表

城市	环节							维度得分	维度排名
	规划（P）		实施（D）	检查（C）	结果（O）		反馈（A）		
	初始得分	修正后得分			初始得分	修正后得分			
北京	81.67	93.55	92.50	69.17	75.55	86.54	52.50	78.85	1
天津	83.33	109.50	87.50	49.17	59.10	77.66	52.50	75.27	2
石家庄	73.33	97.19	57.50	33.33	40.64	53.86	31.67	54.71	10
太原	66.67	88.36	37.50	44.17	47.20	62.56	55.00	57.52	8
呼和浩特	50.00	55.51	65.83	44.17	25.11	27.88	24.17	43.51	27
沈阳	55.00	68.56	59.17	34.17	46.75	58.28	20.83	48.20	19
大连	60.00	69.90	64.17	37.50	63.16	73.58	27.50	54.53	11
长春	43.33	51.63	57.50	44.17	50.75	60.47	10.83	44.92	25
哈尔滨	48.33	59.00	52.50	32.50	48.21	58.85	33.33	47.24	20

城市	环节							维度得分	维度排名
	规划（P）		实施（D）	检查（C）	结果（O）		反馈（A）		
	初始得分	修正后得分			初始得分	修正后得分			
上海	78.33	72.69	86.67	59.17	74.16	68.82	35.83	64.64	5
南京	61.67	81.73	75.00	60.00	62.97	83.46	43.33	68.70	4
杭州	96.67	92.90	80.83	50.83	70.49	67.74	55.00	69.46	3
宁波	70.00	62.68	75.83	46.67	67.62	60.55	32.50	55.64	9
合肥	53.33	70.68	60.00	52.50	50.43	66.84	17.50	53.50	13
福州	46.67	40.74	45.83	44.17	62.89	54.90	15.83	40.29	29
厦门	48.33	41.94	54.17	26.67	68.89	59.78	14.17	39.35	31
南昌	63.33	65.08	64.17	48.33	70.98	72.95	14.17	52.94	14
济南	68.33	90.56	47.50	48.33	61.32	81.27	30.83	59.70	7
青岛	75.00	96.74	66.67	48.33	68.39	88.22	14.17	62.83	6
郑州	61.67	68.47	63.33	52.50	67.41	74.84	10.83	53.99	12
武汉	55.00	53.70	68.33	40.00	68.61	66.99	20.83	49.97	15
长沙	76.67	71.57	64.17	25.83	73.95	69.03	10.83	48.29	17
广州	63.33	51.24	66.67	50.00	73.32	59.32	14.17	48.28	18
深圳	66.67	53.94	49.17	53.33	78.72	63.69	10.83	46.19	23
南宁	51.67	43.06	50.83	36.67	70.92	59.10	10.83	40.10	30
海口	41.67	39.13	55.83	27.50	82.68	77.64	10.83	42.19	28
重庆	76.67	63.89	60.83	39.17	67.16	55.97	10.83	46.14	24
成都	80.00	64.72	45.00	21.67	95.66	77.39	22.50	46.26	22
贵阳	58.33	51.31	83.33	36.67	62.76	55.21	22.50	49.80	16
昆明	28.33	22.92	55.00	48.33	89.58	72.48	24.17	44.58	26
西安	38.33	44.65	55.00	37.50	61.20	71.29	24.17	46.52	21
兰州	20.00	20.92	49.17	38.33	60.12	62.87	10.83	36.42	33
西宁	33.33	26.97	32.50	25.83	81.85	66.22	10.83	32.47	36
银川	25.00	25.62	57.50	42.50	27.30	27.98	20.83	34.89	34
乌鲁木齐	30.00	28.40	52.50	52.50	43.30	40.99	19.17	38.71	32
拉萨	35.00	28.32	43.33	21.67	81.61	66.03	7.50	33.37	35
平均值（μ）	57.36	60.22	60.65	42.32	63.91	64.76	23.45	50.28	—
标准差（σ）	18.22	23.26	13.84	10.99	15.45	13.35	13.66	11.18	—
变异系数（CV）	0.32	0.39	0.23	0.26	0.24	0.21	0.58	0.22	—

表 5.2 显示，能源结构维度的低碳建设水平样本城市平均得分值是 50.28，标准差为

11.18，五个环节的变异系数由小到大依次为结果（0.21）、实施（0.23）、检查（0.26）、规划（0.39）和反馈（0.58）。得分最高的样本城市是北京（78.85 分），得分最低的样本城市是西宁（32.47 分），可见样本城市之间的差异程度较大。通过比较样本城市的排名可以发现，能源结构维度的低碳建设水平得分大于等于平均值的城市有 14 个，得分小于平均值的城市有 22 个。

根据表 5.2 的信息，并结合各样本城市的空间位置分布情况，可以得到样本城市在能源结构维度的低碳城市建设水平排名分布图（图 5.1）。图中，样本城市在能源结构维度得分排名前五名的依次是北京、天津、杭州、南京、上海，空间分布显著，表明在能源结构维度，我国京津冀城市群（北京、天津）和长三角城市群（杭州、南京、上海）的一线城市或新一线城市的低碳建设表现相对较好，建设水平较为领先。相比之下，能源结构维度低碳建设水平得分排名后五名的城市都位于我国西部地区，依次是乌鲁木齐、兰州、银川、拉萨、西宁。说明这些城市在能源结构维度的低碳建设水平较为落后。

总体来看，我国城市在能源结构维度的低碳建设水平上存在区域不协调、能源消耗高等问题。

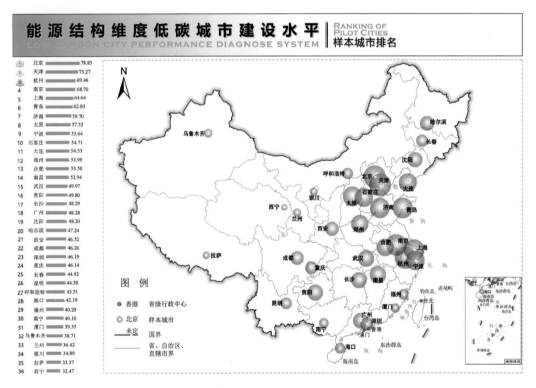

图 5.1　样本城市在能源结构维度的低碳建设水平排名与空间分布图

第三节　样本城市在经济发展（Ec）维度的低碳建设水平

将第四章第五节收集处理的数据代入第三章第二节建立的经济发展维度低碳城市建

设水平诊断计算公式，可以得到样本城市在经济发展维度的低碳建设水平得分，见表 5.3。

表 5.3　样本城市在经济发展（Ec）维度的低碳建设水平得分表

城市	环节							维度得分	维度排名
	规划（P）		实施（D）	检查（C）	结果（O）		反馈（A）		
	初始得分	修正后得分			初始得分	修正后得分			
北京	83.25	70.41	92.50	82.50	94.06	79.55	83.33	81.66	6
天津	79.00	90.07	100	76.67	65.17	74.30	72.50	82.71	3
石家庄	75.25	90.38	95.83	94.17	39.32	47.22	78.33	81.19	7
太原	58.50	69.37	96.67	65.00	61.67	73.12	77.50	76.33	18
呼和浩特	63.25	75.96	96.67	76.67	48.23	57.92	61.67	73.78	22
沈阳	73.00	79.08	100	70.83	66.73	72.29	75.00	79.44	11
大连	63.25	69.77	92.50	65.83	60.30	66.52	62.50	71.42	28
长春	64.25	69.60	82.50	88.33	61.70	66.84	60.83	73.62	23
哈尔滨	69.00	78.67	92.50	65.00	68.85	78.49	75.83	78.10	14
上海	85.25	102.39	92.50	76.67	72.06	86.55	79.17	87.45	1
南京	70.50	71.94	100	100	68.37	69.77	76.67	83.68	2
杭州	85.25	78.51	95.83	76.67	75.50	69.52	79.17	79.94	10
宁波	76.00	76.37	96.67	94.17	67.36	67.69	69.17	80.81	8
合肥	79.75	75.19	95.83	88.33	72.23	68.10	69.17	79.32	12
福州	77.00	73.84	90.00	76.67	60.61	58.12	75.00	74.73	19
厦门	75.75	64.02	96.67	55.83	73.49	62.11	60.00	67.73	32
南昌	73.75	67.58	90.00	61.67	67.57	61.91	75.83	71.40	29
济南	76.50	78.74	95.83	50.00	66.90	68.86	69.17	72.52	27
青岛	77.25	73.15	93.33	100	70.58	66.84	78.33	82.33	5
郑州	76.50	71.14	91.67	70.83	70.19	65.27	66.67	73.11	25
武汉	77.00	71.94	92.50	76.67	71.04	66.37	81.67	77.83	15
长沙	82.25	69.51	92.50	40.00	74.15	62.67	63.33	65.60	33
广州	85.25	72.05	96.67	50.83	82.27	69.53	80.83	73.98	21
深圳	73.25	61.91	96.67	78.33	54.78	46.30	81.67	72.97	26
南宁	74.50	74.13	94.17	100	66.78	66.45	60.00	78.95	13
海口	63.50	57.58	74.17	50.00	91.16	82.66	55.83	64.05	34
重庆	83.25	84.19	100	82.50	65.53	66.26	79.17	82.42	4
成都	88.00	74.37	92.50	94.17	79.00	66.77	75.83	80.73	9
贵阳	73.50	78.21	100	71.67	68.45	72.84	61.67	76.88	16
昆明	99.50	87.65	87.50	82.50	73.64	64.87	60.00	76.51	17
西安	63.00	56.50	92.50	82.50	72.86	65.34	69.17	73.20	24
兰州	55.75	66.51	95.83	65.83	46.38	55.34	71.67	71.04	30
西宁	69.25	83.17	81.67	45.00	37.54	45.09	55.83	62.15	36
银川	78.00	93.68	92.50	83.33	24.60	29.55	71.67	74.15	20

续表

城市	环节						反馈（A）	维度得分	维度排名
	规划（P）		实施（D）	检查（C）	结果（O）				
	初始得分	修正后得分			初始得分	修正后得分			
乌鲁木齐	68.00	81.67	78.33	70.83	51.05	61.31	55.83	69.60	31
拉萨	56.00	55.34	90.83	60.00	46.99	46.44	61.67	62.86	35
平均值（μ）	74.23	74.85	92.94	74.17	64.92	64.69	70.32	75.39	—
标准差（σ）	9.34	10.04	5.85	15.63	13.99	11.10	8.38	6.04	—
变异系数（CV）	0.13	0.13	0.06	0.21	0.22	0.17	0.12	0.08	—

　　表 5.3 显示，样本城市在经济发展维度的综合得分平均值是 75.39，标准差为 6.04，五个环节的变异系数由小到大依次为实施（0.06）、反馈（0.12）、规划（0.13）、结果（0.17）和检查（0.21）。说明样本城市在经济维度的低碳建设水平整体表现较好，并且各样本城市间的水平差异不大。从表 5.3 可以进一步看出，经济发展维度的五个低碳建设环节中实施环节整体得分较高，平均分为 92.94 分，标准差为 5.85，是表现水平最好的环节。在个别样本城市方面，经济发展维度的低碳建设水平最好的城市是上海，南京、天津、重庆和青岛紧跟其后，表现较差排名靠后的五个城市分别是厦门、长沙、海口、拉萨和西宁。

　　根据表 5.3 的信息，并结合各个样本城市的空间位置分布情况，可以形成"样本城市在经济发展维度的低碳城市建设水平排名与空间分布图"，如图 5.2 所示。从图 5.2 可以

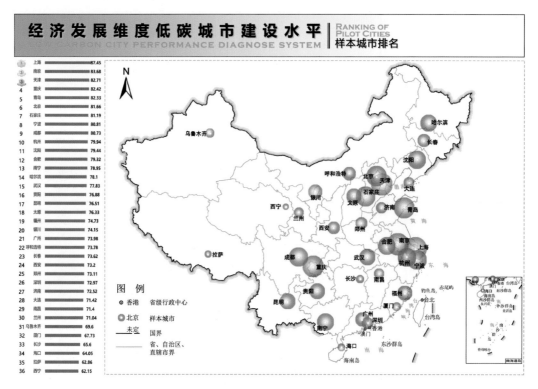

图 5.2　样本城市在经济发展维度的低碳建设水平排名与空间分布图

看出，整体上东部沿海城市以及长江经济带沿岸城市得分普遍较高，而西部地区以及部分中部地区的城市得分相对较低。得分普遍较高的城市主要分布在长三角地区（包括上海、南京、宁波等城市）、京津冀地区（北京、天津等城市）以及西南地区的"成渝"两地，形成了三个较大的集群。这三个区域的城市在经济发展维度的低碳建设水平较高，具有明显的空间相关性。而西部地区的城市，如西宁、拉萨、乌鲁木齐，以及个别南部沿海城市如海口和厦门的低碳建设水平相对较低，这也与相应城市和区域的实际经济发展水平相吻合，表明在经济发展维度构建的"PDCOA"低碳建设诊断指标体系的准确性和合理性。

第四节　样本城市在生产效率（Ef）维度的低碳建设水平

将第四章第六节收集处理的数据代入第三章第二节建立的生产效率维度低碳城市建设水平诊断计算公式，可以得到样本城市在生产效率维度的低碳建设水平得分结果，见表 5.4。

表 5.4　样本城市在生产效率（Ef）维度的低碳建设水平得分表

城市	环节							维度得分	维度排名
	规划（P）		实施（D）	检查（C）	结果（O）		反馈（A）		
	初始得分	修正后得分			初始得分	修正后得分			
北京	80	81.24	95	90.83	53.57	54.40	30.83	70.46	1
天津	87.5	88.92	93.75	67.08	57.85	58.79	10.83	63.87	3
石家庄	51.25	49.65	75	53.75	41.73	40.43	14.17	46.60	26
太原	32.5	33.72	68.75	40.42	52.08	54.03	8.33	41.05	31
呼和浩特	42.5	44.29	68.75	22.08	42.26	44.04	25	40.83	33
沈阳	66.25	64.95	73.75	57.08	53.43	52.38	18.33	53.30	17
大连	63.75	62.78	80	82.33	45.40	44.71	14.17	56.80	10
长春	58.5	60.78	85	46.25	50.91	52.90	14.17	51.82	20
哈尔滨	45	44.61	83.75	43.75	59.63	59.11	14.17	49.08	23
上海	65	66.22	85	81.67	56.03	57.08	23.33	62.66	5
南京	55	54.95	95	75.42	69.21	69.15	23.33	63.57	4
杭州	80	77.51	90	95.00	60.35	58.47	27.5	69.70	2
宁波	48.75	47.83	75	80.42	62.51	61.34	21.67	57.25	9
合肥	56.25	54.90	95	57.08	53.90	52.61	14.17	54.75	13
福州	46.25	44.81	68.75	26.67	71.07	68.86	14.17	44.65	28
厦门	53.75	52.08	77.5	59.58	71.43	69.21	14.17	54.51	14
南昌	48.75	48.69	87.5	62.92	58.79	58.71	14.17	54.40	15
济南	73.75	71.67	83.75	72.08	61.24	59.51	14.17	60.23	8

| 城市 | 环节 | | | | | | | 维度得分 | 维度排名 |
| | 规划（P） | | 实施（D） | 检查（C） | 结果（O） | | 反馈（A） | | |
	初始得分	修正后得分			初始得分	修正后得分			
青岛	68.75	71.65	90	63.75	58.78	61.25	18.33	61.00	6
郑州	66.25	64.19	75	41.25	58.27	56.45	18.33	51.04	21
武汉	60	62.53	75	54.58	65.19	67.94	14.17	54.84	12
长沙	71.25	71.87	68.75	53.75	65.63	66.20	10	54.11	16
广州	66.25	69.04	83.75	75.42	53.63	55.89	19.17	60.65	7
深圳	56.25	56.11	60	63.75	38.00	37.91	26.67	48.89	24
南宁	53.75	53.36	70	59.58	60.36	59.93	8.33	50.24	22
海口	48.75	48.06	55	45.42	59.75	58.91	8.33	43.14	29
重庆	66.25	66.31	75	46.25	54.73	54.77	18.33	52.13	19
成都	87.5	91.19	68.75	58.75	44.65	46.53	17.5	56.54	11
贵阳	41.25	40.29	60	37.92	61.09	59.67	8.33	41.24	30
昆明	60	61.23	60	42.92	60.87	62.11	14.17	48.09	25
西安	36.25	37.05	53.75	63.75	61.03	62.37	10	45.38	27
兰州	51.25	52.62	80	49.58	67.63	69.43	14.17	53.16	18
西宁	37.5	37.83	73.75	32.92	45.92	46.33	8.33	39.83	34
银川	53.75	55.88	83.75	19.58	43.36	45.08	0	40.86	32
乌鲁木齐	57.5	57.98	62.5	13.33	47.37	47.76	14.17	39.15	35
拉萨	41.25	41.14	61.25	5.00	25.86	25.79	0	26.64	36
平均值（μ）	57.74	58.00	76.04	53.94	55.37	55.56	15.14	51.74	—
标准差（σ）	13.62	13.94	11.52	20.87	9.77	9.59	6.75	9.21	—
变异系数（CV）	0.24	0.24	0.15	0.39	0.18	0.17	0.45	0.18	

综合来看，位于前五位的样本城市分别为北京、杭州、天津、南京、上海，位于后五位的城市分别为银川、呼和浩特、西宁、乌鲁木齐、拉萨。从表5.4中可以看出，整体上，样本城市显示的生产效率维度的平均值较低，为51.74分，标准差为9.21，表明城市间的差异比较大。在生产效率维度的五个环节中，各样本城市的表现水平存在差异，各环节的变异系数由小到大依次为实施（0.15）、结果（0.17）、规划（0.24）、检查（0.39）和反馈（0.45）。从低碳建设的各个环节分析来看，各个样本城市在实施环节的平均表现最好，平均得分为76.04分，反馈环节水平最差，平均得分为15.14分。根据各环节的标准差值，城市间在生产效率维度所有低碳建设环节的差异都比较明显，特别是在检查环节，差异尤为大，标准差为20.87。样本城市在反馈环节的得分普遍较低，表明我国城市在生产效率维度的低碳建设水平受反馈环节影响很大，在此环节具有较大进步空间。因此，重点加强反馈环节的工作将对生产效率维度的低碳城市建设水平有较为明显的提升作用。

　　进一步根据表5.4的信息，并结合各个样本城市的空间位置分布，可以得到"样本城市在生产效率维度的低碳建设水平排名与空间分布图"，如图5.3所示。图中显示东部主要大型城市在生产效率维度的低碳建设水平相对较好，而西北和西南地区的城市在这方面的低碳建设水平较差。

图5.3　样本城市在生产效率维度的低碳建设水平排名与空间分布图

第五节　样本城市在城市居民（Po）维度的低碳建设水平

　　将第四章第七节中的实证数据代入第三章第二节建立的城市居民维度低碳城市建设水平诊断计算公式，可以得到样本城市在城市居民维度的低碳建设水平及其各环节的得分，见表5.5。样本城市在城市居民维度的低碳建设水平及其各环节得分数值越接近0，代表该城市在居民维度的低碳建设水平越差；反之越接近100，代表该城市在居民维度的低碳建设水平越高。

表 5.5　样本城市在城市居民（Po）维度的低碳建设水平得分表

城市	环节							维度得分	维度排名
	规划（P）		实施（D）	检查（C）	结果（O）		反馈（A）		
	初始得分	修正后得分			初始得分	修正后得分			
北京	91.25	89.02	70.83	65.83	73.89	72.09	62.50	72.06	3
天津	97.08	96.38	69.17	78.33	61.41	60.97	50.00	70.97	4

续表

城市	环节							维度得分	维度排名
	规划（P）		实施（D）	检查（C）	结果（O）		反馈（A）		
	初始得分	修正后得分			初始得分	修正后得分			
石家庄	88.33	89.47	60.83	49.17	40.66	41.18	25.00	53.13	19
太原	77.92	76.02	47.50	45.83	41.27	40.27	62.50	54.42	18
呼和浩特	89.17	88.49	27.50	44.17	38.08	37.79	37.50	47.09	25
沈阳	80.00	79.14	51.67	44.17	38.75	38.34	37.50	50.16	23
大连	90.83	91.79	20.83	38.33	41.94	42.38	12.50	41.17	30
长春	82.50	83.79	20.00	38.33	36.44	37.01	25.00	40.83	32
哈尔滨	69.58	69.41	20.00	61.67	40.59	40.49	0.00	38.32	34
上海	91.67	89.43	70.00	89.17	78.39	76.47	50.00	75.01	2
南京	80.83	78.92	65.83	54.17	47.74	46.61	75.00	64.11	11
杭州	85.00	87.31	55.00	55.00	48.23	49.54	75.00	64.37	10
宁波	92.92	95.51	55.00	88.33	32.78	33.70	50.00	64.51	9
合肥	68.75	69.53	31.67	55.00	38.50	38.94	25.00	44.03	28
福州	79.58	81.80	45.83	38.33	29.55	30.38	37.50	46.77	26
厦门	85.83	85.59	31.67	94.17	37.22	37.12	25.00	54.71	16
南昌	80.83	81.09	33.33	44.17	34.04	34.15	25.00	43.55	29
济南	89.58	90.01	42.50	49.17	47.91	48.14	25.00	50.96	22
青岛	85.00	85.86	70.83	65.00	51.59	52.11	62.50	67.26	7
郑州	82.92	80.96	43.33	34.17	47.29	46.17	37.50	48.43	24
武汉	93.75	91.46	59.17	83.33	53.09	51.80	62.50	69.65	6
长沙	83.33	82.05	56.67	32.50	39.08	38.48	62.50	54.44	17
广州	82.08	80.56	65.00	100.00	43.84	43.03	62.50	70.22	5
深圳	94.58	92.28	80.00	100.00	67.05	65.41	50.00	77.54	1
南宁	70.42	71.66	31.67	83.33	26.80	27.27	50.00	52.79	20
海口	57.92	57.27	27.50	34.17	46.87	46.35	25.00	38.06	35
重庆	88.33	90.80	60.83	78.33	60.47	62.16	37.50	65.93	8
成都	94.17	95.05	73.33	45.83	55.77	56.29	25.00	59.10	13
贵阳	87.92	89.05	59.17	38.33	26.84	27.18	62.50	55.25	15
昆明	79.58	79.78	26.67	55.83	40.30	40.39	0.00	40.53	33
西安	74.58	72.76	33.33	71.67	54.42	53.09	50.00	56.17	14
兰州	85.42	84.68	22.50	32.50	41.18	40.82	25.00	41.10	31
西宁	83.33	85.66	34.17	72.50	30.77	31.63	75.00	59.79	12
银川	61.25	61.45	48.33	60.00	36.77	36.89	50.00	51.33	21
乌鲁木齐	65.42	64.30	16.67	0.00	32.46	31.91	0.00	22.57	36
拉萨	59.58	61.25	16.67	83.33	21.70	22.31	50.00	46.71	27
平均值（μ）	81.98	81.93	45.69	58.45	43.99	43.86	41.32	54.25	—
标准差（σ）	10.09	10.10	18.65	22.61	12.69	12.25	20.80	12.27	—
变异系数（CV）	0.12	0.12	0.41	0.39	0.29	0.28	0.50	0.23	

从表 5.5 中的计算结果看，样本城市居民维度的低碳建设水平得分平均值为 54.25，标准差为 12.27，五个环节的变异系数由小到大依次为规划（0.12）、结果（0.28）、检查（0.39）、实施（0.41）和反馈（0.50），表明整体上我国城市在居民维度的低碳建设水平表现较为一般，且城市间的水平差异较大。从该维度的五个低碳建设环节来看，36 个样本城市在居民维度的低碳建设水平在规划环节表现最好，均值为 81.93 分；在反馈环节表现最差，均值为 41.32 分。在规划环节的标准差为 10.10，表明这个环节的城市间水平差异最小。而样本城市间在其他环节的表现均存在较大差异。

从居民维度的低碳建设水平排名的情况看，排在前 5 位的样本城市分别是深圳、上海、北京、天津、广州；排在后 5 位的样本城市分别是长春、昆明、哈尔滨、海口、乌鲁木齐。

再根据表 5.5 的信息，并结合各个样本城市的空间分布信息，可以得到"样本城市在城市居民维度的低碳建设水平排名与空间分布图"，见图 5.4。

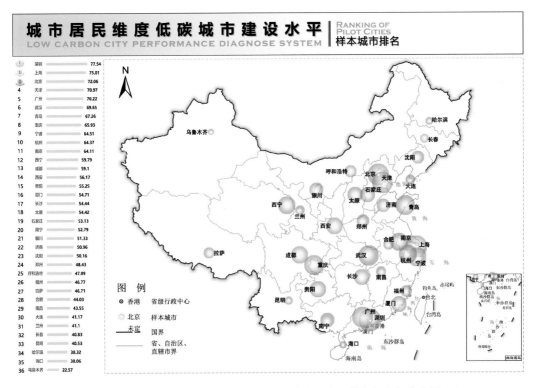

图 5.4 样本城市在城市居民维度的低碳建设水平排名与空间分布图

将 36 个样本城市按四大地区（东部、中部、西部、东北）划分，再依据各地区的空间分布计算结果，可得到城市居民维度在各地区的低碳城市建设水平平均值，如表 5.6 所示。

结合图 5.4 和表 5.6 看，城市居民维度的低碳建设水平得分最高的地区是东部地区，平均值为 62.12，其次是中部地区，平均值为 52.42，西部地区较低，平均值为 49.86，东北地区最低，平均值为 42.62。排名前五的城市均为东部地区的城市。从各地区均值结果来看，地区间差异同样较大，反映在具体数值上，东部地区的城市在城市居民维度的低碳建设水平得分较西部地区高12分左右。

表 5.6　样本城市在城市居民（Po）维度的低碳建设水平四大地区平均值比较

排名	地区	平均值
1	东部（北京、天津、石家庄、上海、南京、杭州、宁波、福州、厦门、济南、青岛、广州、深圳、海口）	62.12
2	中部（太原、合肥、南昌、郑州、武汉、长沙）	52.42
3	西部（呼和浩特、南宁、重庆、成都、贵阳、昆明、西安、兰州、西宁、银川、乌鲁木齐、拉萨）	49.86
4	东北（沈阳、长春、哈尔滨、大连）	42.62

第六节　样本城市在水域碳汇（Wa）维度的低碳建设水平

将第四章第八节中的实证数据代入第三章第二节建立的水域碳汇维度低碳城市建设水平诊断计算公式，可以得到样本城市在水域碳汇维度的低碳建设水平得分，见表 5.7。

表 5.7　样本城市在水域碳汇（Wa）维度的低碳建设水平得分表

城市	环节							维度得分	维度排名
	规划（P）		实施（D）	检查（C）	结果（O）		反馈（A）		
	初始得分	修正后得分			初始得分	修正后得分			
北京	38.33	41.18	86.67	93.75	42.79	45.97	63.33	66.18	2
天津	27.50	21.77	83.33	75.42	35.72	28.28	60.00	53.76	28
石家庄	23.33	30.18	70.83	65.00	19.87	25.71	60.00	50.34	34
太原	45.00	46.63	69.17	77.92	34.76	36.02	56.67	57.28	17
呼和浩特	35.00	38.69	81.67	63.75	44.21	48.87	56.67	57.93	15
沈阳	58.33	66.21	78.33	77.92	23.54	26.71	53.33	60.50	13
大连	59.17	46.85	91.67	62.50	83.65	66.23	53.33	64.12	5
长春	68.33	64.27	73.33	69.17	64.58	60.74	53.33	64.17	4
哈尔滨	65.83	70.18	81.67	67.92	42.17	44.95	53.33	63.61	6
上海	23.33	25.84	78.33	69.17	44.23	48.97	50.00	54.46	23
南京	66.67	62.00	83.33	69.17	50.89	47.33	50.00	62.37	9
杭州	88.33	73.06	95.83	87.92	54.22	44.85	50.00	70.33	1
宁波	70.00	63.38	78.33	84.17	60.32	54.61	50.00	66.10	3
合肥	23.33	19.56	72.50	70.83	33.61	28.18	50.00	48.21	35
福州	39.17	31.01	73.33	69.17	40.00	31.67	46.67	50.37	33
厦门	80.00	63.34	82.50	82.08	51.88	41.07	46.67	63.13	8

续表

城市	环节						反馈（A）	维度得分	维度排名
	规划（P）		实施（D）	检查（C）	结果（O）				
	初始得分	修正后得分			初始得分	修正后得分			
南昌	57.50	45.53	78.33	77.92	68.58	54.30	46.67	60.55	11
济南	42.50	43.59	78.33	71.67	42.33	43.42	43.33	56.07	18
青岛	55.83	45.64	86.67	75.00	70.68	57.78	43.33	61.68	10
郑州	41.67	36.49	78.33	71.67	39.14	34.27	40.00	52.15	29
武汉	37.50	29.69	82.50	67.08	45.29	35.86	40.00	51.03	31
长沙	60.00	61.63	77.50	67.08	52.97	54.42	40.00	60.13	14
广州	75.83	63.28	69.17	64.58	40.28	33.61	40.00	54.13	26
深圳	40.83	32.33	90.00	93.75	39.13	30.98	40.00	57.41	16
南宁	39.17	40.32	77.50	75.00	38.87	40.01	36.67	53.90	27
海口	54.17	58.54	78.33	68.75	55.83	60.34	36.67	60.52	12
重庆	74.17	78.12	76.67	83.33	38.82	40.88	36.67	63.13	7
成都	40.83	44.83	77.50	75.83	17.87	19.63	36.67	50.89	32
贵阳	46.67	51.28	73.33	71.67	37.93	41.68	33.33	54.26	25
昆明	54.17	55.37	69.17	64.17	52.60	53.77	33.33	55.16	20
西安	57.50	55.96	78.33	64.17	42.62	41.48	33.33	54.66	22
兰州	43.33	56.05	73.33	62.92	36.25	46.88	32.50	54.34	24
西宁	53.33	68.98	60.00	63.75	42.52	54.99	30.00	55.54	19
银川	43.33	39.54	60.00	80.00	52.79	48.17	30.00	51.54	30
乌鲁木齐	46.67	59.80	78.33	57.92	37.22	47.69	30.00	54.75	21
拉萨	30.83	30.18	55.83	43.33	48.22	47.19	23.33	39.97	36
平均值（μ）	50.21	48.92	77.22	71.82	45.18	43.54	43.87	57.07	—
标准差（σ）	16.26	15.36	8.24	9.80	13.30	10.94	9.92	6.04	—
变异系数（CV）	0.32	0.31	0.11	0.14	0.29	0.25	0.23	0.11	

表 5.7 中数据表明，不同城市在水域碳汇维度的低碳建设水平差异较大，总体水平较低，平均得分为 57.07，标准差为 6.04，五个环节的变异系数由小到大依次为实施（0.11）、检查（0.14）、反馈（0.23）、结果（0.25）和规划（0.31）。在水域碳汇维度中，低碳建设水平排名前五名的样本城市分别为杭州、北京、宁波、长春和大连，排名后五名的样本城市分别为成都、福州、石家庄、合肥与拉萨。在五个低碳建设的环节中，实施和检查环节的水平较高，而规划、结果和反馈环节的水平都较差，样本城市间在这些环节的表现差异也很明显，特别在规划环节，标准差高达 15.36。

进一步根据表 5.7 的信息，并结合各个样本城市的空间分布位置信息，可以得到"样本城市在水域碳汇维度的低碳建设水平排名与空间分布图"，见图 5.5。由图可知，在水域碳汇维度，沿海地区与东部地区相较于西部内陆地区的城市具有更高的低碳建设水平。长三角地区、渤海湾地区以及东北地区的城市，在水域碳汇维度的得分均在 60 分以上。此外，由于行政级别较高的城市在基础设施建设水平和管理措施方面较好，因此其在水域碳汇的建设能力相对较好。而社会经济发展水平较落后的城市，例如拉萨，尽管水域资源丰富，但应用水资源建设碳汇的能力相对较弱。

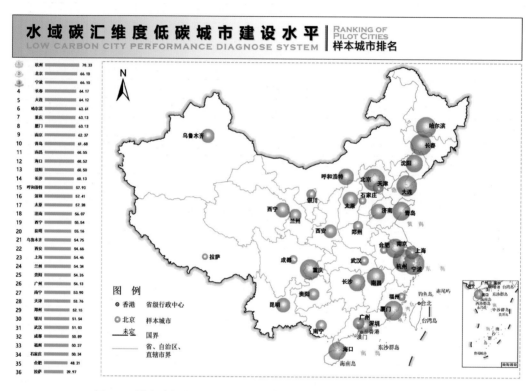

图 5.5　样本城市在水域碳汇维度的低碳建设水平排名与空间分布图

第七节　样本城市在森林碳汇（Fo）维度的低碳建设水平

将第四章第九节中的实证数据代入第三章第二节建立的森林碳汇维度低碳城市建设水平诊断计算公式，可以得到样本城市在森林碳汇维度五个环节与总体的低碳建设水平得分，见表 5.8。

表 5.8　样本城市在森林碳汇（Fo）维度的低碳建设水平得分表

城市	环节							维度得分	维度排名
	规划（P）		实施（D）	检查（C）	结果（O）		反馈（A）		
	初始得分	修正后得分			初始得分	修正后得分			
北京	46.43	49.33	93.75	64.58	67.21	71.41	57.50	67.31	1
天津	37.14	38.96	79.58	60.42	9.06	9.50	41.67	46.03	14

续表

城市	环节							维度得分	维度排名
	规划（P）		实施（D）	检查（C）	结果（O）		反馈（A）		
	初始得分	修正后得分			初始得分	修正后得分			
石家庄	26.43	27.88	66.25	54.58	36.52	38.52	20.00	41.45	20
太原	22.14	23.41	71.25	23.33	8.56	9.05	0	25.41	34
呼和浩特	52.86	57.94	81.67	39.17	42.09	46.14	28.33	50.65	6
沈阳	17.86	18.33	81.67	19.17	10.25	10.52	0	25.94	33
大连	51.43	52.11	70.42	48.33	60.27	61.07	8.33	48.05	10
长春	31.43	32.21	72.08	27.92	27.32	28.00	19.17	35.87	27
哈尔滨	31.43	34.45	30.42	10.83	80.41	88.14	15.83	35.93	26
上海	34.29	32.34	81.25	25.00	9.82	9.26	25.00	34.57	29
南京	21.43	20.40	90.83	51.25	26.79	25.50	12.50	40.10	22
杭州	64.29	58.93	68.33	49.58	40.75	37.36	27.50	48.34	9
宁波	55.71	51.07	54.17	41.25	27.03	24.78	27.50	39.75	23
合肥	54.29	49.77	77.50	51.25	30.75	28.19	25.83	46.51	12
福州	57.14	52.50	66.67	49.58	47.62	43.75	10.83	44.67	15
厦门	60.00	56.73	60.42	41.25	32.47	30.70	7.50	39.32	24
南昌	62.86	57.62	55.42	43.75	13.75	12.61	44.17	42.71	18
济南	34.29	36.20	75.42	39.58	14.27	15.07	16.67	36.59	25
青岛	48.57	49.79	60.42	50.42	19.62	20.12	54.17	46.98	11
郑州	18.57	19.45	75.42	62.08	20.08	21.03	36.67	42.93	17
武汉	57.14	53.24	75.42	33.33	9.96	9.28	2.50	34.75	28
长沙	62.86	58.07	75.42	45.42	28.17	26.02	27.50	46.48	13
广州	55.71	51.07	81.67	45.42	24.85	22.78	20.00	44.19	16
深圳	15.71	14.40	40.42	35.42	20.90	19.16	2.50	22.38	36
南宁	70.00	66.46	81.67	49.58	74.30	70.54	20.00	57.65	2
海口	71.43	66.92	70.42	41.25	47.65	44.64	20.00	48.65	8
重庆	40.00	37.64	89.58	41.25	71.89	67.64	49.17	57.05	3
成都	37.86	35.43	50.42	51.25	60.18	56.32	12.50	41.18	21
贵阳	57.14	53.94	73.33	45.42	67.19	63.43	27.50	52.72	5
昆明	57.14	56.40	49.58	45.42	74.00	73.05	45.83	54.06	4
西安	72.86	74.93	70.42	45.42	38.26	39.35	15.00	49.02	7
兰州	48.57	53.24	70.42	50.00	13.20	14.46	20.83	41.79	19
西宁	12.86	13.78	66.25	16.25	21.03	22.54	0	23.76	35
银川	12.86	14.10	57.92	41.25	14.08	15.44	41.67	34.07	30
乌鲁木齐	20.00	21.92	71.25	29.17	15.70	17.21	0	27.91	32
拉萨	0	0	63.75	41.25	14.95	16.39	29.17	30.11	31
平均值（μ）	42.24	41.42	69.47	41.96	33.92	33.58	22.59	41.80	—
标准差（σ）	19.20	17.98	13.38	12.21	21.88	21.79	15.67	9.99	—
变异系数（CV）	0.45	0.43	0.19	0.29	0.65	0.65	0.69	0.24	

表 5.8 中数据显示，样本城市在森林碳汇维度的低碳建设水平平均得分为 41.80，标准差为 9.99，变异系数为 0.24，83%的城市得分低于 50 分，除第一名北京外，所有城市的得分均未达到 60 分，这表明一方面我国城市森林碳汇建设的总体水平不高，森林的碳汇水平有较大提升空间。另一方面，样本城市间的森林碳汇建设水平存在明显差异。得分前五名的样本城市依次为：北京、南宁、重庆、昆明和贵阳；得分后五名的样本城市依次为：乌鲁木齐、沈阳、太原、西宁、深圳，水平最好与最差的城市得分相差 2 倍。在森林碳汇维度的五个低碳建设环节中，表现最好的是实施环节，最差的是反馈环节，仅 22.59 分。在森林碳汇的五个环节上，样本城市的变异系数由小到大依次为实施（0.19）、检查（0.29）、规划（0.43）、结果（0.65）、反馈（0.69），表明样本城市之间在每个森林碳汇建设环节上的水平都存在较大差异，在反馈环节的差异最为明显，在结果环节的差异也较明显，高于实施、检查与规划环节的差异。

基于表 5.8 的数据，并结合各样本城市的地理区位，可以得出样本城市在森林碳汇维度的低碳建设水平排名与空间分布情况，如图 5.6 所示。图中显示在空间分布上，西南地区的城市森林碳汇建设水平相对最高，森林维度得分前五名的城市有三个属于西南地区，包括重庆、贵阳和昆明。东南地区的城市森林碳汇建设水平也相对较高，在森林维度得分高于平均水平的 18 个城市中，有近半数是分布在东南地区，包括南宁、海口、杭州、青岛、合肥、福州、广州与南昌。在华北地区，总体上城市的森林碳汇建设水平较低，不同城市之间的森林碳汇建设水平差异较大。西北与东北地区的城市是我国森林碳汇建设水平相对最低的。可见，我国城市的森林碳汇建设水平存在明显的区域异质性。

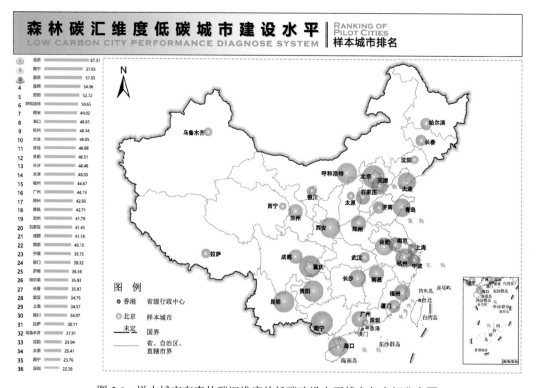

图 5.6　样本城市在森林碳汇维度的低碳建设水平排名与空间分布图

第八节　样本城市在绿地碳汇（GS）维度的低碳建设水平

将第四章第十节中的实证数据代入第三章第二节建立的绿地碳汇维度低碳城市建设水平诊断计算公式，可以得到样本城市在绿地碳汇维度的低碳建设水平及其各环节得分，见表 5.9。

表 5.9　样本城市在绿地碳汇（GS）维度的低碳建设水平得分表

| 城市 | 环节 | | | | | | | 维度得分 | 维度排名 |
| | 规划（P） | | 实施（D） | 检查（C） | 结果（O） | | 反馈（A） | | |
	初始得分	修正后得分			初始得分	修正后得分			
北京	93.33	99.15	90.83	86.67	55.66	59.13	89.17	84.99	1
天津	86.67	90.92	83.33	77.92	16.66	17.48	65.83	67.09	16
石家庄	96.67	101.97	67.92	62.08	28.13	29.67	72.50	66.83	17
太原	80.00	84.59	78.33	65.42	33.06	34.96	76.67	67.99	14
呼和浩特	93.33	102.30	73.75	66.25	38.11	41.77	69.17	70.65	11
沈阳	83.33	85.50	79.17	65.42	25.57	26.24	73.33	65.93	20
大连	96.67	97.95	88.33	74.58	48.04	48.68	69.17	75.74	5
长春	83.33	85.39	76.25	74.58	28.42	29.12	48.33	62.74	23
哈尔滨	80.00	87.69	72.92	73.75	11.92	13.07	38.33	57.15	34
上海	100.00	94.31	80.42	74.58	35.85	33.81	86.67	73.96	6
南京	96.67	92.03	87.50	82.08	58.49	55.68	70.00	77.46	3
杭州	96.67	88.61	96.67	89.17	29.79	27.31	100.00	80.35	2
宁波	96.67	88.61	81.25	69.58	26.20	24.02	67.50	66.19	19
合肥	100.00	91.67	67.92	66.25	29.60	27.13	69.17	64.43	22
福州	70.00	64.32	68.75	82.50	36.01	33.09	62.50	62.23	24
厦门	96.67	91.41	91.67	93.33	46.98	44.42	58.33	75.83	4
南昌	80.00	73.33	75.00	67.08	27.28	25.01	52.50	58.58	31
济南	93.33	98.52	85.42	79.17	24.60	25.97	66.67	71.15	10
青岛	86.67	88.84	81.25	69.58	39.07	40.05	62.50	68.45	13
郑州	73.33	76.82	67.92	79.58	21.61	22.64	58.33	61.06	27
武汉	96.67	90.07	87.50	71.25	22.84	21.28	66.67	67.35	15
长沙	80.00	73.90	82.50	62.08	16.75	15.47	63.33	59.46	30
广州	100.00	91.67	76.25	65.42	70.25	64.40	59.17	71.38	9

续表

| 城市 | 环节 | | | | | | | 维度得分 | 维度排名 |
| | 规划（P） | | 实施（D） | 检查（C） | 结果（O） | | 反馈（A） | | |
	初始得分	修正后得分			初始得分	修正后得分			
深圳	83.33	76.39	86.67	71.25	60.79	55.72	70.00	72.01	7
南宁	80.00	75.96	72.92	67.92	46.08	43.75	71.67	66.44	18
海口	90.00	84.32	87.50	74.58	23.18	21.72	59.17	65.46	21
重庆	93.33	87.81	90.83	82.92	29.45	27.71	69.17	71.69	8
成都	96.67	90.47	90.83	79.58	24.23	22.68	59.17	68.55	12
贵阳	66.67	62.94	77.92	74.58	37.89	35.77	59.17	62.08	25
昆明	66.67	65.81	78.33	74.58	27.28	26.93	58.33	60.80	28
西安	83.33	85.70	75.83	62.08	17.87	18.38	45.00	57.40	33
兰州	80.00	87.69	69.58	68.75	10.05	11.02	44.17	56.24	35
西宁	80.00	85.71	65.83	74.58	28.37	30.40	50.00	61.30	26
银川	63.33	69.42	70.00	62.92	41.55	45.54	54.17	60.41	29
乌鲁木齐	60.00	65.77	77.08	62.92	45.46	49.83	35.83	58.29	32
拉萨	60.00	65.76	56.25	74.58	29.64	32.48	44.17	54.65	36
平均值（μ）	85.09	84.54	78.90	73.04	33.13	32.84	62.94	66.45	—
标准差（σ）	11.97	11.08	8.98	7.99	13.87	13.41	13.58	7.16	—
变异系数（CV）	0.14	0.13	0.11	0.11	0.42	0.41	0.22	0.11	—

由表 5.9 可知，样本城市中得分最高的为北京（84.99 分），得分最低的为拉萨（54.65 分）。36 个样本城市的平均得分为 66.45 分，标准差为 7.16，五个环节的变异系数由小到大依次为实施（0.11）、检查（0.11）、规划（0.13）、反馈（0.22）和结果（0.41）。样本城市中位于前五位的城市分别为北京、杭州、南京、厦门、大连，位于后五位的城市分别为乌鲁木齐、西安、哈尔滨、兰州、拉萨。通过比较样本城市的排名可以得出，绿地碳汇维度的低碳建设水平得分大于等于平均值的城市有 17 个，小于平均值的城市有 19 个。在绿地碳汇维度，样本城市之间得分整体差距较小，我国一线和新一线城市（如北京、杭州、南京等）在绿地碳汇维度表现突出，说明其对于绿地碳汇的重视程度较高。

根据表 5.9 的信息，结合各个样本城市的空间分布以及在绿地碳汇维度排名情况，可以得到"样本城市在绿地碳汇维度的低碳建设水平排名与空间分布图"（见图 5.7）。由图 5.7 可知，绿地碳汇水平较高的城市主要集中于长江三角洲地区和京津冀城市群，其自然资源禀赋较好，且低碳城市建设过程中无明显短板；排名靠后的样本城市主要集中于我国西北部，低碳城市建设各个环节中有明显的短板。中部地区样本城市中长沙、郑州的排名较为靠后。

图 5.7　样本城市在绿地碳汇维度的低碳建设水平排名与空间分布图

第九节　样本城市在低碳技术（Te）维度的低碳建设水平

将第四章第十一节中的实证数据代入第三章第二节建立的低碳技术维度低碳城市建设水平诊断计算公式，可以得到样本城市在低碳技术维度的低碳建设水平得分，见表 5.10。

表 5.10　样本城市在低碳技术（Te）维度的低碳建设水平得分表

| 城市 | 环节 | | | | | | | 维度得分 | 维度排名 |
| | 规划（P） | | 实施（D） | 检查（C） | 结果（O） | | 反馈（A） | | |
	初始得分	修正后得分			初始得分	修正后得分			
北京	54.17	45.24	95.63	50.00	74.35	62.10	66.25	63.84	1
天津	62.50	53.14	85.99	50.00	40.10	34.10	35.00	51.65	8
石家庄	75.00	87.73	55.33	35.00	28.23	33.02	25.00	47.22	11
太原	41.67	45.28	18.39	35.00	39.14	42.54	6.25	29.49	33
呼和浩特	41.67	49.73	17.75	35.00	33.97	40.54	12.50	31.10	31
沈阳	54.17	58.47	17.84	35.00	31.42	33.91	21.25	33.29	29
大连	37.50	40.26	51.28	35.00	33.05	35.48	27.50	37.90	19
长春	33.33	38.36	50.89	35.00	22.64	26.06	18.75	33.81	27

续表

城市	环节							维度得分	维度排名
	规划（P）		实施（D）	检查（C）	结果（O）		反馈（A）		
	初始得分	修正后得分			初始得分	修正后得分			
哈尔滨	37.50	44.76	26.18	35.00	32.86	39.22	22.50	33.53	28
上海	91.67	77.34	73.75	65.00	45.64	38.51	41.25	59.17	3
南京	75.00	62.64	86.88	50.00	58.98	49.26	33.75	56.51	4
杭州	75.00	62.64	72.66	50.00	52.25	43.64	33.75	52.54	7
宁波	87.50	73.08	41.71	17.50	23.83	19.90	25.00	35.44	25
合肥	62.50	56.13	51.22	50.00	45.21	40.61	25.00	44.59	14
福州	50.00	49.31	33.92	35.00	36.17	35.68	31.25	37.03	22
厦门	37.50	31.49	75.20	35.00	47.72	40.08	18.75	40.10	17
南昌	50.00	50.67	57.90	67.50	31.89	32.32	18.75	45.43	13
济南	58.33	52.25	48.96	32.50	25.82	23.13	31.25	37.62	20
青岛	66.67	55.98	67.56	67.50	39.15	32.88	12.50	47.28	10
郑州	20.83	19.20	51.76	50.00	47.74	44.00	12.50	35.49	24
武汉	66.67	58.57	60.15	50.00	43.57	38.28	31.25	47.65	9
长沙	75.00	72.99	55.31	50.00	40.32	39.24	12.50	46.01	12
广州	20.83	17.40	17.47	65.00	50.37	42.07	18.75	32.14	30
深圳	54.17	45.24	91.55	67.50	60.62	50.63	12.50	53.49	6
南宁	62.50	74.59	38.97	50.00	26.06	31.10	12.50	41.43	16
海口	29.17	32.58	13.38	50.00	41.09	45.89	6.25	29.62	32
重庆	79.17	94.46	71.52	82.50	34.76	41.48	25.00	62.99	2
成都	83.33	82.25	80.31	50.00	46.13	45.53	12.50	54.12	5
贵阳	66.67	69.48	38.41	50.00	25.96	27.06	6.25	38.24	18
昆明	0	0	34.79	65.00	52.35	57.73	12.50	34.00	26
西安	50.00	47.48	63.75	35.00	41.75	39.65	25.00	42.18	15
兰州	33.33	37.06	21.99	65.00	39.21	43.59	12.50	36.03	23
西宁	41.67	49.73	13.32	35.00	30.49	36.39	0.00	26.89	34
银川	20.83	24.86	50.76	35.00	31.21	37.25	40.00	37.58	21
乌鲁木齐	20.83	24.86	4.74	35.00	34.29	40.92	18.75	24.86	35
拉萨	12.50	14.92	25.00	35.00	35.77	42.69	0.00	23.52	36
平均值（μ）	50.81	50.00	48.95	46.81	39.56	39.07	21.25	41.22	—
标准差（σ）	22.35	21.04	24.67	13.96	11.10	8.38	12.90	10.40	—
变异系数（CV）	0.44	0.42	0.50	0.30	0.28	0.21	0.61	0.25	—

如表 5.10 所示，总体上，样本城市在低碳技术维度的低碳建设水平很低，平均值为 41.22，标准差为 10.40，五个环节的变异系数由小到大依次为结果（0.21）、检查（0.30）、规划（0.42）、实施（0.50）和反馈（0.61）。城市间的水平差异也很明显，得分最高的城市是北京（63.84 分），而得分最低的是拉萨（23.52 分）。表现较好的前五位城市是北京、重庆、上海、南京和成都；较差的后五位为海口、太原、西宁、乌鲁木齐、拉萨，得分都不到 30 分。从低碳技术建设的各环节来看，整体上，样本城市在所有环节的表现都较差，表现最好的规划环节平均值也只有 50.00 分，而最差的反馈环节仅有 21.25 分。36 个样本城市在各环节的表现差异明显，在实施环节的标准差为 24.67，表明不同城市对监督检查低碳技术建设的重视差异很大。

根据表 5.10 的数据，并结合各样本城市的空间分布位置可以得到"样本城市在低碳技术维度的低碳建设水平排名与空间分布图"，如图 5.8 所示。该图表明，在低碳技术维度，京津冀地区和长三角地区的样本城市的建设水平较高，意味着我国低碳技术的发展存在群聚效应。并且，长江中下游和沿海城市在该维度的建设水平也比较高，呈现带状分布。

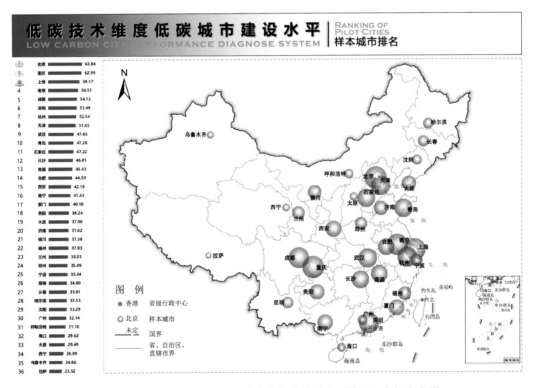

图 5.8　样本城市在低碳技术维度的低碳建设水平排名与空间分布图

第十节　样本城市低碳建设维度水平的分布状态

基于本章第二节至第九节的诊断结果，36 个样本城市在八个维度的低碳城市建设表现得分可以概括总结在表 5.11 中。从表 5.11 可以看出，各样本城市普遍在经济发展与绿地碳汇维度的低碳建设表现较好，而在低碳技术与森林碳汇维度的表现较差，表现最好的经济发展维度与表现最差的低碳技术维度之间的平均得分差距高达 34 分。

表 5.11　样本城市低碳建设维度水平分布表

城市	能源结构（En）	经济发展（Ec）	生产效率（Ef）	城市居民（Po）	水域碳汇（Wa）	森林碳汇（Fo）	绿地碳汇（GS）	低碳技术（Te）
北京	78.85	81.66	70.46	72.06	66.18	67.31	84.99	63.84
天津	75.27	82.71	63.87	70.97	53.76	46.03	67.09	51.65
石家庄	54.71	81.19	46.60	53.13	50.34	41.45	66.83	47.22
太原	57.52	76.33	41.05	54.42	57.28	25.41	67.99	29.49
呼和浩特	43.51	73.78	40.83	47.09	57.93	50.65	70.65	31.10
沈阳	48.20	79.44	53.30	50.16	60.50	25.94	65.93	33.29
大连	54.53	71.42	56.80	41.17	64.12	48.05	75.74	37.90
长春	44.92	73.62	51.82	40.83	64.17	35.87	62.74	33.81
哈尔滨	47.24	78.10	49.08	38.32	63.61	35.93	57.15	33.53
上海	64.64	87.45	62.66	75.01	54.46	34.57	73.96	59.17
南京	68.70	83.68	63.57	64.11	62.37	40.10	77.46	56.51
杭州	69.46	79.94	69.70	64.37	70.33	48.34	80.35	52.54
宁波	55.64	80.81	57.25	64.51	66.10	39.75	66.19	35.44
合肥	53.50	79.32	54.75	44.03	48.21	46.51	64.43	44.59
福州	40.29	74.73	44.65	46.77	50.37	44.67	62.23	37.03
厦门	39.35	67.73	54.51	54.71	63.13	39.32	75.83	40.10
南昌	52.94	71.40	54.40	43.55	60.55	42.71	58.58	45.43
济南	59.70	72.52	60.23	50.96	56.07	36.59	71.15	37.62
青岛	62.83	82.33	61.00	67.26	61.68	46.98	68.45	47.28
郑州	53.99	73.11	51.04	48.43	52.15	42.93	61.06	35.49
武汉	49.97	77.83	54.84	69.65	51.03	34.75	67.35	47.65
长沙	48.29	65.60	54.11	54.44	60.13	46.48	59.46	46.01
广州	48.28	73.98	60.65	70.22	54.13	44.19	71.38	32.14
深圳	46.19	72.97	48.89	77.54	57.41	22.38	72.01	53.49
南宁	40.10	78.95	50.24	52.79	53.90	57.65	66.44	41.43
海口	42.19	64.05	43.14	38.06	60.52	48.65	65.46	29.62
重庆	46.14	82.42	52.13	65.93	63.13	57.05	71.69	62.99
成都	46.26	80.73	56.54	59.10	50.89	41.18	68.55	54.12

续表

城市	能源结构（En）	经济发展（Ec）	生产效率（Ef）	城市居民（Po）	水域碳汇（Wa）	森林碳汇（Fo）	绿地碳汇（GS）	低碳技术（Te）
贵阳	49.80	76.88	41.24	55.25	54.26	52.72	62.08	38.24
昆明	44.58	76.51	48.09	40.53	55.16	54.06	60.80	34.00
西安	46.52	73.20	45.38	56.17	54.66	49.02	57.40	42.18
兰州	36.42	71.04	53.16	41.10	54.34	41.79	56.24	36.03
西宁	32.47	62.15	39.83	59.79	55.54	23.76	61.30	26.89
银川	34.89	74.15	40.86	51.33	51.54	34.07	60.41	37.58
乌鲁木齐	38.71	69.60	39.15	22.57	54.75	27.91	58.29	24.86
拉萨	33.37	62.86	26.64	46.71	39.97	30.11	54.65	23.52
平均值（μ）	50.28	75.39	51.74	54.25	57.07	41.80	66.45	41.22
标准差（σ）	11.18	6.04	9.21	12.27	6.04	9.99	7.06	10.40

基于表 5.11 中的信息，可以得出每个样本城市的低碳建设水平在八个维度的分布状态，从而帮助认识不同城市的优势和短板维度。

1）北京市

北京市在低碳建设的八个维度的表现分布见图 5.9，可以看出北京在低碳建设方面是比较均衡发展的。

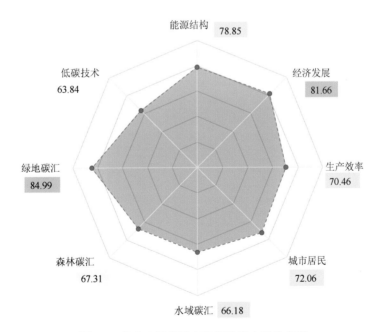

图 5.9　北京市低碳城市建设维度水平分布图

2）天津市

图 5.10 展示了天津市在低碳建设的八个维度得分表现的分布状态。

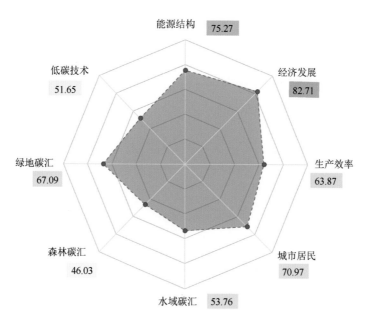

图 5.10 天津市低碳城市建设维度水平分布图

3）石家庄市

图 5.11 展示了石家庄市在低碳建设的八个维度得分表现的分布状态。

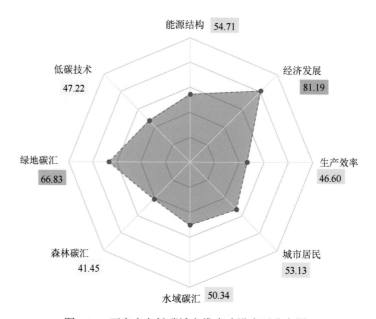

图 5.11 石家庄市低碳城市维度建设水平分布图

4）太原市

图 5.12 展示了太原市在低碳建设的八个维度得分表现的分布状态。

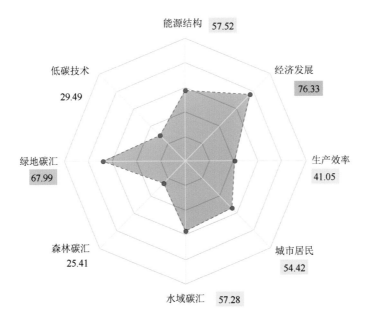

图 5.12　太原市低碳城市维度建设水平分布图

5）呼和浩特市

图 5.13 展示了呼和浩特市在低碳建设的八个维度得分表现的分布状态。

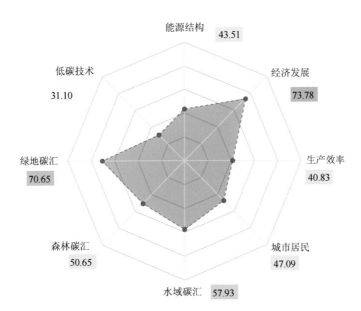

图 5.13　呼和浩特市低碳城市维度建设水平分布图

6）沈阳市

图 5.14 展示了沈阳市在低碳建设的八个维度得分表现的分布状态。

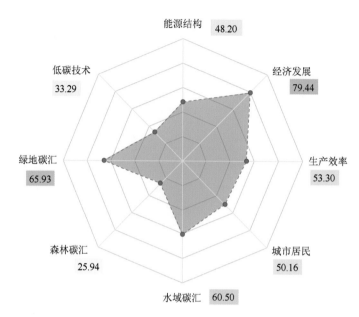

图 5.14　沈阳市低碳城市维度建设水平分布图

7）大连市

图 5.15 展示了大连市在低碳建设的八个维度得分表现的分布状态。

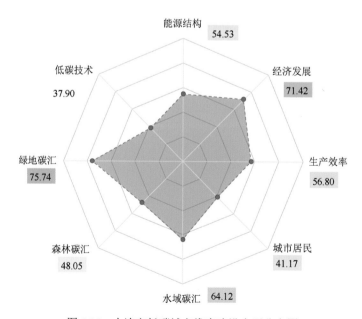

图 5.15　大连市低碳城市维度建设水平分布图

8）长春市

图 5.16 展示了长春市在低碳建设的八个维度得分表现的分布状态。

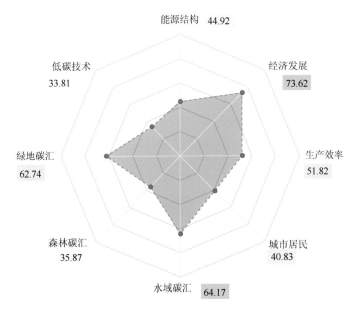

图 5.16　长春市低碳城市维度建设水平分布图

9）哈尔滨市

图 5.17 展示了哈尔滨市在低碳建设的八个维度得分表现的分布状态。

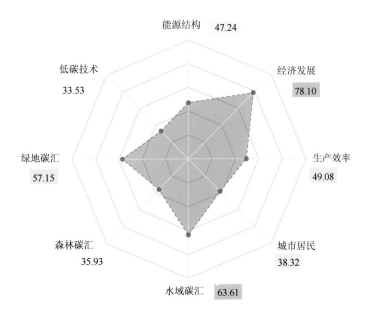

图 5.17　哈尔滨市低碳城市维度建设水平分布图

10）上海市

图 5.18 展示了上海市在低碳建设的八个维度得分表现的分布状态。

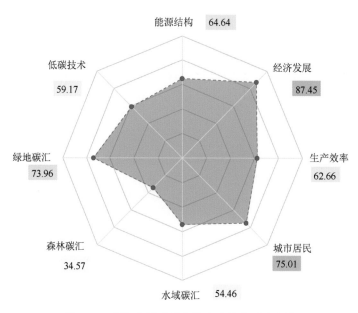

图 5.18　上海市低碳城市维度建设水平分布图

11）南京市

图 5.19 展示了南京市在低碳建设的八个维度得分表现的分布状态。

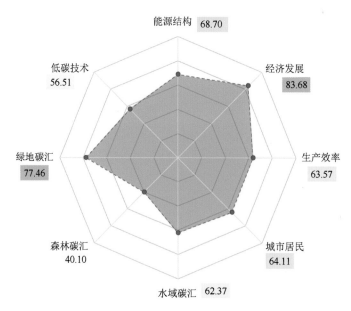

图 5.19　南京市低碳城市维度建设水平分布图

12）杭州市

图 5.20 展示了杭州市在低碳建设的八个维度得分表现的分布状态。

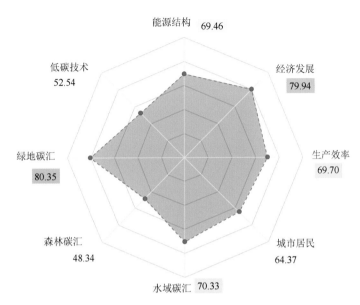

图 5.20　杭州市低碳城市维度建设水平分布图

13）宁波市

图 5.21 展示了宁波市在低碳建设的八个维度得分表现的分布状态。

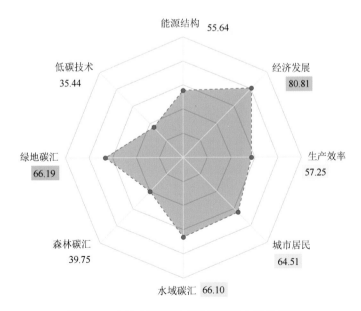

图 5.21　宁波市低碳城市维度建设水平分布图

14）合肥市

图 5.22 展示了合肥市在低碳建设的八个维度得分表现的分布状态。

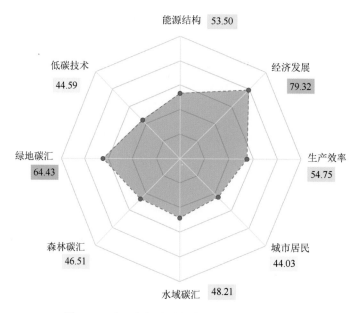

图 5.22　合肥市低碳城市维度建设水平分布图

15）福州市

图 5.23 展示了福州市在低碳建设的八个维度得分表现的分布状态。

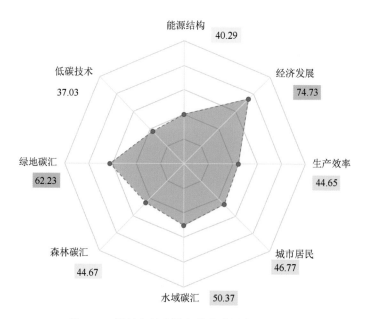

图 5.23　福州市低碳城市维度建设水平分布图

16）厦门市

图5.24展示了厦门市在低碳建设的八个维度得分表现的分布状态。

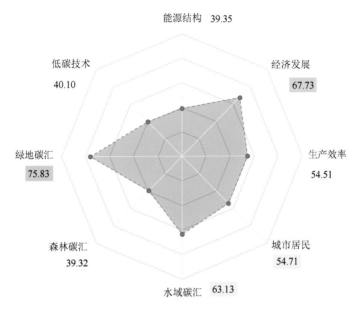

图5.24　厦门市低碳城市维度建设水平分布图

17）南昌市

图5.25展示了南昌市在低碳建设的八个维度得分表现的分布状态。

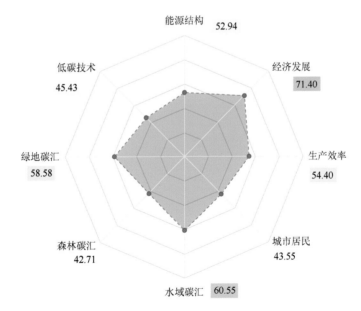

图5.25　南昌市低碳城市维度建设水平分布图

18）济南市

图 5.26 展示了济南市在低碳建设的八个维度得分表现的分布状态。

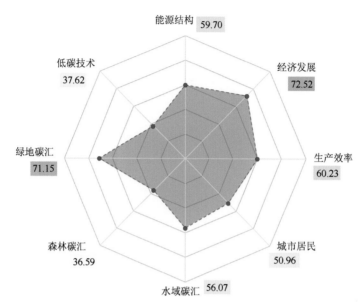

图 5.26　济南市低碳城市维度建设水平分布图

19）青岛市

图 5.27 展示了青岛市在低碳建设的八个维度得分表现的分布状态。

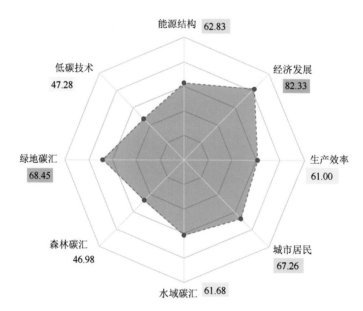

图 5.27　青岛市低碳建设维度水平分布图

20）郑州市

图 5.28 展示了郑州市在低碳建设的八个维度得分表现的分布状态。

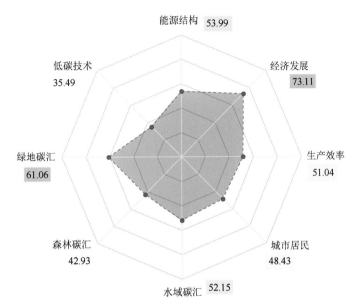

图 5.28　郑州市低碳建设维度水平分布图

21）武汉市

图 5.29 展示了武汉市在低碳建设的八个维度得分表现的分布状态。

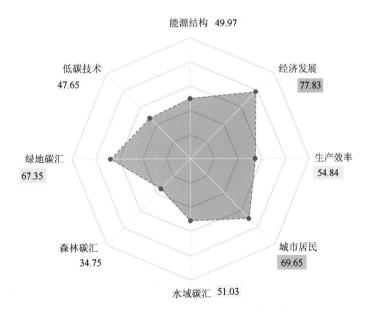

图 5.29　武汉市低碳建设维度水平分布图

22）长沙市

图 5.30 展示了长沙市在低碳建设的八个维度得分表现的分布状态。

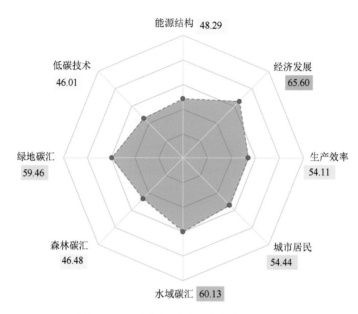

图 5.30　长沙市低碳建设维度水平分布图

23）广州市

图 5.31 展示了广州市在低碳建设的八个维度得分表现的分布状态。

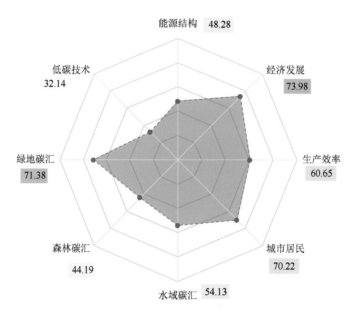

图 5.31　广州市低碳建设维度水平分布图

24）深圳市

图5.32展示了深圳市在低碳建设的八个维度得分表现的分布状态。

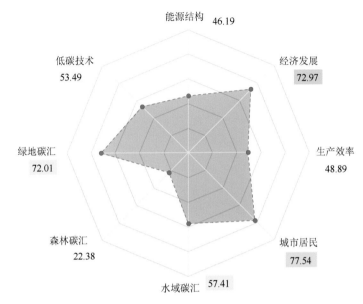

图5.32　深圳市低碳建设维度水平分布图

25）南宁市

图5.33展示了南宁市在低碳建设的八个维度得分表现的分布状态。

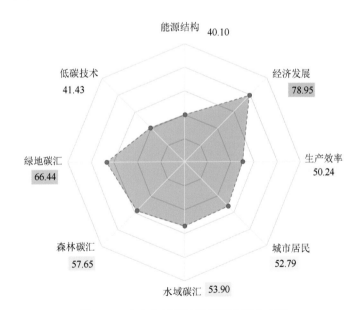

图5.33　南宁市低碳建设维度水平分布图

26）海口市

图 5.34 展示了海口市在低碳建设的八个维度得分表现的分布状态。

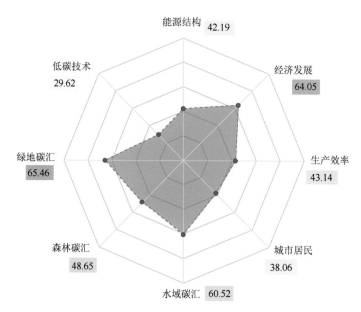

图 5.34　海口市低碳建设维度水平分布图

27）重庆市

图 5.35 展示了重庆市在低碳建设的八个维度得分表现的分布状态。

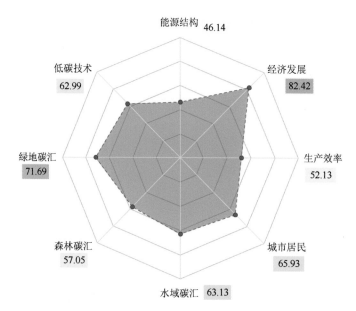

图 5.35　重庆市低碳建设维度水平分布图

28）成都市

图 5.36 展示了成都市在低碳建设的八个维度得分表现的分布状态。

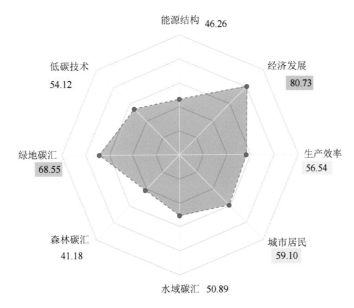

图 5.36 成都市低碳建设维度水平分布图

29）贵阳市

图 5.37 展示了贵阳市在低碳建设的八个维度得分表现的分布状态。

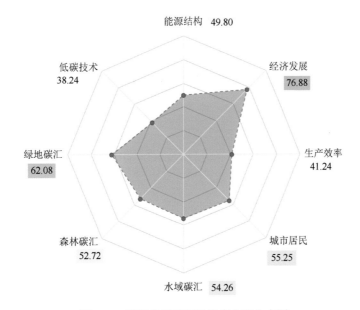

图 5.37 贵阳市低碳建设维度水平分布图

30）昆明市

图 5.38 展示了贵阳市在低碳建设的八个维度得分表现的分布状态。

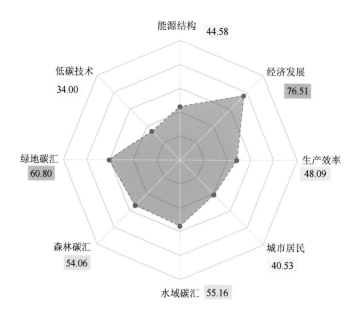

图 5.38　昆明市低碳建设维度水平分布图

31）西安市

图 5.39 展示了西安市在低碳建设的八个维度得分表现的分布状态。

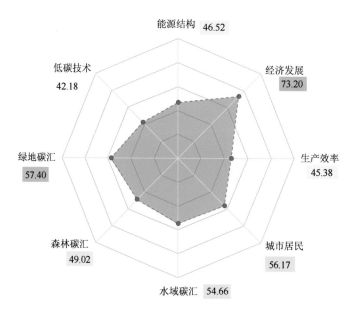

图 5.39　西安市低碳建设维度水平分布图

32）兰州市

图 5.40 展示了兰州市在低碳建设的八个维度得分表现的分布状态。

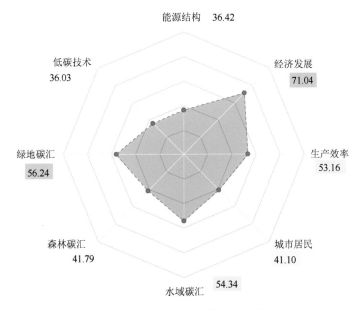

图 5.40　兰州市低碳建设维度水平分布图

33）西宁市

图 5.41 展示了西宁市在低碳建设的八个维度得分表现的分布状态。

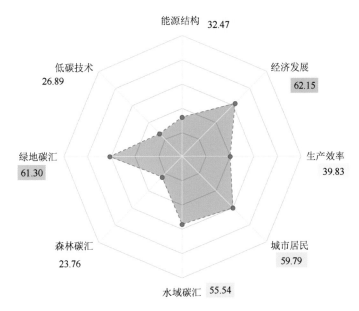

图 5.41　西宁市低碳建设维度水平分布图

34）银川市

图 5.42 展示了银川市在低碳建设的八个维度得分表现的分布状态。

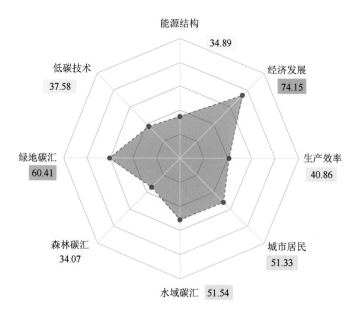

图 5.42 银川市低碳建设维度水平分布图

35）乌鲁木齐市

图 5.43 展示了乌鲁木齐市在低碳建设的八个维度得分表现的分布状态。

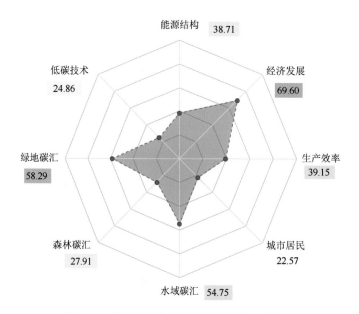

图 5.43 乌鲁木齐市低碳建设维度水平分布图

36）拉萨市

图 5.44 展示了拉萨市在低碳建设的八个维度得分表现的分布状态。

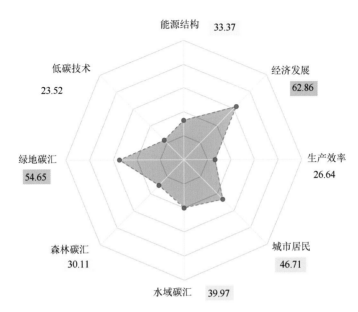

图 5.44　拉萨市低碳建设维度水平分布图

第十一节　我国样本城市低碳建设水平总览

一、样本城市低碳建设水平排名表

综合本章前八节的计算结果，可以归纳总结我国样本城市的低碳建设水平排名情况，见表 5.12 与图 5.45。

表 5.12　样本城市低碳建设水平排名表

城市	低碳城市建设水平总排名		碳源视角		碳汇视角	
	总得分	总排名	得分	排名	得分	排名
北京	73.17	1	75.76	1	72.83	1
天津	63.92	5	73.21	2	55.63	15
石家庄	55.18	16	58.91	14	52.87	24
太原	51.19	27	57.33	17	50.23	32
呼和浩特	51.94	25	51.30	30	59.74	6
沈阳	52.10	24	57.78	16	50.79	29
大连	56.22	13	55.98	19	62.64	4

城市	低碳城市建设水平总排名		碳源视角		碳汇视角	
	总得分	总排名	得分	排名	得分	排名
长春	50.97	28	52.80	27	54.26	19
哈尔滨	50.37	29	53.19	26	52.23	26
上海	63.99	4	72.44	3	54.33	18
南京	64.56	3	70.02	5	59.98	5
杭州	66.88	2	70.87	4	66.34	2
宁波	58.21	8	64.55	7	57.35	11
合肥	54.42	17	57.90	15	53.05	23
福州	50.09	30	51.61	29	52.42	25
厦门	54.34	18	54.08	25	59.43	7
南昌	53.70	21	55.57	22	53.95	20
济南	55.61	14	60.85	12	54.60	17
青岛	62.23	7	68.36	6	59.04	9
郑州	52.28	23	56.64	18	52.05	27
武汉	56.63	11	63.07	9	51.04	28
长沙	54.32	19	55.61	21	55.36	16
广州	56.87	10	63.28	8	56.57	13
深圳	56.36	12	61.40	11	50.60	31
南宁	55.19	15	55.52	23	59.33	8
海口	48.96	31	46.86	34	58.21	10
重庆	62.69	6	61.66	10	63.96	3
成都	57.17	9	60.66	13	53.54	22
贵阳	53.81	20	55.79	20	56.35	14
昆明	51.72	26	52.43	28	56.67	12
西安	53.07	22	55.32	24	53.69	21
兰州	48.77	32	50.43	31	50.79	29
西宁	45.22	34	48.56	33	46.87	35
银川	48.10	33	50.31	32	48.67	33
乌鲁木齐	41.98	35	42.51	35	46.98	34
拉萨	39.73	36	42.40	36	41.58	36
平均值（μ）	54.78	—	57.91	—	55.11	—
标准差（σ）	6.66	—	8.06	—	5.75	—

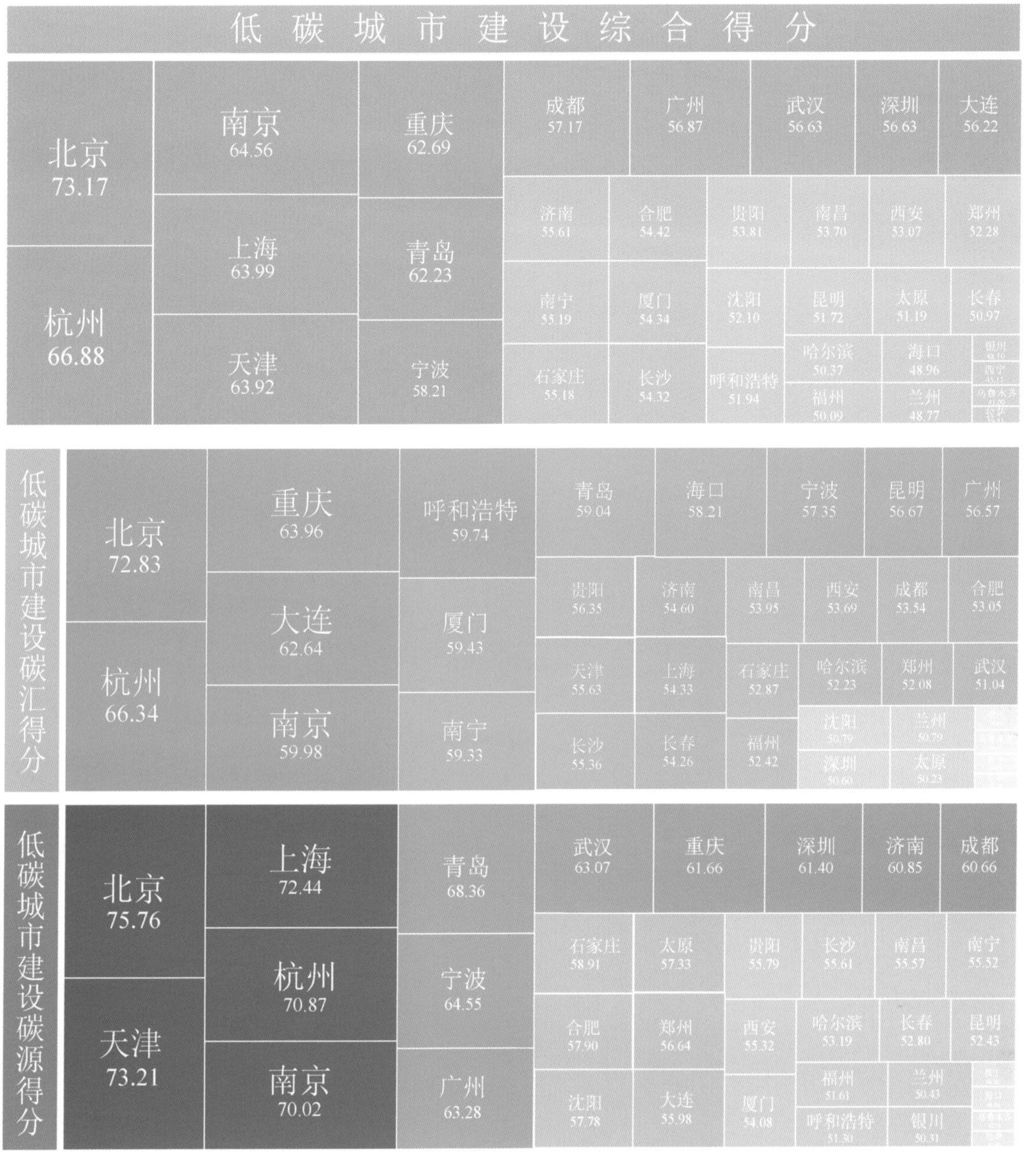

图 5.45　样本城市低碳建设水平得分与排名图

二、我国城市低碳建设总体水平分布一览

图 5.46 展示了我国样本城市整体的低碳建设水平分布。

三、碳源视角下我国城市的低碳建设水平分布状况

图 5.47 展示了我国样本城市在碳源视角下的低碳建设水平分布。

图 5.46　我国低碳城市建设总体水平排名分布图

图 5.47　碳源视角下我国低碳城市建设水平排名分布图

四、碳汇视角下我国城市的低碳建设水平分布状况

图 5.48 展示了我国样本城市在碳汇视角下的低碳建设水平分布。

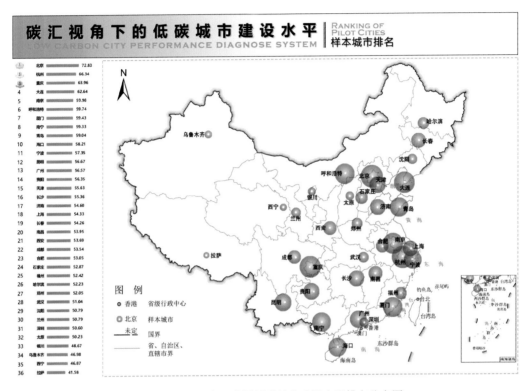

图 5.48 碳汇视角下我国低碳城市建设水平排名分布图

第六章 我国低碳城市建设水平诊断分析与政策建议

现状分析是政策建议提出的基础。本章结合第四章和第五章对我国 36 个样本城市八大维度五个环节的低碳城市建设水平诊断的结果，对 36 个城市的实地或线上调研以及专家访谈资料、参考相关文献，系统地分析我国城市低碳建设水平的现状及存在的问题，并归纳和总结具有借鉴意义的实践经验，为优化我国低碳城市建设水平的政策建议奠定基础。

提出政策建议是本书的重要研究内容，具有重要的实践意义。本章将以问题为导向，基于第一章中构建的"管理过程—碳循环系统"低碳城市建设水平双视角诊断框架，以及对样本城市的低碳建设水平现状和问题的认识，提出总体性政策建议和维度性政策建议，以期积极健康地推动我国低碳城市的建设，确保顺利实现中国"双碳"重大战略目标。

第一节 我国低碳城市建设水平总体分析与政策建议

我国低碳城市建设水平的综合性问题主要是不协调，这种不协调表现为各城市在不同低碳建设维度间的水平不协调，以及不同城市之间的低碳建设水平不协调。从本书第五章展示的我国 36 个样本城市在能源结构、经济发展、生产效率、城市居民、水域碳汇、森林碳汇、绿地碳汇和低碳技术八个维度的低碳建设水平诊断结果来看，维度之间和城市之间的水平差异十分明显，图 6.1 展示了各样本城市在八个低碳建设维度上的水平差异。

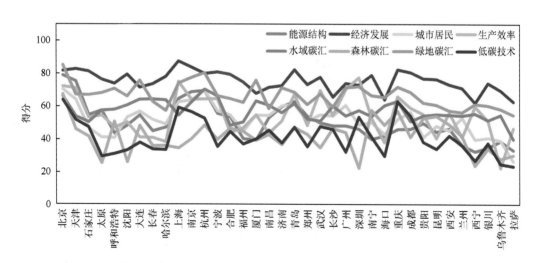

图 6.1 基于八大维度视角的样本城市低碳建设水平得分展示图

从图 6.1 中可以看出，样本城市在八个低碳建设维度上的得分差异较大，经济发展维度的平均得分最高，为 75.39 分，低碳技术维度的平均得分最低，为 41.22 分。另一方面，在各维度内，样本城市之间的得分差异也很大。例如，在城市居民维度上，深圳市的得分最高（77.54 分），乌鲁木齐市（22.57 分）的得分最低，两者差距高达 54.97 分；在经济发展维度上，上海市得最高分（87.45 分），西宁市得最低分（62.15 分），两者相差 25.30 分。

在碳源和碳汇的视角下，同样存在着两者水平不协调的现象，图 6.2 展示了各样本城市在碳源和碳汇方面的低碳建设水平，从图中可以看出，这种不协调也体现在两个方面。首先，各样本城市在碳源与碳汇视角下的建设水平存在着差异，样本城市在碳源与碳汇视角下的平均分依次是 57.91 分与 55.19 分，超过 60% 的样本城市在碳源视角下的得分高于碳汇视角的得分，而碳源得分低于碳汇得分的城市比例仅有 36%。可见总体上，我国城市的碳汇建设水平低于碳源建设水平，各城市对碳汇建设的重视度相对不足。其次，在碳源与碳汇视角内，各样本城市的低碳建设水平也存在差异。在碳源视角下，36 个样本城市的低碳建设水平变异系数为 0.14，得分最高的北京市（75.76 分）与得分最低的拉萨市（42.40 分）之间，低碳建设水平差距高达 33.36 分。在碳汇视角下，36 个样本城市的低碳建设水平变异系数为 0.1，得分最高与最低的城市仍然是北京市（72.36 分）与拉萨市（41.48 分），两者得分的差距为 30.88 分。

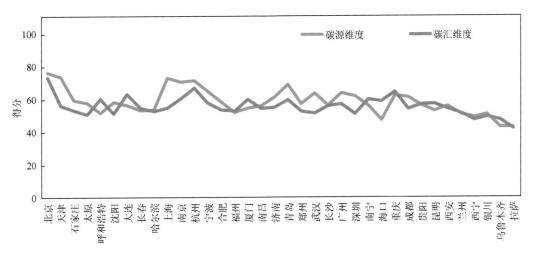

图 6.2　基于碳源和碳汇视角的低碳城市建设水平得分展示图

从管理过程来看，几乎所有的样本城市在低碳建设过程中都表现出了"重开头轻结尾"的特点，即在低碳建设的规划和实施环节表现较好，在检查和结果环节的表现一般，在反馈环节的表现较差。这种"重开头轻结尾"的管理过程无法有效提升城市总体的低碳建设水平，不利于我国低碳城市建设的长期发展。

综合上述对整体问题的分析，秉持"尊重自然、科学发展、改革创新"的理念，坚持"双碳"的战略目标，本书提出以下城市低碳建设水平的综合性政策建议。

第一，强调低碳建设八个维度的协调发展。各城市应强化低碳建设的系统性思维，加强顶层设计和统筹协调，增强低碳城市建设八个维度的系统性和整体性，提升低碳城市建设的整体绩效。从评价结果来看，我国城市在低碳建设八个维度的水平差异明显，均衡度较差，表明各样本城市对低碳建设的系统性缺乏深入认知，存在将八个维度视为八项独立工作的现象。但低碳城市建设的八个维度并不是完全拆分开的，而是相互联系、相互影响的，各维度的主管政府部门应该加强合作，成立跨部门的协调小组，摒弃不同政府部门之间的"利益化"倾向，制定兼顾各维度的低碳城市建设的总体顶层设计和统筹谋划，特别关注像低碳技术这样的薄弱维度，在城市间分享好的经验。要增强不同领域、不同要素间的协同性和贯通性，保证低碳城市建设政策的连续性，提升低碳城市建设的整体绩效。

第二，树立低碳城市建设过程与结果同等重要的观念。应强化低碳城市建设的过程性思维，改变"重规划轻执行"的传统，从组织建设、资源配置、考核机制等入手建立低碳城市建设的全面过程管理体系。本书的实证评价结果显示，大部分样本城市在推进低碳建设的过程中都是"重开头轻结尾""重规划轻执行"，往往只是描绘了美好的低碳城市建设蓝图，但是具体实施和管理就潦潦草草，导致低碳建设结果不尽如人意。因此，在进一步推进低碳城市建设的PDCOA管理过程中，应该更加重视检查（C）、结果（O）和反馈（A）环节，将职责确定落实到具体部门以及个人，严格问责机制，处理并追责执行不善的情况，确保低碳城市建设在 PDCOA 全过程环节上的有效执行。在国家"双碳目标"背景下，减碳增汇的低碳发展压力要求各个城市改革更新城市发展战略。因此，建议抓住这个时间窗口，成立低碳城市建设战略领导小组，制定推动规划实施的财务预算和人员配置，按规划分解任务建立重点项目执行小组，从总体上构建低碳城市建设全面战略管理体系，切实推动低碳城市建设战略的落地实施。

第二节　我国低碳城市建设水平在能源结构维度的分析及政策建议

一、样本城市在能源结构维度的低碳建设水平分析

能源结构维度的低碳建设表现对整个城市的低碳建设水平有很大影响，是城市低碳建设的重要组成部分。从本书第四章和第五章中的样本城市在能源结构维度的低碳建设水平诊断结果来看，我国城市在能源结构维度的低碳建设水平总体上表现偏低、各建设环节上表现差异较大，区域间表现不平衡。

样本城市在能源结构维度的低碳建设水平平均得分为50.28分，在八大维度中排名倒数第三，与得分最高的经济发展维度（75.39 分）相差了25.11 分。由于不少城市的能源消费仍以化石燃料为主，如沈阳、石家庄、西安、呼和浩特等城市的煤炭占能源消费比重仍然较大，能源消费量较高，再加上能源利用效率不高，我国城市在能源结构维度的低碳建设整体表现较差。

如图 6.3，从低碳城市建设的过程环节来看，样本城市在能源结构维度五个环节的得分差异较大，"偏科"现象较为严重，其中，规划、实施和结果环节的平均得分较高，分别为 60.22 分、60.65 分和 64.76 分，而检查和反馈环节的平均得分比较低，分别为 42.32 分

和 23.45 分，这种得分不平衡，特别是反馈环节表现较差的现象，表明样本城市在低碳建设过程中不够重视过程管理，尤其欠缺经验教训的总结。

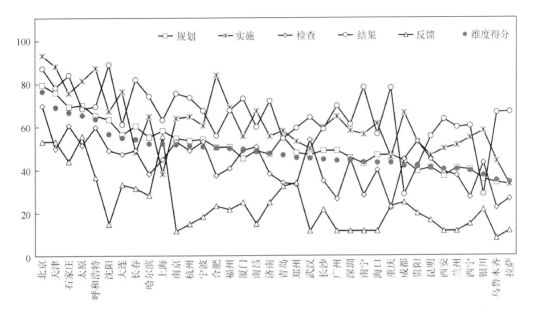

图 6.3　样本城市在能源结构维度各管理过程环节的得分展示图

另一方面，基于城市视角来看，城市间在能源结构维度的低碳建设表现差异较大，这也体现了地区的能源结构发展不平衡。从维度表现排名领先的前五个城市可以看到，北京、天津、杭州、南京和上海均是社会经济发达的城市，在能源结构维度的低碳建设表现总体较好，相较于其他样本城市的平均水平高出许多。从排名靠后的五个城市来看，乌鲁木齐、兰州、银川、拉萨和西宁均位于我国西部内陆地区的不发达省份，其能源结构维度的低碳建设表现相对较差，得分远低于本维度低碳建设的平均水平。

二、样本城市在能源结构维度的低碳建设问题

总体上，我国城市在能源结构维度的低碳建设存在能源结构不合理、能源利用效率低、能源科技创新水平低以及能源结构各环节表现不协调等问题，这对我国城市在能源结构方面推动低碳建设产生了明显的抑制效应。

第一，能源结构不合理。过去几十年来，煤炭行业是我国国民经济高速发展的重要能源基础，能源结构保持以燃煤为主的一次能源消费结构，燃煤占能源消费总量的比重仍超过一半，而石油、天然气等优质化石能源和清洁能源相对不足，比重偏低。一方面，这与我国"富煤、贫油、少气"的能源自然资源特点密切相关，中国是世界第一产煤大国，煤炭的储量超过世界储量的 10%，相对充足，而已探明的石油、天然气资源储量却不多。另一方面，近年来我国一直处于城镇化进程中，推动了高耗能产业的蓬勃发展，促使我国能源消费总量和二氧化碳等温室气体排放呈井喷式增长。由于我国仍处在城镇

化快速发展期，可以预测在未来仍有较大的能源消费需求。

第二，能源利用效率低。虽然我国近年来一直在努力提高能源效率，但与发达国家相比，我国的能源利用效率还有待进一步提高。依据国家统计局的数据，我国单位 GDP 能耗自 2015 年至 2018 年的下降幅度已接近 14%，与世界发达国家的能源强度水平相比仍有较大差距。根据汇率法，我国能源强度是世界平均水平的近 2 倍、美国的 2.5 倍、欧盟的 3 倍多，差距相当大。因此，我国的能源强度还有充分的下降空间，能源利用效率也有很大提升可能。

第三，能源科技创新水平低。一方面，我国能源科技创新总体水平与发达国家相比差距仍然很大，能源技术自主创新的基础研究较为薄弱，未能形成能源技术源头。科技基础条件和基础设施不够完善，难以支撑能源技术的创新。另一方面，我国在能源科技创新的各方面投入还需加强，促进科技创新的财税政策不够完善。统计数据表明，我国能源企业更多是通过技术引进、购买技术和技术改造来实现能源的技术升级，而对于创新含量不高的技术改造和技术引进所花费的经费却占比较大。再有，能源科技创新管理体制还需进一步健全。由于能源科技管理相关的部门机构比较多，政府缺乏统一协调的管理机制，技术相关政策法规之间的协调性比较差，执行力也不足，再加上不少城市缺乏战略性、前瞻性、持续性的规划和部署，最终导致能源科技创新管理出现"散、乱、差"的局面。

第四，能源结构各环节表现不协调。我国城市对能源结构维度的低碳建设的全过程性认识不足，忽略了监督和反馈的重要性。低碳城市建设目前还是处于初始阶段，很多城市在进行能源结构维度的低碳建设时，往往按照传统的经验模式展开，大多只关注能源相关规划文件的发布以及方案的实施和结果，而对能源结构维度低碳建设实施过程中的监督和反馈环节缺少重视，从而降低了能源结构维度的低碳建设水平。

三、我国城市在能源结构维度的低碳建设政策建议

针对上述的能源结构维度的低碳城市建设现状和问题，有必要采取相应的政策措施，以便提升能源结构维度的低碳城市建设水平。事实上，早在 2014 年 6 月，国务院办公厅发布的《能源发展战略行动计划（2014—2020 年）》就指出，优化能源结构的路径是降低煤炭消费比重，提高天然气消费比重，大力发展风电、太阳能、地热能等可再生能源，安全发展核电。基于这一行动计划，结合我国 36 个样本城市的低碳城市建设水平诊断结果，本书将从能源结构、能源效率、能源创新与能源监管等角度提出以下政策建议。

第一，调整和优化能源结构，减少能源浪费。能源结构调整是中国能源发展面临的重要任务，也是确保我国能源安全的主要组成部分。调整能源结构就是要减少对化石燃料的利用，减少对国际石油市场的依赖，逐步降低煤炭资源的比例，同时大力发展清洁燃料和可再生能源。城市可以推动实施可再生能源促进行动，淘汰各行业中违规低质落后产能，大力推广太阳能光伏发电应用，科学高效地开发地热资源，因地制宜地推动可再生能源的多元协调发展，实现能源消费增量主要由非化石能源供应的供给结构，不断提升可再生能源的装机比重。

第二，改进能源技术，提高能源利用效率。坚持节约优先的发展理念，严格执行国家碳达峰、能耗总量和强度"双控"有关要求。从供需两侧发力，加快推动能源生产和消费改革，完善指标约束管理机制，优化能源配置，改进能源技术，推行绿色生产，变革用能方式，严控增量，优化存量，改善结构，持续推进重点领域节能，全面提高能源开发利用效能。

第三，推动能源结构改革创新，加强智能化能源管理建设。推动传统能源领域与现代科学技术融合发展，加强智能电网、智能煤炭建设。培育能源新产业、新业态、新模式，如氢能、储能、综合智慧能源等，构建创新驱动的新时代能源科技体系。发挥智慧技术和大数据在推进能源结构优化和治理过程中的科技作用，从而推动城市能源资源优化配置。

第四，强化能源结构优化过程的监督与反馈，完善能源低碳建设环节。政府应加强对煤矿、电力、长输油气管道等重点领域的安全生产管控，严格落实单位主体责任、属地管理责任和部门的监管责任，特别应健全政府和企业行业协会的监督与反馈联动机制，构建健全完备的能源行业碳排放预警、奖惩并举、隐患排查和安全管控的体系，促进能源结构维度的低碳建设各环节的协调性，从而提高能源维度的低碳建设水平。

能源是人类社会赖以生存和发展的物质基础。对能源结构维度进行低碳建设具有特别重要的战略意义，它关系到国民经济各部门最终的用能方式是否节能高效，关系到人民的生活发展是否健康可持续。能源领域的低碳建设不仅要满足全社会能源消费迅速增长的刚性需求，还要加快推动清洁能源替代，实现能源结构由高碳向低碳、清洁、高效转型。只有对能源结构进行调整和优化，提高能源效率，推动能源技术创新，加强能源结构优化的监督反馈，才能确保我国"双碳"目标能够高质量地顺利实现。

第三节　我国低碳城市建设水平在经济发展维度的分析及政策建议

一、样本城市在经济发展维度的低碳建设水平分析

基于本书第五章第三节在经济发展维度的低碳建设水平诊断计算结果，样本城市在经济发展维度的低碳建设水平可用折线图展示，如图6.4。

（一）环节视角经济发展维度建设水平分析

由图6.4可以看出，所有样本城市在经济发展维度的五个低碳建设环节中整体表现较好，大部分城市得分在60分以上，仅有少数城市在个别环节得分出现60分以下的情况，反映出我国城市高度重视在经济发展维度的低碳建设，积极通过经济手段将建设绿色低碳循环经济体系作为建设低碳城市的主要发展策略。

在具体的各环节中，实施环节的低碳建设得分表现特别好，大部分城市在实施阶段的得分处于80～90分的区间范围，体现了城市高度重视绿色低碳循环经济体系建设

工作的具体实施。在低碳建设的结果环节，样本城市整体得分比较低，且表现差异较大，这种差距与城市间的经济发展水平差距也较为一致，说明城市自身的经济发展水平对实现绿色低碳循环经济体系的建设成果存在正向影响。在低碳建设过程中的检查环节，城市间的表现差异更为明显，波动频率和波动幅度均相较其他环节更为显著，反映出我国城市间对低碳建设质量的监督控制存在较大的差异，有的城市非常重视检查环节，有的城市则忽视了检查环节的重要性。在低碳建设的规划环节和反馈环节，各样本城市的得分表现也比较好，得分位于 60～80 分之间，表明大部分城市都很重视低碳经济规划，同时重视通过奖惩、总结和制定进一步的提升方案开展低碳建设反馈工作。

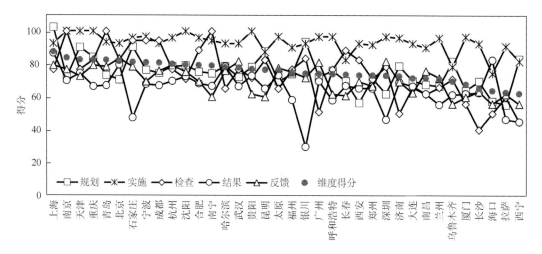

图 6.4　样本城市在经济发展维度的低碳建设水平得分分布图

（二）城市视角经济发展维度建设水平分析

在经济发展维度的低碳建设整体表现上，从本书第五章的图 5.2 和本章的图 6.4 中可以发现，各样本城市在经济发展维度的低碳建设水平有明显的差异，排名分布显示上海的表现最好。上海的整体经济发展水平很高，投入到低碳城市建设的资源充足。上海在加快建立绿色低碳循环经济体系的工作中树立了模范形象，出台了《上海市关于加快建立健全绿色低碳循环发展经济体系的实施方案》专项工作方案，以及《上海市资源节约和循环经济发展"十四五"规划》、《上海市瞄准新赛道促进绿色低碳产业发展行动方案（2022—2025 年）》、《上海市培育"元宇宙"新赛道行动方案（2022—2025 年）》、《上海市促进智能终端产业高质量发展行动方案（2022—2025 年）》等一系列政策文件。上海市生态环境局就碳排放核查相关工作出台了《上海市碳排放核查第三方机构监管和考评细则》指导性文件。

相对来说，在经济发展维度低碳建设水平较低的城市，其经济发展水平也相对较低，并且低碳建设的配套管理体系较为薄弱，例如西宁、拉萨和海口。这些城市在经济发展维度的所有低碳建设环节得分均较低，反映出这些城市在推动绿色低碳循环经济体系建设的工作中还有较大的提升空间，例如低碳建设的规划内容较少、实施方案不具体、缺乏相关监察保障机制和资源保障供给等，还有一部分原因是这些城市在目前阶段以经济建设为中心任务，可投入到低碳建设的经济资源有限。

二、我国低碳城市建设过程在经济发展维度存在的问题分析

（一）在经济发展维度的低碳城市建设过程中各环节得分差异较为明显，投入产出不平衡

整体上，经济发展维度的低碳城市建设实施环节表现最好，结果环节得分相对最低。这一现象表明我国城市就低碳经济建设工作的具体实施作出了较大努力，但是从经济发展维度的具体环节看，低碳经济建设工作的结果表现相对较差。事实上，在实际推进城市发展绿色低碳循环经济体系建设的过程中受许多因素影响，其低碳建设结果不仅仅依赖规划和实施，还需要对实施过程进行监督和检查，检查环节实质上是对实施环节的监督保障。实证结果显示，各样本城市在检查环节的得分表现波动频率和浮动较大，表明部分城市在低碳经济建设过程中主要关注的是规划和实施内容，而缺乏对绿色低碳循环经济体系建设工作配套的相关机制保障以及资源保障的重视。

当然，在要求既保证经济社会高质量发展的同时又减少碳排放的总方针下，达到低碳建设的预期目标面临很大挑战。再有，规划环节的得分数据来源主要来自各样本城市的国民经济和社会发展第十四个五年规划和2035年远景目标纲要及低碳专项规划，整体上大部分样本城市关于加快构建绿色低碳循环经济体系建设的相关规划内容都很全面，均涉及工业转型、建筑业减排、交通体系减排、基础设施绿色升级以及绿色低碳产品认证与标识等多个方面，因此整体上得分都较高且较为平均。有趣的是，低碳城市建设的规划环节平均得分为74.85分，得分似乎并不高，这主要是因为在规划环节的"绿色低碳产品认证与标识"这一得分变量的得分较低，其原因是在规划文件中与这一指标相关的规划内容较少，这也说明城市政府应加强对绿色低碳产品认证与标识相关规划的重视。同样地，各样本城市在反馈环节的得分位于60～80分之间，水平并不高，主要原因是企业层面缺乏关于低碳经济的总结与提升方案，这也说明了企业在低碳经济建设过程中对于结果反馈的重视程度还有待加强。

（二）城市间的低碳建设综合得分差异较大，经济发展水平与低碳经济建设水平呈正相关

在经济发展维度，城市间的低碳建设综合得分差异很大，得分水平与地区经济发展水平相关，经济发展水平高的城市拥有较高的低碳建设综合得分，反之亦然。城市间因为经济发展水平高低不同而产生的低碳建设水平差异主要是由于在资金、人力以及技术资源等方面具有不同的优势，经济水平高的城市有足够的经济资源和技术条件来保障低碳经济建设的实施工作，并且发挥技术保障优势促进产业转型升级，采取有效政策措施和技术培育方法建设绿色低碳经济体系，从而取得更好的低碳建设结果。

（三）城市间在实践低碳经济建设的各环节的表现不同，城市内部存在"偏科"
　　　现象

从前面分析的结果可以发现，城市间在经济发展维度的五个低碳建设环节中得分存在较大差异。有些城市在个别环节的表现明显较好，而在个别环节表现较差，出现明显"偏科"现象。如银川在规划环节得分为 93.68 分，而在结果环节得分仅为 29.55 分。长沙在实施环节得分为 92.50 分，但其在检查环节得分为 40.00 分。个别环节暴露出的短板问题一部分原因可能是受地理位置以及城市功能定位等因素影响，也可能是资金、人力以及相关技术保障条件的不足，还可能是不重视具体有关低碳城市建设环节。这些问题的出现也说明了在建设低碳城市的过程中，城市由于自身特性以及发展目标的异质性，不适用于同一种经济发展模式和管理办法。因此城市需要因地制宜，精准定位自身经济发展方向，把握各个环节存在的影响因素，扬长避短，从而才能够有效提升在经济发展维度的低碳城市建设水平。

三、在经济发展维度提升低碳城市建设水平的政策建议

发展绿色低碳循环经济的实质及内涵是合理利用资源，并在经济社会高质量发展的基础上实现碳减排目标。基于这一思想，针对上述剖析的经济发展维度存在的低碳建设问题，提出以下政策建议。

（一）补齐经济发展维度上各低碳建设环节的短板

根据个别城市的资源禀赋及发展定位，确定在经济发展维度低碳城市建设的规划内容，围绕工业转型升级、建筑业减排、构建绿色低碳交通体系、建设绿色节约型基础设施以及推进绿色产品认证和标识体系建设等方面进行科学规划，尤其是绿色产品认证和标识体系建设相关内容的规划。在低碳建设的实施环节，要完善绿色低碳循环经济体系建设相关工作的规章制度和市场机制，切实落实专项资金、人力资源以及技术条件的保障，协调各经济产业部门抓好组织实施，细化落实措施，严格按照相关规划实施方案开展绿色低碳经济建设。在低碳建设的检查环节，由于暴露的问题比较明显，要提高政府相关部门对于检查工作的重视程度，加强完善配套检查工作，进一步提高标准，切实保证低碳经济体系监督的机制和资源保障得到落实。在低碳建设的反馈环节，要采取多渠道、多形式的方法，促进政府与企业合作交流，加大宣传引导力度，发动各方力量参与绿色低碳经济体系的建设。尤其是企业作为低碳经济工作的主要参与者，需要高度重视反馈环节的工作，发挥主动性和能动性进行经验教训总结，明确进一步的提升方案，从而更好地指导下一阶段经济发展维度上低碳城市建设规划和实施内容的制定。

（二）培育和推广绿色低碳产业发展模式

个别城市应根据自身特征选择有代表性的绿色低碳产业，明确经济发展方向，建立绿色低碳产业发展示范模式，例如绿色农产品、新能源汽车及配套基础设施产业、绿色建筑、节能环保产业以及绿色清洁能源产业。通过试点总结经验，从而由点到面地在城市尺度上广泛应用成功经验，最终实现由绿色低碳产业带动的低碳城市建设。

（三）解决低碳经济建设中城市内部的"偏科"现象

在具体的低碳经济建设环节上，为了避免城市内部的"偏科"现象，城市间应该针对低碳经济建设中各环节的实践进行交流，在某具体环节表现较差的城市应向其他表现较好的城市学习优秀经验并制定总结和提升方案。各城市应结合自身城市特征，提出具体措施，优化"短板"环节，实现低碳城市建设各环节间的平衡与协调发展，从而提升城市整体低碳经济建设水平。

第四节　我国低碳城市建设水平在生产效率维度的分析及政策建议

一、样本城市在生产效率维度的低碳建设水平分析

基于本书第五章第四节在生产效率维度的低碳建设水平诊断计算结果，样本城市在生产效率维度的低碳建设水平可用折线图展示，如图6.5。

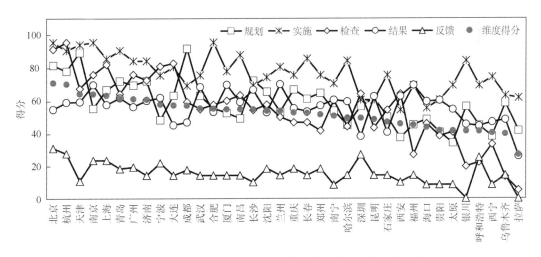

图6.5　样本城市在生产效率维度的低碳建设水平得分分布图

（一）环节视角的生产效率维度建设水平分析

由图6.5可以看出，各样本城市在生产效率维度各个环节中的表现具有明显的差异。其中，规划和实施环节的总体表现较好，而反馈环节的表现尤为差。这反映了我国已经开始重视生产效率维度的低碳城市建设，但还处于重视规划与实施环节的起步阶段，对低碳建设的后期检查与反馈环节不够重视。

从具体各个低碳建设环节来看，实施环节的低碳建设水平在各环节中表现最好，样本城市在该环节的得分分布于60～100分的区间范围内，体现了我国城市对生产效率维度的低碳建设不仅重视，并且能够落实于实际行动中。其次，生产效率维度规划环节的表现也比较好，各样本城市的得分分布于40～80分的区间范围内，说明政府对生产效率方面的低碳建设规划也比较重视，但可以看出不同城市间在这两个环节的表现存在较大差异。样本城市在检查环节的表现差异度最大，并且可以看出在生产效率维度整体水平较高的城市在检查环节的得分表现普遍较高，说明检查环节对于城市提升生产效率以促进低碳建设具有重要意义。所以，加强对检查环节的重视程度有助于城市在生产效率维度获得更好的低碳建设效果。在结果环节中，各样本城市的表现整体上较差，但城市间的差异相对较小，得分分布的幅度较小。有趣的是，总体上生产效率维度得分排名靠前的城市并没有在结果环节上表现出明显优势。这些总体水平较高的城市均为人口密度较高的城市，城市的生产效率水平与城市人口具有紧密联系，例如对于城市交通而言，北京、上海、深圳等超大城市以及部分大城市因过大的人口密度导致居民出行平均时间较高，进而造成出行效率较低。再有，反馈环节是生产效率维度中低碳建设表现最差的环节，得分分布于0～30分的区间范围内，说明我国城市在低碳建设中对提升生产效率效果缺乏奖惩措施、总结经验以及进一步提升的方案。

（二）城市视角的生产效率维度建设水平分析

根据图6.5可以发现，整体上样本城市间在生产效率维度的低碳建设水平较低，总体得分均匀分布于40～62分之间。北京、杭州作为在生产效率维度的低碳建设得分排名前两位的城市，明显优于第三名的天津。北京与杭州两城市均出台有节能相关的专项规划，如《北京市"十四五"时期应对气候变化和节能规划》《杭州市节能降耗"十四五"规划》，北京市还出台了《北京市"十四五"时期低碳试点工作方案》《北京市节能监察办法》等指导性文件，杭州市出台了《杭州市节能监察办法》等，文件中明确提出关于提升城市生产效率以达到节能降碳目的的相关指导政策，助推提升生产效率以支持城市的低碳建设。

通过分析在生产效率维度的低碳建设水平排名靠后的城市可以发现，有三类城市表现较差。第一类是发展重心非能源行业的城市，例如深圳，该类城市对于提升生产效率的规划与实施均不够重视。第二类是较为依赖能源发展的城市，例如太原，这类城市传统上以粗放型发展模式为主，虽然具有较为丰富的资源禀赋，但产业转型压力大，对于生产效率提升并不重视。第三类是发展较弱的城市，例如西宁、乌鲁木齐、拉萨等，生产效率的各环节表现都较差。

二、我国低碳城市建设过程在生产效率维度存在的问题分析

我国城市在生产效率维度的低碳建设中总体存在着生产效率水平低而引起碳排放强度高、低碳建设水平较低的城市问题特征明显、生产效率的低碳建设环节不平衡等问题。

第一，生产效率维度的低碳城市建设整体水平不高。根据本书第五章对低碳城市建设水平诊断的计算结果可以发现，样本城市的生产效率维度平均得分为51.74分，在八大低碳城市建设维度中排名第四，其整体水平不高。这一方面是因为我国正在经历快速发展的工业化与城镇化，各个领域的生产往往更多是追求"数量"而非"质量"，在投入了大量的人力、资金和材料的情况下，产出的效果却并不尽如人意，生产的规模增量导致了碳排放量的增长。另一方面，我国城市生产技术水平与发达国家还有很大差距，科技创新的能力和基础条件还有很大的提升空间，对生产效率技术的创新研发不足，导致了我国城市生产效率水平整体上还不是很高，因此生产过程中的碳排放强度仍然比较高，最终结果是低碳建设水平整体不高。

第二，生产效率维度上低碳建设水平较低的城市存在问题的特征明显。根据上文分析结果可以发现，生产效率维度上低碳建设水平较低的城市由于不同的城市发展定位而呈现不同的问题特征。例如过度依赖能源行业的城市由于经济转型困难影响城市发展，导致低碳建设水平难以提升；有些城市尽管未过度依赖能源行业，但城市自身发展较差，难以通过提升生产效率促进低碳城市建设。

第三，生产效率维度的低碳建设环节不平衡。总体来看，生产效率维度的低碳建设水平受反馈环节的影响较大，各样本城市普遍不重视反馈环节。尽管生产效率的提升可以降低能源行业的碳排放，但是通过能源、交通、建筑等多行业的共同协作提升城市的生产效率从而降低碳排放量也尤为重要。在生产效率维度的规划环节与实施环节中，得分点主要来源于有关能源行业的行动，而在反馈环节缺乏对于生产效率维度的独立总结，导致该维度的低碳建设水平得分与其他维度的得分差异较大。这也说明提高对生产效率维度反馈环节的重视程度与行动，将有效提高低碳城市建设在生产效率维度的整体得分。

三、在生产效率维度提升低碳城市建设水平的政策建议

针对以上生产效率维度的低碳城市建设现状和问题的分析，提高生产效率维度的低碳城市建设水平的政策措施如下：

第一，加强技术创新，提高全要素生产率。技术创新是提升生产效率的重要内容，如通过数字化、智能化、"互联网＋"等技术创新的方式来促进生产前沿整体向外扩展，使在一定投入组合下能够实现更多产出，从而带动生产效率的提升，达到减排目的。同时，政府还应当完善技术创新的政策体系，为城市生产提供更好的公共基础设施、优化

资源配置、营造良好的科技创新氛围，加强对各类人才以及先进技术的引进和开发，从而提高城市全要素的生产效率，进而提升低碳建设水平。

第二，针对城市特征构建具有针对性的提升生产效率的措施。不同城市有不同的社会经济背景和自然特征，具有不同的发展定位，因此应根据城市自身特征，有选择性地重点加强不同行业的生产效率，通过编制专项规划、发布指导性文件等手段确定通过提升生产效率推进低碳建设的目标。例如，对于发展重心非能源行业的城市，应注重建筑、交通、居民等方面的生产效率提升；对于发展依赖能源行业的城市，应注重技术和产业转型，提高能源使用效率从而有效提升低碳城市建设水平。

第三，重点改进低碳城市建设中生产效率维度的反馈环节。低碳城市建设的五个环节形成闭环链从而有效推进低碳建设的水平提升。反馈环节的表现对于城市整体低碳表现具有推动作用。因此应在政府、市场与公众共同监督的基础上，健全奖励与惩罚措施，激励政府与企业主体持续提升生产效率，保持节能提效行动的动力。低碳建设过程中的检查环节作为反馈环节的前置行为，可以有效引导反馈行动的发生，因此应细化完善在生产效率维度的监督政策措施，督促节能精细化管理，加强对能源和节能形势统计监测，完善相关数据库，为生产效率维度的反馈环节提供良好的基础。

第五节　我国低碳城市建设水平在城市居民维度的分析及政策建议

一、样本城市在城市居民维度的低碳建设水平分析

在第五章的实证计算过程中发现，36 个样本城市在城市居民维度的低碳建设水平均值为 54.25，得分较低，远低于经济发展维度的低碳建设水平，但较能源结构维度、生产效率维度的低碳建设水平均值稍高。总之，样本城市在城市居民维度的低碳建设表现说明，在城市间倡导低碳生活方式有一定效果，但在城市居民维度的低碳建设还有很大的提升空间。

基于本书第五章第五节在城市居民维度的低碳建设水平实证诊断计算结果，样本城市在城市居民维度的低碳建设水平可用折线图 6.6 来表示。

（一）环节视角城市居民维度建设水平分析

从图 6.6 可以看出，所有样本城市在居民维度的五个低碳建设环节中得分结果整体表现较差，大部分城市得分在 60 分以下。然而，居民维度的规划环节得分较高，远远高于其他四个环节，这说明样本城市在"十四五"专项规划中对居民低碳生活方式有明确的目标和要求。再进一步结合第五章第五节表 5.5 中的具体数值来看，过程视角中的实施、检查、结果和反馈环节的样本城市平均分分别为 45.69、58.45、43.86、41.32，标准差为 18.65、22.61、12.25、20.80，表明样本城市在这四个环节不仅表现较差，城市间的表现

差异也很大。可见，在城市居民维度的低碳建设水平亟待提升，特别是在低碳生活消费的实施、检查、反馈环节需进一步加强。

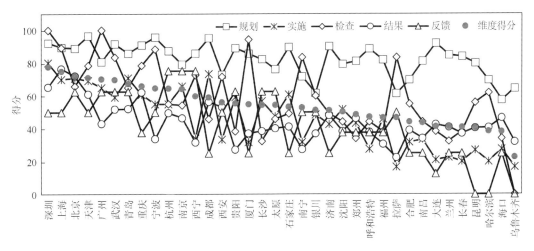

图 6.6　样本城市在城市居民维度的低碳建设水平得分分布图

另一方面，结合第四章第七节中城市居民维度各环节的具体得分变量值，可以看出样本城市在居民低碳消费方面的规划环节可以进一步加强，在实施环节中面向居民生活消费习惯低碳化的总体机制保障偏弱，但在检查环节中针对居民低碳居住、低碳出行、低碳消费的方面监督检查制度较为完善，因此检查环节的得分优于实施环节。可以看出，许多城市缺乏引导居民生活消费低碳化的总体制度框架，落实居民低碳生活消费的措施较为分散。在实施环节和检查环节的资源保障方面，政府公开资料显示，资金保障和人力保障都不足，技术保障则更多地只在实施环节有所作用，无法跟进检查环节。在反馈环节，无论是针对居民低碳生活消费习惯的奖励机制，还是政府部门对引导居民低碳生活消费习惯采取的创新优化方案，得分均较低，这一现象说明政府对跟进和反馈居民低碳生活消费的意识不足。在结果环节上，样本城市的数据结果显示引导居民低碳居住节能习惯的结果较好，但在居民低碳出行习惯、低碳消费习惯方面的结果表现都较差。上述这些现象说明，不同城市在居民维度的低碳建设过程的各环节存在各种短板效应。

（二）城市视角城市居民维度的低碳建设水平分析

从本书第五章的图 5.4 和本章图 6.6 中可以发现，在城市居民维度的低碳建设水平整体表现较低，样本城市间的低碳建设水平有明显的差异。城市居民维度低碳建设水平最高的城市为深圳，上海、北京紧随其后。通过对低碳城市建设的各环节剖析发现，深圳在规划、实施、检查、结果环节均有较好的表现。深圳作为经济特区、全国性经济中心城市、国际化城市、科技创新中心、区域金融中心、商贸物流中心，对城市居民维度低碳建设的政策推行有很好的示范作用。深圳市不仅率先试行整体推进居民低碳生活消费的碳普惠制度，出台《深圳市碳普惠管理办法》《深圳碳普惠体系建设工作方案》等政策文件，还分别出台有《深圳市居民低碳用电碳普惠方法学（试行）》《低碳社区评价指南》等指导性文件。在居民低碳生活消费的技术保障方面，深圳市积极构建居民低碳生活消费应用平台，引进专业技术人才运营维护，积极推广使用"低碳星球"小程序。总之，深圳市在城市居民维度形成了较为完善的低碳生活消费体系，为我国其他城市提供了较好的低碳建设经验。北京市在城市居民维度的实施、结果和反馈环节表现也比较好，上海市则在实施、检查和结果环节表现较好。北京市出台的《北京市"十四五"时期应对气候变化和节能规划》包括很多居民低碳生活消费内容，并在线上通过"绿色生活季"小程序、MaaS（Mobility as a Service，出行即服务）绿色出行及减排手册积极宣传和推行低碳生活消费，线下创新推出碳普惠超市，多措并举落实居民低碳生活消费。上海市颁布有《上海市2022年大气环境与应对气候变化工作计划》，并制定各种政策措施和管理办法，保证低碳生活的发展，如《上海市节能减排（应对气候变化）专项资金管理办法》、欧莱雅健康低碳专项基金等，助力低碳生活消费。

相对来说，城市居民维度低碳建设水平最差的三个城市为乌鲁木齐、海口和哈尔滨，得分分别为22.57分、38.02分、38.32分。乌鲁木齐市在城市居民维度的五个低碳建设环节的得分均不够好，检查、反馈环节为0分。乌鲁木齐市在居民低碳生活消费落实方面未有明确的制度保障与资源保障。海口市在城市居民维度的总体表现也很差，特别是在规划和检查环节最为薄弱，在实施和检查过程中的资源保障也比较弱。哈尔滨市则在城市居民维度的规划、实施和反馈环节表现较差，反馈环节得分为0。结合具体指标来看，哈尔滨市在推进居民低碳生活消费方面提供了相应资源保障，但其制度保障匮乏，且政府公开信息较少，没有关于低碳生活方面的信息反馈给公众。

从地理空间区域来看，位于我国东部地区的样本城市表现最好。排名前三的深圳、北京、上海均位于东部地区，根据国家统计局数据及各城市的第七次全国人口普查公报，这三个城市的人均受教育年限分别为11.86年、11.81年、12.64年，2021年人均可支配收入为70847元、82429元、81518元，均位于样本城市前列，居民受教育程度及收入水平较高，对低碳生活消费的认知较高，对低碳产品的消费能力也较强，有利于低碳消费生活的落实。

二、我国低碳城市建设过程在城市居民维度存在的问题分析

（一）居民低碳生活消费落实检查难

由样本城市在居民维度的规划、实施与检查环节的低碳建设水平值不难发现，政府部门已经开始重视并积极推行居民低碳生活消费，但是推行力度仍不足。节能生活和绿色消费观念对于公众而言并不陌生，然而引导居民从传统的生活消费习惯转变为低碳生活消费形态，不仅是一个思维转变过程，也是一个漫长的管理过程。当前，相关政府部门对居民低碳生活消费的推行方式大多停留在宣传和知识普及方面，对碳普惠制度完善、资源保障投入等方方面面推行的力度还不足，这些宣传方式虽对居民的低碳意识提升有效果，但难以检查居民低碳生活消费的实际效果。

（二）居民参与低碳生活消费意愿弱

根据样本城市在居民维度的结果方面的表现，居民参与低碳生活消费的效果并不明显，有待提高，尤其是在低碳消费方面，居民缺乏成熟的参与环境和多样的参与渠道，对参与低碳生活消费缺乏兴趣。具体表现为以下问题：①推动低碳生活消费的资金来源有限。我国城市居民低碳生活消费建设主要靠政府的财政投入，社会资本的参与意愿不强，缺少市场力量的推动，低碳绿色消费产品生产和市场不够成熟，居民低碳生活消费参与平台良莠不齐，导致居民参与低碳生活途径少，积极性和参与意愿无法被调动和落实。②政府在绿色低碳产品的市场规范、法律法规、扶持政策等方面缺位，无法适应低碳产品的生产和流通需要，进而影响居民的低碳居住出行活动。③绿色低碳产品的生产需要企业增大节能减排支出，成本的增加导致低碳商品价格增高，而居民的消费能力还比较弱，导致其购买意愿也较弱，对低碳生活消费缺乏兴趣。

（三）对居民低碳生活消费行为缺乏激励措施

本书中，36 个样本城市在反馈环节的表现总体上最差，政府在居民低碳生活消费方面缺乏总结、反馈和实质性激励措施，多数停留在低碳宣传鼓励层面。具体有如下问题：①很多城市并无碳普惠的落实途径，有些城市的碳普惠制激励措施效果有限，"碳积分"应用范围小，变现居民的低碳生活消费行为的措施单一，无法使居民直接感受到低碳生活消费带来的好处，从而无法调动居民的低碳生活消费热情。②政府缺乏对居民低碳生活消费的总结，导致无法检验已有的居民低碳生活消费措施是否有效，从而缺乏确定下一阶段目标及行动方案的依凭。

三、在城市居民维度提升低碳城市建设水平的政策建议

（一）引导居民低碳生活消费偏好

本书通过第五章的实证诊断计算发现我国多个城市在低碳居住方面表现较好，在低碳出行、低碳消费方面表现明显较差。推行居民低碳生活方式，既需要政府的强力推动，更需要全社会配合，以引导城市居民低碳生活消费偏好。具体引导措施如下。

（1）城市有关生态环境部门应该联合街道、乡镇，跟进低碳社区创建，确保垃圾分类、节能节电深入人心，巩固已有的低碳居住成果。

（2）城市相关部门应积极响应交通运输部、国家发展改革委提出的绿色出行创建行动。城市交通运输部门可牵头继续完善包含公共交通、轨道交通、快速公交、行人过街设施、步行与自行车、绿道等的绿色交通体系的规划和建设，并增强交通网络连通性。同时，在新能源汽车购置、充电桩等配套设施上加强资金保障，制定相应行动方案，推动全社会新能源汽车的比例提升。

（3）城市在低碳消费方面的着力点应贯穿低碳产品的生产到废弃全生命期过程。在低碳产品的生产和市场流通方面加强制度保障，探索完善绿色低碳认证管理等方面的制度，制定鼓励性的低碳产品生产政策制度，规范低碳消费市场秩序，加大对滥用认证标志的惩处力度，使真正的绿色低碳产品得到更多人的认同和信任。在低碳产品的交易环节，构建低碳产品奖励机制和成本分摊机制，寻求合理定价，避免过高定价打击居民消费意愿，并结合线上线下营造低碳消费场景和新业态。对于低碳节能产品也应予以适当补贴和税收减免，最大限度地激发全社会低碳消费的热情。同时，积极打造专业化、数字化的废旧物资循环利用体系，实现低碳产品"全生命周期"管理。

（4）应进一步拓展低碳生活消费宣传教育的广度和深度，与企业、学校、社会组织等各方广泛合作，从而带动全社会绿色低碳意识的提升。

（二）完善碳普惠制度建设

本书在对样本城市的低碳建设水平实证诊断中发现目前碳普惠制在大多数样本城市仍处于探索阶段，尚未推广应用，甚至有的城市推行碳普惠制有始无终。随着"互联网＋"、移动 App、移动支付等新技术应用的涌现，应尽快选择一批样本城市开展碳普惠制试点工作，并对试点中出现的问题及时进行纠正和优化，为全国性的碳普惠制应用积累经验，从而实现全民低碳生活消费。具体建议措施如下。

（1）城市政府主管部门应结合客观实际情况以及节能减排目标，联合权威科学机构，构建低碳居住、低碳出行、低碳消费的行为清单，并依据后续碳普惠制的运行情况、工作需要及技术条件的变化，及时调整纳入碳普惠制的行为清单。

（2）借鉴碳排放权交易方法的相关经验，政府主管部门可联合线上交易平台、网约车平台、交通卡公司等相关单位，综合运用各种数字技术，建立将碳普惠制行为清单上的低碳行为量化核算的方法并积极推广应用。

（3）政府部门可考虑成立专门的碳排放交易机构，依据往年低碳行为的减碳量来控制碳积分总量，严格控制兑换比率，在保证居民碳减排效果的同时防止碳积分贬值。在社会面上，构建全面的碳积分流通机制，扩大碳积分的商品兑换范围，不局限于少数商品，让居民用碳积分可以"买"到更多的商品。

（4）政府主管部门应联合科技公司，为居民提供线上线下双渠道参与碳普惠交易，线上平台应根据实际情况及时运营优化，线下可通过碳普惠超市等方式推进，同时做好宣传工作，吸引更多居民参与，避免出现碳普惠"僵尸网站""僵尸App"等情况。

（三）建立低碳生活消费政绩观

本书实证分析过程中发现城市部门对居民低碳生活消费现状缺乏相应总结，缺乏有效的考核机制及反馈路径，低碳社区、居民低碳出行等优秀成果未得到充分宣传。针对这一情况，各城市部门应重视居民减碳这一重要维度，将宣传居民低碳生活消费优秀成果的工作指标化并纳入政绩考核机制，避免政府忽略居民行为这一重要低碳城市建设途径。对负责推进居民低碳生活消费工作的责任部门，对其任务完成情况以及政策措施实施的效果开展跟踪分析和评估，发布相关报告，鼓励多元化方式推动居民低碳生活消费，不仅局限于在全国低碳日、世界环境日等特殊时间开展宣传活动。

第六节 我国低碳城市建设水平在水域碳汇维度的分析及政策建议

一、样本城市在水域碳汇维度的低碳建设水平分析

本书第五章的第六节中的实证计算结果显示，36 个样本城市在水域碳汇维度的平均得分为 57.07 分，在低碳城市建设的八个维度中仅低于经济发展维度和绿地碳汇维度，这表明我国城市在水域碳汇维度的总体低碳建设水平较高。从水域碳汇维度的不同过程环节来看（见图 6.7），实施环节的得分相对较高，而结果与反馈环节的得分较低，这表明我国城市在水域碳汇建设过程中，更注重对实施过程中的资源投入，但是缺乏反馈环节的有效措施，因而影响水域碳汇水平进一步的提升，导致最终水域碳汇的结果表现受到制约。例如，杭州作为水域碳汇维度得分最高的样本城市，在实施环节的得分高达 95.83 分，但在反馈环节仅 50.00 分；类似的城市还有青岛，在实施环节的表现高达 86.67 分，但反馈环节仅 43.33 分。

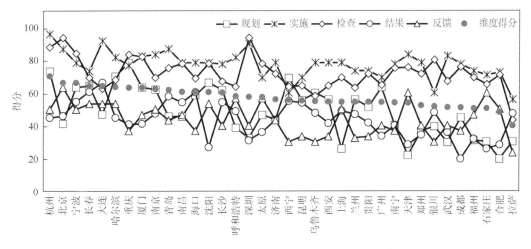

图 6.7 样本城市在水域碳汇维度的低碳建设水平得分分布图

从城市层面而言，不同城市在水域碳汇维度的表现存在较大的差异性，其变异系数较高。东部地区的城市相比于内陆和西部地区的城市，在水域碳汇维度的低碳建设得分表现较好；行政或经济地位较高的城市，例如北京（首都）、重庆（直辖市）、宁波（计划单列市）等也具备较好的水域碳汇表现。

为了提升我国城市在水域碳汇维度的低碳建设水平，有必要对存在的问题进行提炼

和剖析，并通过总结不同城市在水域碳汇维度中的实践经验，提出相关政策建议，为进一步提升我国城市水域碳汇水平提供支撑。

二、我国城市在水域碳汇建设过程存在的问题

城市在水域碳汇维度的低碳建设过程与结果会受到城市自然资源禀赋、政策力度、资源投入和行政管理等因素综合影响。总体上，样本城市在水域碳汇维度的低碳城市建设过程中呈现出"环节表现不均衡""城市水平差异大"的问题。

导致上述问题的原因主要有两点：一是不同城市的自然水域资源禀赋差异巨大；二是不同城市之间对水域碳汇维度的建设力度与管理模式差异较大。从自然资源的角度可知，东部城市由于拥有丰富的水资源，在"人均水域面积"这一得分变量中更占有明显优势，这些城市相对容易开展水域面积提升与保护的建设工作；沿海地区城市由于具备大量浅海滩涂的自然优势，相比于以河流湖泊为主体的内陆地区城市，在单位水域面积上拥有更大的固碳能力。

从建设管理的角度而言，行政级别较高或者经济水平较发达的城市，在水域碳汇维度的建设过程中可以投入更多的人力、资金与技术等资源，同时也具备更加完善的政策、法规以及行政制度，因而可以在一定程度上有效地克服自然水域资源禀赋不足的劣势。例如，尽管北京没有自然水域资源禀赋的优势，但北京在水域碳汇维度结果环节上的得分达到了全国平均水平，特别是在实施环节和检查环节的得分高达 86.67 分和 93.75 分，反馈环节的得分也远比全国平均水平高。因此北京在水域碳汇维度的低碳建设水平相对较高，在所有样本城市中排名第二。而拉萨具有较好的自然水域资源，在结果环节的得分高于全国平均水平，但由于在规划、实施、检查和反馈环节均处于较低水平，导致拉萨在水域碳汇维度的总体水平相对较低。

三、在水域碳汇维度提升低碳城市建设水平的政策建议

（一）提升水域碳汇维度各环节的低碳建设水平

对于水资源欠缺的城市，可以通过优化规划方案和提升规划的科学性，从而完善水域碳汇维度建设的管理环节。许多城市仍然缺乏针对水域建设和湿地保护的规划性文件，或者只出台了与水域保护相关的"生态环境"类规划，缺乏从碳汇能力视角编制的水域规划文件，在一定程度上限制了水域碳汇能力的提升。在水域碳汇的实施环节，通过投入充分的资金、人力以及技术资源以支持开展水环境质量改善的研究和应用，并在政府网站上公开透明地展示资金使用情况，确保水域碳汇维度的低碳城市建设顺利实施。在水域碳汇的检查环节，应完善相关规章制度，开展严格的监督行动，提供充分的资金、人力和技术资源。在水域碳汇的反馈环节，应及时对水域建设相关工作开展荣誉表彰与绩效评定工作，对水域保护和建设过程中出现的问题进行针对性的处罚，积极举办年度工作总结。

（二）完善水域建设和保护的立法与管理工作，确保相关政策的有效性

政府应该将水域碳汇维度的低碳建设积极纳入立法计划，保证在水域碳汇的建设、发展、监督和维护等环节有法可依。完善的法律体系是确保其最大程度发挥固碳能力的前提。相关已颁布的法律文件，例如《环境保护法》《水土保持法》《渔业法》《海洋环境保护法》等，为制定水域碳汇能力建设法规等提供了重要的资料。

（三）增加水域生态补偿等资源投入，加强对社会面的水域保护宣传工作

开展生态补偿是保护和改善水域生态环境的关键措施。要建立"政府牵头、市场主体、社会参与"的全方位生态补偿机制，通过加大人力、资金和技术等资源的投入力度，灵活有效地对已侵占水域进行有效清退。此外，需加强水域保护的宣传工作，积极提升我国城市的水域保护率，加深社会群体对水域保护和水域固碳的科学认识。

（四）加强水域碳汇建设的后期管理工作，全面提升水域固碳功能

城市水域建设和保护项目开展后的检查与反馈工作是水域碳汇建设管理过程中不可或缺的环节，有效的检查与反馈不仅有利于及时发现和弥补前期水域碳汇建设相关工作中存在的不足，还可以对后期开展相关工作提供有效指引。不同城市应该根据自身特征进一步完善水域碳汇建设与生态修复的审核与监督机制，引导水域管理部门或经营的主体开展总结与反馈工作，从而改善和提升水域固碳能力。

第七节　我国低碳城市建设水平在森林碳汇维度的分析及政策建议

一、样本城市在森林碳汇维度的低碳建设水平分析

本书第五章中第七节与第十节的数据分别显示，样本城市在森林碳汇维度的低碳建设水平平均得分为 41.80 分，大部分样本城市的得分低于 50 分，整体表现不佳，处于八个低碳城市建设维度中的第七名，属于我国低碳城市建设的薄弱维度，明显落后于经济发展、绿地碳汇等维度的表现。

依据第五章第七节的计算结果，样本城市在森林碳汇维度的各环节低碳建设水平得分情况可以用图 6.8 展示，从图中可以看出，各城市在森林碳汇建设过程中五个环节上的得分不均衡，以及样本城市之间的森林碳汇建设水平存在明显差异。

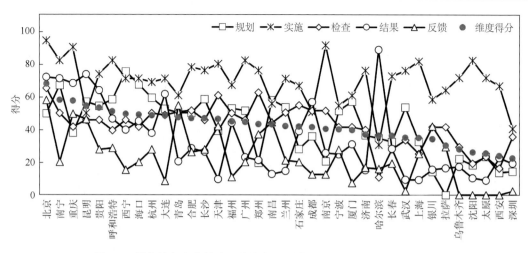

图6.8　样本城市在森林碳汇维度各环节的低碳建设水平得分分布图

（一）环节视角下森林碳汇维度的低碳建设水平分析

如图6.8，样本城市在森林碳汇维度五个环节的整体表现较差，除了在实施环节有较好的表现外，大部分样本城市在森林碳汇维度的规划、检查、结果和反馈四个环节的得分均不足60分，表现较差，这表明我国城市没有同等重视森林碳汇建设过程中的五个环节，缺乏对森林碳汇建设进行过程管理的意识与方法。

在森林碳汇的实施环节上，80%的样本城市得分超过60分，有25%的城市得分超过80分，这表明我国城市在落实森林碳汇的规划方案上，有较高的重视度与良好的实施方法。国家近年大力推行的市区（县）镇村四级林长制，为落实森林碳汇的规划提供了强有力的人力资源保障，各样本城市在"人力资源保障程度"这个得分变量上均为满分。本书中的调查数据显示，大部分城市的林业局一方面积极打造线上线下双渠道的政务服务平台，将涉及林业碳汇的相关业务积极纳入其中；另一方面为森林面积与质量的提升、防灾减灾等各项工作提供专项资金，这些行为推动了森林碳汇规划的落实。但同时也需注意到，在实施环节的"技术条件保障"这个得分变量上，样本城市的平均分不足50分，未来需要进一步应用智慧林业尤其是林业碳汇计量监测体系等技术，以保障森林碳汇实施环节具备有力的技术支撑。

反馈环节是样本城市在森林碳汇维度表现最差的环节，75%的城市在此环节的得分不足30分，反映了我国城市普遍不重视对森林碳汇建设进行阶段性总结以及制定进一步提升的措施。在反馈环节的得分变量中，各样本城市在"基于绩效考核对政府相关部门的处罚"与"林业相关协会的总结与提升方案"这两方面的工作均无数据显示，表明我国城市对公开森林碳汇反馈工作相关信息的重视度不足，进而影响了反馈环节的表现。

对于森林碳汇的其他三个环节，样本城市的表现也较差，尤其是在检查环节的"相关规章制度的完善程度"与"专项资金投入力度"这两个得分变量上，大量样本城市没有相关数据，表明我国城市对森林碳汇建设的落实情况缺乏监督和规章制度支撑，难以保证森林碳汇的建设和发展。

（二）城市视角下森林碳汇维度的低碳建设水平分析

各样本城市的森林碳汇建设水平平均得分为 41.80 分，但标准差为 9.99 分，表明我国森林碳汇建设水平在城市间存在差异，具有空间异质性。结合第五章第七节图 5.6 所示的城市地理区位可知，这种空间异质性在同一区域内表现得相对显著，并且各区域内森林碳汇建设水平较差的城市既包括上海、深圳等经济高度发达的城市，也包括太原、沈阳等经济发展水平相对普通的城市，表明我国城市之间的森林碳汇建设水平差异并非由经济社会发展水平决定，反而受城市自身的发展战略及森林建设管理方法的影响很大。

从诊断的结果中可以看出，在所有样本城市中，北京市的森林碳汇建设水平最高，在五个森林碳汇建设环节上的表现相对均衡。尤其是在各样本城市整体表现最差的反馈环节，北京市林业管理部门清晰公示了在森林碳汇方面对社会主体的奖惩措施和实施结果、对政府部门的奖励措施和实施结果，以及政府内部关于森林碳汇建设的总结，这些措施使得其在反馈环节的得分远高于大多数样本城市。但也值得注意的是，北京市森林碳汇的规划环节表现水平在样本城市间处于中等，主要是因为其森林碳汇规划对森林面积的保护与提升计划得不够详细，且规划文本没有阐述主要林业工程的落实计划。北京市的经验表明，森林碳汇建设的每个环节对整体水平都有重要影响，需给予同等重视。

另一方面，诊断结果显示深圳市的森林碳汇建设水平是所有样本城市中最低者，在五个森林碳汇建设环节上的表现明显失衡。其在反馈环节的表现尤为不佳，除却深圳市自然资源部门在年度工作总结中提到了对森林碳汇建设工作的回顾外，深圳市无其他任何数据，表明深圳市基本未针对森林碳汇建设进行有效翔实的阶段总结。在大部分样本城市表现较好的森林碳汇实施环节，深圳市的表现也明显落后。数据反映一方面深圳未将有关森林碳汇的业务纳入电子政务平台，另一方面也缺乏落实森林碳汇规划的专项资金与技术支撑，这些都影响了深圳在实施环节的建设水平，表明其不能有效地实施森林碳汇规划内容。

二、我国城市在森林碳汇建设过程中存在的问题分析

（一）城市在森林碳汇维度的低碳建设整体水平不佳

通过对样本城市的实证分析可以发现，我国城市在森林碳汇维度的低碳建设水平平均得分低于 60 分，整体的森林碳汇建设水平较差。这种现象主要成因一是我国传统的林业发展规划对提升森林碳汇功能这一目标的重视度不足，二是我国林业管理与经营方对森林碳汇水平提升的主要机理缺乏深入认知。虽然本书中，所有样本城市的林业发展规划都提出在"双碳"目标背景下，提升林业碳汇水平的必要性，但均未阐述相关计划与安排。绝大部分样本城市只对提升森林面积或覆盖率有定量的详细目标与配套的实施及检查体系，诸如抚育森林、改造低效林、防治森林火灾与病虫害等可以

增加森林净生产力，从而提升森林固碳量的措施基本属于定性的粗略目标，缺乏相关实施与检查环节。

（二）我国城市缺乏有效的森林碳汇建设过程管理

样本城市在森林碳汇的五个环节的平均得分依次为：实施（69.47 分）＞检查（41.96 分）＞规划（41.42 分）＞结果（33.58 分）＞反馈（22.59 分），清晰显示了我国城市在建设森林碳汇时整体的过程水平很差，没有充分运用过程管理的理论及方法，轻视规划与检查环节，忽视反馈环节。这种现象反映了我国城市目前的森林碳汇建设存在目标导向不清、资源盲目投入的问题，导致结果不尽如人意、事倍功半、投入产出失衡的不利局面。特别是，缺乏针对建设森林碳汇过程的反馈机制与方法，使得反馈环节纠偏的作用无法得到有效发挥，进而使得事倍功半这种现象反复发生，导致城市的森林碳汇建设水平一直无法提升。

（三）城市间的森林碳汇建设缺乏相互协作

由于受到自身定位、发展战略与管理的影响，我国同区域内有些城市的森林碳汇建设水平明显低于拥有相同自然条件的周边城市。对于这些森林碳汇建设水平低的城市，除却在协调自身资源建设森林碳汇方面不足外，或许还存在未与周边城市积极合作的问题，目前关于构建区域间的林业碳汇期货交易市场、林业碳汇金融体系、林业碳汇产品交易规章制度等城市协作措施尚未在我国城市得到大力实施，同区域内的城市对于协同减排的关注度大于协同增汇。这种现象使得森林固碳这种自然过程被城市物理边界人为割裂，城市之间无法在森林碳汇建设上形成合力，不利于我国整体的森林碳汇建设水平提升。

三、在森林碳汇维度提升低碳城市建设水平的政策建议

碳达峰、碳中和背景下的碳汇建设会愈加重要，森林作为陆地生态系统最大的碳汇，建设和提升森林碳汇维度的低碳城市建设水平意义重大。为此，本小节依据我国森林碳汇建设水平目前呈现出的三个问题制定对应的森林碳汇建设策略。

（一）深化对森林固碳原理的认知，推动森林碳汇建设

巩固并增强森林的固碳效应本质上是保护并提升植被的生理功能。传统上因缺乏对植被生理过程的认知，或者说对森林固碳原理的认知，使得诸多可以增加森林净生产力的措施在我国城市林业规划过程中不能得到重视，从而无法得到相应的实施、检查与反馈措施，进一步导致森林碳汇建设因内容不明而无法成为系统工程，只能把森林碳汇规划的内容零碎散落在林业规划与建设的其他工作中。

为了全面提升我国城市的森林碳汇建设水平，首先需要在城市未来的林业发展规划中更加重视森林碳汇建设，将其作为系统工程，制定详细的目标与行动方案；其二，要深化城市林业主管、建设、经营方和其他相关社会主体在森林碳汇水平提升机理方面的认知，从而保证构建和应用的森林碳汇建设措施对森林碳汇水平的提升有效而且操作性强。

（二）提升对森林碳汇建设过程的管理水平

提升森林碳汇建设水平是一个复杂的系统工程，兼具长期性，需要运用过程管理理论，完整执行"规划—实施—检查—结果—反馈"这一闭环流程的所有环节，其中任何一个环节的执行度不足均会阻碍森林碳汇建设水平的提升。必须转变传统上只重实施、轻规划与检查、忽视反馈的工作方式，强调森林碳汇建设的过程管理意识与各环节同等重要的观念，增强"规划—实施—检查—结果—反馈"这一闭环流程中各环节的表现水平。尤其是，在规划环节需要提升对森林质量保护规划的详细程度，在实施环节需要提升对林业碳汇计量监测系统等新技术的应用，在检查环节需要设立为落实森林碳汇监督工作的专项资金，在结果环节需要提升对森林蓄积量、植被碳储量的关注度，在反馈环节需要积极推行各类工作的信息公开。通过这些措施确保森林碳汇建设水平可以通过不断迭代合理的建设过程持续提高。

（三）推行区域协同式的森林碳汇建设，提升全国整体的森林碳汇建设水平

城市的资源始终是有限的，不同城市的定位与发展战略必然导致不同城市间存在资源分配的差异，因此，强求所有的城市都以同样的方式提升森林碳汇建设水平是不合理的。再有，森林的固碳效应本身就存在着正外部性，森林内的植被可吸收周围二氧化碳的范围并不受城市行政边界的制约，森林碳汇建设水平高的城市本身就为其周边区域的碳中和做出了贡献。因此，我国各个区域内的城市间需要积极推行区域协同式的森林碳汇建设，促使自身定位不利于森林碳汇建设的城市与高森林碳汇建设水平的城市之间通力合作，从而提升全国整体的森林碳汇水平。

第八节　我国低碳城市建设水平在绿地碳汇维度的分析

一、样本城市在绿地碳汇维度的低碳建设水平分析

（一）环节视角下的绿地碳汇水平现状分析

基于本书第五章第八节绿地碳汇维度的低碳建设水平诊断计算结果，实证分析中的样本城市在绿地碳汇维度的低碳城市建设水平可用折线图6.9来表示。

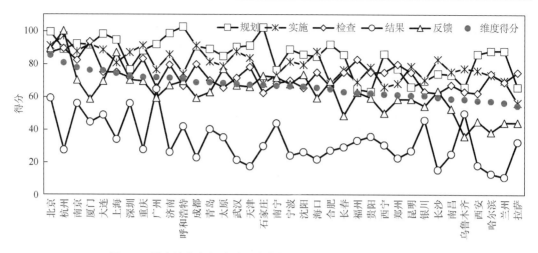

图 6.9　样本城市在绿地碳汇维度低碳城市建设水平得分分布图

如图 6.9 所示，绿地碳汇维度的五个低碳建设环节得分结果整体表现较好，规划、实施、检查、反馈这四个环节整体波动较小，而结果环节整体表现相对较差，得分普遍小于 60 分，且得分波动较大。这反映了我国对提升城市绿地碳汇水平的重视程度较高，将绿地碳汇水平提升贯穿于城市建设管理的整个过程中，但实践结果水平低于计划水平。

在绿地碳汇维度各个环节中，规划环节的得分表现最好，大部分城市在规划阶段的得分处于 80~100 分的区间范围，均高于其他四个环节。这反映了我国城市大多非常重视绿地碳汇相关的规划，把重塑绿色生态要素格局作为提升绿地碳汇水平的主要发展策略。结果环节上的得分在样本城市间整体波动幅度较大，这种差距与各个样本城市间自然禀赋的特征差异相吻合，反映了绿地面积与绿地质量对绿地碳汇能力提升的正向影响关系。在低碳城市建设过程中，绿地规划和实施环节之间表现差距较小，波动频率、幅度较为一致，表明了我国城市在绿地碳汇维度的低碳城市建设实施过程中对于顶层规划和落实比较重视，且有较好的表现水平。然而在检查环节的表现较差，体现了我国城市对于绿地碳汇维度检查环节重视程度不够，缺乏相关资源和机制支持。另一方面，在绿地碳汇维度的反馈环节中，城市间得分差距较大，部分城市缺乏相关总结方案以及缺乏对绿地碳汇水平的考核和评估，出现了"有路无门"的现象。

（二）城市视角下绿地碳汇水平现状分析

根据第五章第十节样本城市低碳建设水平诊断结果可知，样本城市中的绿地碳汇水平整体较好，最高分为北京（84.99 分），最低分为拉萨（54.65 分），北京、杭州、厦门、海口这四个城市在绿地碳汇维度得分高于其他维度。但总体上我国城市绿地碳汇水平仍有提升空间，"双碳"目标背景下，可适当调整其城市定位，对绿地碳汇的建设给予重视。当然，有的城市不太具备开展绿地碳汇建设的条件，以太原市为例，其在经济发展、能源结构以及城市居民维度的低碳建设水平表现较好，这个城市是以能源、重化工为主的工业基地，城市生态要素占比较小，导致其在城市绿地碳汇建设方面表现欠佳。

北京市的绿地碳汇水平是得分最高的样本城市，其在各个环节都远高于平均分，北京不仅出台了绿地系统相关规划，北京市园林局还针对"双碳"背景下城市绿地空间发展提出了相应的实施方案，设立了涉及绿地、水域、森林等多种生态要素的智慧监测平台，以保障城市绿色生态系统的稳定性。与之相比，在绿地碳汇维度排名较后的样本城市主要体现出以下特点：经济发展水平较低、绿地生态要素占比较少、绿地碳汇相关实施方案不具体以及缺乏绿地碳汇建设的相关监测手段。

二、我国低碳城市建设过程中在绿地碳汇维度存在的问题分析

通过对我国低碳城市建设过程中在绿地碳汇维度现状的分析，发现以下三点绿地碳汇维度存在的典型问题。

（一）城市间生态需求差异大，规划落实缺乏指导

绿地碳汇维度的规划环节在五个环节中的得分最高，但各个样本城市的得分差距较大。一方面是因为高度城市化经济发达的城市有着追求实现绿化生态建设的目标，有强烈的改善人居环境品质的需求；而经济发展较为滞后的城市，传统上经济发展需求高于绿色生态需求。另一方面，城市生态建设和园林绿化管理部门，对如何贯彻落实绿色生态规划还缺乏指导，对城市园林绿化碳汇能力建设的发展路径尚不明确。在低碳城市建设的实证诊断过程中发现，绿地碳汇的实施环节得分仅次于规划环节，整体波动幅度较小，在各个样本城市之间实施的差异主要取决于在低碳城市建设过程中是否有相关机制与资源保障措施。不仅要重视规划，对其他环节应给予同等重视。

（二）缺乏专项法规支撑，监督管理部门冗杂

图 6.9 显示，绿地碳汇的检查环节表现在城市间波动频率和浮动较大。在我国现行的法规体系中，与提升绿地碳汇能力相关的内容被分散在《城乡规划法》《环境保护法》《森林法》《城市绿化条例》等单行法中，关于城市园林绿化碳汇能力的建设无专门法律支撑，从而导致不同城市采取不同的监督和检查措施。为切实加强城市园林绿化碳汇能力建设的检查环节，须加强组织领导、明确职责分工、完善协调机制。此外，结果环节在五个环节中的得分相对最低，说明了样本城市对绿地碳汇能力的建设做出了巨大努力，但实践成果并非很好，主要是因为城市的绿地碳汇能力受到多方面因素影响，包括城市定位、城市规模、绿地面积、植被覆盖度等，所以结果环节的表现与其他环节相比较差。同样地，绿地碳汇的反馈环节得分较低的主要原因在于园林绿化协会及相关主体缺乏对绿地碳汇建设过程的总结，一方面是因为城市园林绿化涵盖城市绿地、城市森林、水域湿地等多类生态空间，涉及绿化、林业、水务、住建、农业等多个管理部门，导致难以形成跨部门的绿地碳汇能力总结，另一方面，有些样本城市仅有省级园林绿化协会，并未设立城市级园林绿化协会，且未在线上公布其动态，导致部分样本城市反馈环节得分较低。

（三）自然禀赋条件差异明显，城市偏科现象严重

根据第五章第十节中对样本城市低碳建设水平总体诊断评估的情况可以看出，各个样本城市绿地碳汇维度的综合得分普遍较高，主要与城市自然禀赋条件及绿地建设的落实程度相关。绿色自然禀赋优越且低碳建设各环节落实程度高的城市综合得分高，反之亦然。绿地系统作为生态系统中的重要组成部分，绿地系统相关规划是城市规划的重要组成部分。自然禀赋优良的城市，在资金、技术以及人力方面能够更好地落实绿地系统的相关规划，促进碳汇水平的提升。而自然禀赋较差的城市为了满足经济发展的需求，可能会牺牲部分生态空间（如绿地、水域等）用以发展经济，导致碳汇水平降低。

另一方面，通过对比不同样本城市碳源碳汇视角下的具体得分可以发现，城市间在碳源和碳汇的表现存在较大差异。有些城市虽然综合得分不高，但是在碳汇视角表现尤为突出，可能是由于自身限制性因素导致其部分维度得分较差，呈现出"木桶效应"，例如呼和浩特的低碳城市建设总排名25，碳源视角下排名30，但在碳汇视角下排名第6，其在绿地碳汇维度排名11。呼和浩特作为国家森林城市，其自然资源条件优良，于2019年建成区绿化覆盖率已达到39.8%，所以在碳汇视角下排名较高；但由于其常住人口规模基数小，地区生产总值较小，能源结构、经济发展与城市居民维度的表现较差，导致其碳源视角下排名较低。

三、在绿地碳汇维度提升低碳城市建设水平的政策措施

基于优化城市绿化空间，完善绿地生态系统，提升绿地碳汇水平和实现城市低碳可持续发展目标，从规划、建设实施和反馈监督这三个层面提出以下政策建议。

（一）规划层面——多层级、网络化的绿地空间体系

在"多规合一"国土空间规划体系下，合理优化城市绿地空间格局能够有效提升绿地碳汇能力。基于践行"公园城市"发展理念，在规划中进一步提升城市人均公园绿地面积和绿地覆盖率。同时，依托现有城市生态要素，打通城市生态和通风廊道，建设多层级、多类型廊道和绿道体系，构建多层次、网络化、功能复合的城市绿色生态空间体系，从而提升绿地碳汇能力。

（二）建设实施层面——多层级、多类型绿地碳汇建设

根据城市自身特征，建设多层级、多类型城乡公园体系、廊道体系以及绿道体系，梳理可用于生态修复和园林绿化的土地资源，对城市受损山体、水体和废弃地等进行科学"复绿"，从而提升城市的绿地碳汇能力。由于城市生态空间拓展受限，要充分利用城

市困难用地、边角地、房前屋后等适宜"见缝插绿"的有限空间,因地制宜地增加园林绿化面积,提升城市绿化覆盖率。

另一方面,要提升园林绿化质量,以增强绿地碳汇能力。在实施园林绿化项目时,因地制宜,科学筛选适宜的园林绿化树种、合理设计栽植树种。针对已建的低质、低效园林绿化景观,采取措施进行更新和优化其群落结构和养护管理方式,提升其城市绿地质量和绿地碳汇水平。同时利用园林绿化废弃物和湿垃圾资源化产物改良土壤、增加土壤碳固持能力,实现减源、增汇并举。

(三)反馈监督层面——完善计量监测体系

在反馈监督层面,应完善计量监测体系,提高科技支撑能力以提升城市绿地碳汇水平。应根据城市绿地空间的类型、等级、结构和养护管理水平等,进行相关参数的监测和数据收集分析。精确的量化监测有助于分析城市绿地碳汇能力,并通过剖析城市以及绿化植物的生理生态特征,识别碳汇能力提升的关键环节和提出针对性的策略。另一方面,应开展绿地增汇减源的关键技术攻关和适配集成研究,形成成套化的绿地增汇减排技术体系和操作指南,加强城市园林绿化在实现城市碳中和目标中的科技支撑能力。

第九节 我国低碳城市建设水平在低碳技术维度的分析及政策建议

一、样本城市在低碳技术维度的建设水平分析

据第五章第九节表 5.10 所示,在低碳技术维度的建设水平得分最高的样本城市是北京、重庆、上海、南京、成都和深圳等,其原因主要有以下几点:

(1)行政级别高。我国四座直辖市,北京、天津、上海、重庆在低碳技术维度的建设水平得分分别排名第一、第八、第三和第二,均名列前茅。根据中心-外围理论(centre-periphery theory),行政级别较高的城市通常承担政治、经济、文化、交通、科技等多项城市职能,在制定和执行政策时更具效率。同时这些城市可以充分利用自身的行政优势制定政策,也可以提供更多的税收优惠和财政补贴,以增加创新投资,促进低碳技术的发展。另一方面,与其他城市相比,行政级别高、经济发达的城市,其高校的数量和水平也有明显的优势。例如北京拥有 90 余所本科和专科高校,其中 34 所双一流高校,占全国双一流高校总数的 23%。高校是绿色专利申请的主要来源,高校数量和水平的差距与城市间的技术专利数量差距有密切关系。因此,行政级别越高的样本城市在低碳技术维度的建设水平越高。

(2)经济基础佳。在低碳技术维度建设水平高的城市经济基础都比较好。这些城市出于生态文明的建设和可持续发展的目的,对低碳技术有更多实际需求。北京、重庆、

上海、南京、成都和深圳等城市的经济水平在 2021 年的 GDP 均位于我国城市的前十名。经济发展水平越高的城市，在低碳技术上可投入的资金相对越多。例如，根据《关于发布上海市 2021 年度"科技创新行动计划"科技支撑碳达峰碳中和专项（第一批）项目申报指南的通知》，上海市为 39 个碳达峰科技项目累计资助高达 7700 万元，而南京的单个相关项目拨款金额最高可达 1000 万元（南京市《关于碳达峰碳中和科技创新专项的实施细则》）。相比之下，其他经济基础较差的城市，或未设立低碳技术专项资金，或资助额度会远低于这些经济基础较好的城市。

（3）集聚优势。集聚是促进创新的重要力量。由于我国城市间的发展梯度落差，发展低碳技术所需的人才、资本和创新载体会由中小城市向中心城市转移，最终形成集聚效应。集聚效应导致知识与资源的共享以及一体化的市场形态，能降低交换创新资源的交易成本，便于创新成果的转化应用，从而提高低碳技术研发和应用能力，提高低碳技术创新的效率。北京、重庆、上海、南京、成都和深圳等这些经济发达的城市往往能提供优越的科研设施和条件，可以吸引周边地区城市的人才和相关科技资源聚集在该地区。这些城市的外来人口占比非常高，不断注入的"人才血液"为这些城市的低碳技术发展提供了强有力的人力资源保障。

（4）政策支持。我国政府出台了一系列为了减少碳排放、达成碳中和的政策，如碳交易市场政策和低碳试点政策。这些政策大多还处于试点阶段，这些在低碳技术维度建设水平较高的城市大多属于低碳试点城市。开展低碳试点工作的城市能得到政策上的扶持，往往能基于试点政策提出行动目标、重点任务和具体措施，调整和优化节能减排和低碳产业的发展体制，设置有效的政府引导和经济激励政策，从而推动低碳科技发展，在低碳技术维度的各环节上取得较好的表现。

然而，从第五章第九节中的表 5.10 也可看出，绝大部分城市在低碳技术维度的建设水平是较低的，尤其是拉萨、乌鲁木齐、西宁、太原、海口等城市，这些城市的经济基础和集聚效应等方面水平都较低。但也有一些城市如广州、宁波，它们的行政级别不低、经济基础不差，有一定集聚优势和政策支持，却在低碳技术维度的建设水平较低。这类城市或许在近年来随着经济增长压力的加大，投入绿色创新的财政研发支出和科研资金有所减弱。当然，实现减排和碳中和目标有多种多样的方式，这类城市可能更多从碳源、碳汇其他角度入手减排增汇。例如广州在低碳技术维度的得分排名仅位于第三十位，而在生产效率和城市居民维度的得分名列前茅，分别为第七名和第五名。

二、样本城市在低碳技术维度的建设水平排名分布分析

据第五章第九节中图 5.8 所示，样本城市在低碳技术维度的建设水平在地域上分布差异较大，行政级别、经济基础、集聚效应和政策支持等方面的因素影响很大。京津冀地区、长三角地区和成渝地区的样本城市表现较好，位于这些地区的城市行政级别较高，经济基础较好，政策支持力度大，技术基础设施投资的增加和改善吸引了周边地区的资源，特别是人才资源聚集在该地区。从全国来看，我国东部地区的样本城市在低碳技术维度的得分优于西部城市；南部地区，特别是东南地区的样本城市在低碳技术维度的得

分优于北部城市。尤其我国东部沿海和长江流域这两个重要经济发展轴上的城市，在发展低碳技术方面更具备市场优势。

我国的地势总体特征为"西高东低"。根据经济地理学理论，地势越高，运输成本越高，集聚程度越低，信息传播难度越大。地理位置越近，城市间在产业结构和资源禀赋等方面的相似度越高，吸收政策溢出的成本相对较小。同时我国东部地区的城市受试点政策的驱动，环境监管更严格，驱使东部地区的城市加快研发和应用低碳技术以实现绿色转型。除了经济因素外，环境因素也是导致人口流动而产生集聚效应的重要因素。与环境质量较好的地区相比，环境质量较差的城市更容易失去优质劳动力。我国东南地区相较其他地区气候温暖湿润，环保相关制度更完善，环境监管力度更大，这都为人才引进提供了良好的条件。而东北地区城市环境、经济发展程度等方面不具备优势，导致人口流失严重，丧失大量人才。集聚效应在我国大型城市中也是非常明显的。这也解释了京津冀地区、长三角地区和成渝地区的周边城市在低碳技术维度得分不高的原因。

从第五章图 5.8 中进一步看出位于西部地区城市的低碳技术水平相对并非很差，这或许受益于在我国区域协调发展和西部大开发战略的支持下，西部地区城市的低碳技术发展获得了一定政策支持和发展机会。

三、我国低碳城市建设在低碳技术维度存在的主要问题

（一）低碳技术发展的动力障碍

从本书的第五章计算结果可以看出，在八个低碳城市建设的维度中，低碳技术维度平均得分最低，仅 41.22 分。低碳技术的研发和应用是一项投入大、回报不确定的创新活动，特别是在新冠疫情和经济下行的压力下，城市的民生健康和经济发展是最重要的，对发展低碳技术形成压力。尤其是在一些经济基础和科技资源薄弱的样本城市，对低碳技术创新的投入较少。以低碳技术维度中发挥"指挥棒"作用的规划环节为例，只有极少数样本城市出台碳达峰碳中和相关低碳科创专题规划。这些说明我国低碳技术创新水平较低，低碳技术创新动力不足。

（二）低碳技术发展水平的不平衡性

我国城市在低碳技术维度的建设水平存在地域空间上以及低碳建设的环节上发展不均衡问题。这两种不平衡现象都明显地影响了我国城市整体的低碳技术发展水平。特别是样本城市间在低碳技术维度的不同建设环节的得分差异很大。依据第五章第九节的计算结果，样本城市在低碳技术维度的各管理过程环节低碳建设水平得分情况可以用图6.10展示。从图 6.10 可以看出，样本城市在低碳技术维度的反馈环节得分很低，并且不同城市在发展低碳技术时关注的重点环节不一样，容易出现"偏科"现象，只注重某些环节的建设，而忽略其他环节的重要性。

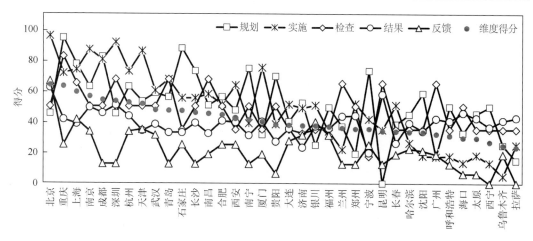

图 6.10 样本城市在低碳技术维度各管理过程环节的得分展示图

反馈环节是对诊断城市的低碳技术建设水平后的总结和提出改进措施的重要环节，但该环节的整体表现最低，与其他环节的得分差距较大。许多样本城市在反馈环节的得分变量"市属单位基于绩效考核对政府相关部门的奖励"、"政府部门的总结与提升方案"和"科研或相关服务机构的总结与提升方案"没有任何数据。我国城市在发展低碳技术的过程中，特别要加强对管理过程的总结、反馈和改进。

四、提升我国城市在低碳技术维度的建设水平的政策建议

（一）"经济基础""政府干预""环境质量"协力创新

低碳技术的创新是发展低碳技术的重点和难点。城市低碳技术创新是受一系列因素作用的结果，包括经济基础、政府干预和环境质量三类因素（Liu et al.，2023）。特别是经济基础，直接影响城市低碳技术创新的投入，是支撑科技人员和科技经费的载体。因此，本书构建了低碳技术创新的理论框架，见图 6.11。在该图中，经济基础、环境质量和政府干预是驱动要素，低碳技术创新投入是中介变量，通过中介变量驱动城市低碳技术的发展。该框架表明，在经济基础、环境质量和政府干预的驱动下，提供充分的低碳技术创新投入，有利于实现低碳技术创新。

基于图 6.11 的理论框架，城市政府在夯实经济基础、改善环境质量的同时必须在低碳科创领域立法，完善基于市场机制的低碳科技创新政策和环境监管机制，加强环境执法，严控各类环境污染，提升绿化覆盖率，优化低碳技术创新环境；鼓励发展低碳技术创新主体，培养和引进低碳技术相关人才；根据城市自身情况设置相应支持措施，保障科技人员的物质条件和科研条件。

在应用城市低碳技术创新理论框架时，具体措施包括：①必须意识到低碳科技创新是确保按计划实现碳中和目标的重要策略，应将发展低碳技术纳入国民经济和社会发展总体规划，从而全面提高科技减排的意识；②严格控制各产业部门的减排标准，倒逼其

城市产业革新升级，发展低碳生产工艺，降低能源消耗，使经济发展与环境污染脱钩，实现绿色转型升级；③低碳科技创新投资资金大，回报周期长，因此城市政府要着眼于低碳科技创新的长远发展，积极推进可持续的财政支持，从而为科技减排创造良好的财政激励条件；④建立低碳技术转让与交易服务平台，促进相关专利转化的示范应用，实现低碳技术研发成果的广泛应用；⑤加快构建以市场为主导、企业为主体、产学研深度融合的低碳技术创新体系，使市场、政府、社会力量成为城市低碳技术发展的协同力量。

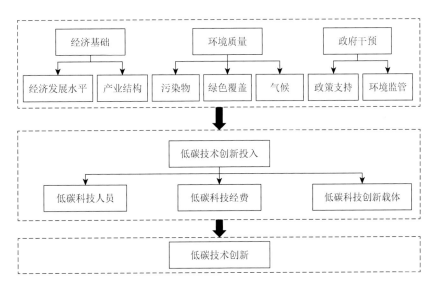

图 6.11　低碳技术创新的理论框架

（该图基于文献（Liu et al., 2023）改绘）

值得注意的是，由于低碳技术涉及的领域很广，边界模糊，新能源、废物处理、绿色建筑等都与低碳技术有关。这有可能给一些企业和研究院所在获得低碳技术相关的财政补贴时提供了"钻空子"的机会。为此，政府应该对相关申请项目进行认真评估，确保项目的低碳科技创新性和实用性。

（二）区域协调发展

我国城市间的低碳技术创新能力和水平差异性很大，因此在发展低碳技术时应制定差异化要素的驱动政策。国家发改委特别强调在低碳试点城市建设中要体现地方性和城市特点。针对不同地区绿色低碳创新水平差异，中央政府可针对性支持中西部地区城市高校的低碳技术创新平台建设，运用财政手段进行适当干预，发展符合地域特征和需求的低碳技术。同时应该鼓励不同城市间的交流与合作，突破原有的行政区划限制，打破地方保护壁垒，增加城市间低碳技术的共享互助关系，挖掘低碳技术创新的协同潜力。东部地区城市有雄厚的资金、先进的技术、完善的基础设施，应引领低碳技术创新的发展，加强与中西部城市的技术交流与合作，实现城市间低碳科技水平的正协同增长。

（三）补短板，全环节"齐头并进"

在低碳城市的建设过程中，低碳技术的研发和应用是一个动态过程，包括对低碳技术研发和应用的规划、实施、检查、结果、反馈，这五个环节对低碳技术的研究和应用的影响是同等重要的。然而在实践中往往只重视低碳技术的规划和实施而不注重检查和反馈环节。不同城市的短板环节是不同的，应该因地制宜地采取措施补短板，使所有环节"齐头并进"，才能实现城市的低碳技术研发和应用能力的提升。

第七章 结 论

在人类社会经济活动的碳排放进程中，城市扮演了重要角色，城市碳排放占比高达75%。因此，城市毫无疑问是实现"碳达峰碳中和"目标的主战场。对城市的低碳建设水平进行诊断，有助于促进城市的低碳转型和低碳发展，以保障我国"双碳"目标的顺利实现。城市从"高碳"到"低碳"的转型不是一蹴而就的，而是一个循序渐进的演变过程。若仅关注低碳城市建设的结果和形态，而忽视建设过程，可能导致低碳城市建设过程中的表现与最终目标的偏移，因此低碳城市建设水平需要从"过程+结果"的角度去衡量和诊断。另一方面，低碳城市建设是综合多方面、多领域、多目标的动态过程，是基于碳循环系统的减排增汇过程。因此，低碳城市建设水平指标体系构建能够反映碳循环系统中的碳源和碳汇要素。

一、主要诊断结论

本书构建了"八个维度 + 五个环节"的低碳城市建设水平诊断指标体系和计算模型，并将其应用于诊断 36 个样本城市的低碳城市建设水平，主要诊断结论如下。

（1）总体上我国城市的低碳建设水平还比较低，36 个样本城市的平均综合得分为54.78，最高得分为北京，最低得分为拉萨，表明我国城市低碳建设水平仍有很大的提升空间。从碳源碳汇视角来看，样本城市在碳源视角的低碳建设表现优于碳汇视角的低碳建设表现，表明城市在增加碳汇特别是森林碳汇和水域碳汇这类高固碳能力的碳汇上需要更加提高重视度。

（2）从低碳城市建设的维度视角来看，经济发展和绿地碳汇维度的低碳建设水平表现较好。经济发展和绿色生态文明建设是我国倡导的主要基调，所以在这两个维度上政府注重投入和建设。城市绿地碳汇相较于水域碳汇和森林碳汇的建设难度较低，因此几乎所有样本城市在绿地碳汇维度的建设水平相较于水域碳汇和森林碳汇维度更高一些。研究进一步发现，八个低碳建设维度中，最低得分为低碳技术维度，这说明低碳技术支撑我国低碳城市建设和转型的能力还较差，创新驱动低碳建设还比较弱。总体来说，各维度间的低碳城市建设水平协调性较差，维度表现差异较大。从提升全国低碳城市建设水平、实现国家"双碳"目标的角度来说，改善均衡度，重点地区重点监控，提升其低碳城市建设水平和质量对于全国层面的低碳目标实现来说具有重要意义。

（3）从城市视角来看，不同样本城市在 8 个低碳建设维度上的水平有明显的差异。从第五章第十节 36 个样本城市的低碳城市建设水平得分维度雷达图可以看出，每个城市的维度雷达图存在不同的短板和优势维度。然而，低碳城市建设的八个维度是相互联系、相互影响的，要避免不同政府部门之间因"部门利益化"倾向影响低碳城市的协同建设，要在各政府部门之间统筹谋划，制定低碳城市建设的总体顶层设计，打破部门壁垒，保证低碳城市建设政策的连续性和协同性，提升低碳城市建设的整体绩效。

（4）从低碳城市建设的过程环节视角来看，总体呈现"重开头轻结尾""重规划轻执行"的情况，在低碳建设的规划和实施环节的表现较好，但对检查和反馈环节较为忽视，展示的结果是只注重描绘低碳城市建设的美好蓝图，而不够重视执行监督过程。

二、理论贡献

本书阐述了一系列创新的低碳建设学术思想、理论观点和研究方法，丰富了低碳城市建设水平诊断的理论体系，将低碳城市建设水平诊断的理论方法发展到新的阶段，具有重要的学术价值，具体体现在以下两个方面。

（1）本书借鉴质量管理循环过程原理，形成了过程诊断和结果评价相结合的低碳城市建设管理的五个环节：规划、实施、检查、结果、反馈。在碳源碳汇要素分解的基础上，识别出能源结构、经济发展、生产效率、城市居民、水域碳汇、森林碳汇、绿地碳汇和低碳技术八个低碳城市建设维度，最终构建了"维度＋过程"双视角集成下的低碳城市建设水平矩阵结构诊断指标体系。这一套指标体系可以帮助诊断低碳城市建设过程和结果的现状，对问题进行归因和定位，对未来发展方向进行预判，以及挖掘提升低碳城市建设水平的策略和战略，因此具有重要的理论意义。

（2）在"八个维度＋五个环节"矩阵结构的低碳城市建设水平诊断理论框架下，本书建立了"综合-维度-环节-指标-得分变量"的五级低碳城市建设水平诊断指标体系和诊断模型。报告引入了修正系数，对不同客观条件下的城市赋予不同的修正值，以此来避免"一刀切"的诊断现象，保证诊断的低碳城市建设水平值能反映城市的管理者和居民创造的真实低碳城市建设水平。该指标体系和诊断模型丰富了低碳城市建设水平评价的理论内涵和深度，形成了科学规范合理的低碳城市建设水平诊断机理。

三、实践价值

本书展示了丰富的低碳城市建设水平诊断实证内容，具有重要的应用价值，具体体现在以下三个方面。

（1）"八个维度五个环节"矩阵结构诊断指标体系的实证应用，突破了传统上只重视结果不重视过程的低碳城市建设水平诊断范式，能够科学反映参评城市的真实低碳建设水平，从而可以激励和推动城市的低碳转型、实现城市和国家的低碳发展目标。

（2）本书展示的样本城市的低碳城市建设水平结果，可以帮助这些城市的管理者认识和明晰自身城市在低碳建设的不同维度、不同环节的长处和短板，为构建进一步提升城市低碳建设水平的政策和管理措施提供决策基础。这些样本城市是我国推行低碳建设的主战场，这些城市的低碳建设水平提升能极大地推动我国低碳建设水平的整体提升，对国家"双碳"目标的实现具有重要的现实意义。

（3）应用本书构建的低碳城市建设水平诊断指标体系和计算模型，可以对参评城市的诊断评价结果进行深度分析、成因探究，可以总结各个城市低碳建设的经验和教训，将好的经验互相分享和学习，对实践中面临的问题和教训进行处理和规避，从而可以帮助包括参评城市在内的所有城市实现更好的低碳建设，从而实现国家的"双碳"目标。

四、未来展望

在我国低碳城市建设的战略事业中，应该更加重视低碳城市智库（low carbon city-think tank，LCC-TK）的建设，发挥智库在低碳城市建设、管理决策和诊断评估中的积极作用。西方发达国家一直十分重视发挥智库在公共政策决策中的积极作用，在政策制定过程中必须有咨询论证这个环节。在我国"双碳"目标的背景下，积极发挥智库在低碳城市建设的规划、实施、检查、反馈等环节政策制定中的作用尤为重要和迫切。低碳城市建设涉及城市建设的多个方面、多个领域，低碳城市智库应该整合相关领域的专家和研究人员，将低碳城市智库作为"外脑"引入到我国低碳城市建设的事业中来，充分发挥各领域专家对低碳城市建设工作的智力支持、专业指导和政策咨询作用，破解低碳城市建设过程中的难题，提高低碳城市建设制度的科学化和专业化水平，提高低碳城市建设管理决策水平。

我国现阶段低碳城市建设的相关数据主要是以政府公文、统计调查数据等标准化、结构化的传统数据形式存在，数据公开透明度不高。在本书数据收集过程中，由于个别样本城市的信息开放度不高、数据可获取性不强，可能对诊断结果的准确度有一定影响，评价结果可能存在一定的误差。因此，进一步加强信息公开对于全面开展低碳城市建设水平诊断和相关领域的科学研究极为重要。另一方面，在我国未来的低碳城市建设事业中要加强大数据的统计和应用，从而提高低碳城市建设水平诊断的质量，提供可靠的低碳城市建设决策信息，实现精准的调控以提升城市低碳建设水平。数字化时代与大数据技术对传统的数据收集与分析方法提出了挑战，只有将传统标准化数据同大数据相结合才能获取更全面、准确的低碳城市建设水平的科学数据。

本书是在浙大城市学院国土空间规划研究院首席科学家申立银教授带领下完成的。申立银教授长期在城市可持续发展和低碳城市建设领域从事研究工作，取得了丰硕的成果，入选科睿唯安发布的全球高被引科学家、美国斯坦福大学发布的全球前2%顶尖科学家"终身科学影响力排行榜"，连续8年入选爱思唯尔中国高被引学者榜单。《中国低碳城市建设水平诊断》是浙大城市学院国土空间规划研究院主推的专题诊断报告，未来将定期更新再版，形成系列智库报告。研究院将依托系列专题积极发挥低碳城市建设的智囊作用，为政府部门提供智力支持，助力我国城市低碳建设的全面发展，为实现国家"双碳"目标作出贡献。

参 考 文 献

薄凡，庄贵阳. 2022. "双碳"目标下低碳消费的作用机制和推进政策. 北京工业大学学报（社会科学版），22（1）：70-82.

陈楠，庄贵阳. 2018. 中国低碳试点城市成效评估. 城市发展研究，25（10）：88-95，156.

陈亚男. 2016. 绿色全要素生产率测度及其调节机制研究. 河北企业，（12）：7-11.

邓荣荣，赵凯. 2018. 中国低碳试点城市评价指标体系构建思路及应用建议. 资源开发与市场，34（8）：1037-1042.

丁丁，蔡蒙，付琳，等. 2015. 基于指标体系的低碳试点城市评价. 中国人口·资源与环境，25（10）：1-10.

杜栋，王婷. 2011. 低碳城市的评价指标体系完善与发展综合评价研究. 中国环境管理，（3）：8-11，14.

方精云. 2021. 碳中和的生态学透视. 植物生态学报，45（11）：1173-1176.

方精云，郭兆迪，朴世龙，等. 2007. 1981～2000 年中国陆地植被碳汇的估算. 中国科学（D 辑：地球科学），37（6）：804-812.

干春晖，郑若谷，余典范. 2011. 中国产业结构变迁对经济增长和波动的影响. 经济研究，46（5）：4-16，31.

龚星宇，姜凌，余进韬. 2022. 不止于减碳：低碳城市建设与绿色经济增长. 财经科学，（5）：90-104.

黄柳菁，张颖，邓一荣，等. 2017. 城市绿地的碳足迹核算和评估——以广州市为例. 林业资源管理，（2）：65-73.

李小胜，张焕明. 2016. 中国碳排放效率与全要素生产率研究. 数量经济技术经济研究，33（8）：64-79，161.

李晓燕，邓玲. 2010. 城市低碳经济综合评价探索——以直辖市为例. 现代经济探讨，（2）：82-85.

刘骏，胡剑波，袁静. 2015. 欠发达地区低碳城市建设水平评估指标体系研究. 科技进步与对策，32（7）：49-53.

刘国华，傅伯杰，方精云. 2000. 中国森林碳动态及其对全球碳平衡的贡献. 生态学报，20（5）：733-740.

刘蓉，余英杰，刘若水. 2022. 绿色低碳产业发展与财税政策支持. 税务研究，（6）：97-101.

刘雪莹. 2021. 中国省域绿色全要素生产率空间特征及驱动因素研究. 北京：华北电力大学.

栾军伟，崔丽娟，宋洪涛，等. 2012. 国外湿地生态系统碳循环研究进展. 湿地科学，10（2）：235-242.

马黎，柳兴国，刘中文. 2014. 低碳城市评价指标体系及模型构建研究. 济南大学学报（社会科学版），24（4）：55-59.

潘晓滨，都博洋. 2021. "双碳"目标下我国碳普惠公众参与之法律问题分析. 环境保护，49（Z2）：69-73.

彭小辉，王静怡. 2019. 高铁建设与绿色全要素生产率——基于要素配置扭曲视角. 中国人口·资源与环境，29（11）：11-19.

朴世龙，方精云，黄耀.（2010）. 中国陆地生态系统碳收支. 中国基础科学，12（2）：20-22，65.

乔晓楠，彭李政. 2021. 碳达峰、碳中和与中国经济绿色低碳发展. 中国特色社会主义研究，（4）：43-56.

曲建升，刘莉娜，曾静静，等. 2017. 中国居民生活碳排放增长路径研究. 资源科学，39（12）：2389-2398.

荣先林. 2018. 基于低碳理念的园林植物景观设计关键技术及措施探究. 现代园艺，（9）：116-117.

石龙宇，孙静. 2018. 中国城市低碳发展水平评估方法研究. 生态学报，38（15）：5461-5472.

佘硕，王巧，张阿城. 2020. 技术创新、产业结构与城市绿色全要素生产率——基于国家低碳城市试点的影响渠道检验. 经济与管理研究，41（8）：44-61.

申立银. 2021. 低碳城市建设指标评价体系研究. 北京：科学出版社.

汤煜，石铁矛，卜英杰，等. 2020. 城市绿地碳储量估算及空间分布特征. 生态学杂志，39（4）：1387-1398.

许广月. 2017. 构建与普及理性低碳生活方式——人类文明社会演进的应然逻辑. 西部论坛，27（5）：20-26.

鲜军，周新苗. 2021. 全要素生产率提升对碳达峰、碳中和贡献的定量分析——来自中国县级市层面的证据. 价格理论与实践，（6）：76-79.

王敏，石乔莎. 2015. 城市绿色碳汇效能影响因素及优化研究. 中国城市林业，13（4）：1-5.

王少剑，苏泳娴，赵亚博. 2018. 中国城市能源消费碳排放的区域差异、空间溢出效应及影响因素. 地理学报，73（3）：414-428.

吴晓华，郭春丽，易信，等. 2022. "双碳"目标下中国经济社会发展研究. 宏观经济研究，（5）：5-21.

武俊奎. 2012. 城市规模、结构与碳排放. 上海：复旦大学.

杨元合，石岳，孙文娟，等. 2022. 中国及全球陆地生态系统碳源汇特征及其对碳中和的贡献. 中国科学：生命科学，52（4）：534-574.

易棉阳，张小娜，曾鹃，等. 2013. 基于主成分和层次分析的低碳城市指标体系构建与评价——以株洲市为实证. 生态经济（学术版），（1）：37-41.

张桂莲，仲启铖，张浪. 2022. 面向碳中和的城市园林绿化碳汇能力建设研究. 风景园林，29（5）：12-16.

张晶飞，张丽君，秦耀辰，等. 2020. 知行分离视角下郑州市居民低碳行为影响因素研究. 地理科学进展，39（2）：265-275.

张莉，郭志华，李志勇. 2013. 红树林湿地碳储量及碳汇研究进展. 应用生态学报，24（4）：1153-1159.

张荣博，钟昌标. 2022. 智慧城市试点、污染就近转移与绿色低碳发展——来自中国县域的新证据. 中国人口·资源与环境，32（4）：91-104.

张骁栋，朱建华，康晓明，等. 2022. 中国湿地温室气体清单编制研究进展. 生态学报，42（23）：9417-9430.

张旭辉，李典友，潘根兴，等. 2008. 中国湿地土壤碳库保护与气候变化问题. 气候变化研究进展，4（4）：202-208.

张毅，张恒奇，欧阳斌，等. 2014. 绿色低碳交通与产业结构的关联分析及能源强度的趋势预测. 中国人口·资源与环境，24（S3）：5-9.

张永军. 2012. 中国碳排放效率问题研究. 南京：南京大学.

智煜. 2022. 中国城市群绿色全要素生产率的收敛性及影响因素研究. 兰州：兰州大学.

中华人民共和国国家标准. 国家森林城市评价指标. GB/T 37342—2019.

Chen H，Yi J，Chen A，et al. 2023. Green technology innovation and CO_2 emission in China：Evidence from a spatial-temporal analysis and a nonlinear spatial durbin model. Energy Policy，172：113338.

Chen W，Yan S. 2022. The decoupling relationship between CO_2 emissions and economic growth in the Chinese mining industry under the context of carbon neutrality. Journal of Cleaner Production，379.

Comyn-Platt E，Hayman G，Huntingford C，et al. 2018. Carbon budgets for 1. 5 and 2 C targets lowered by natural wetland and permafrost feedbacks. Nature Geoscience，11（8）：568-573.

Edwards D W. 1986. Out of the crisis. MIT Center for Advanced Engineering Study，133-135.

Feng Y，Liu Q，Li Y，et al. 2022. Energy efficiency and CO_2 emission comparison of alternative powertrain solutions for mining haul truck using integrated design and control optimization. Journal of Cleaner Production，370（10）：133568.

Grodzicki T，Jankiewicz M. 2022. The impact of renewable energy and urbanization on CO_2 emissions in Europe – Spatio-temporal approach. Environmental Development，44.

Hao Y，Zhang Z Y，Yang C，et al. 2021. Does structural labor change affect CO_2 emissions？Theoretical and empirical evidence from China. Technological Forecasting and Social Change，171（11）：120936.

Inglesi-Lotz R，Dogan E. 2018. The role of renewable versus non-renewable energy to the level of CO$_2$ emissions a panel analysis of sub-Saharan Africa's Big 10 electricity generators. Renewable Energy，123：36-43.

International Energy Agency（IEA）. GlobalEnergy Review 2021. IEA，Paris，1-30.

International Panel on Climate Change（IPCC）. Climate Change 2022：Mitigation of Climate Change，Contribution of WorkingGroup Ⅲ to thesixth assessment report of IPCC. IPCC，Geneva，TS-2.

Jha B，Xyb C，Gang C D，et al. 2014. A comprehensive eco-efficiency model and dynamics of regional eco-efficiency in China. Journal of Cleaner Production，67：228-238.

Kuang H，Akmal Z，Li F. 2022. Measuring the effects of green technology innovations and renewable energy investment for reducing carbon emissions in China. Renewable Energy，197：1-10.

Liu K，Xue Y，Chen Z，et al. 2023. The spatiotemporal evolution and influencing factors of urban green innovation in China. Science of The Total Environment，857：159426.

Tan S，Yang J，Yan J. 2015. Development of the low-carbon city indicator（LCCI）framework. Energy Procedia，75：2516-2522.

Wang Y，Lan Q，Jiang F，et al. 2020. Construction of China's low-carbon competitiveness evaluation system A study based on provincial cross-section data. International Journal of Climate Change Strategies and Management，12（1）：74-91.